普通高等学校计算机类专业特色教材·精选系列

Java EE 项目开发

主　编　彭灿华　韦晓敏　吴　波

副主编　王春兰　杨呈永　郎佳南　陈玲萍

中国铁道出版社有限公司

CHINA RAILWAY PUBLISHING HOUSE CO., LTD.

内 容 简 介

本书共分为 9 章，包括开发环境的搭建、JSP 技术详解、Servlet 技术详解、JSP 中使用 JavaBean、搭建数据库开发环境、JDBC 技术详解、EL 编程、JSTL 编程、综合实例——资讯信息管理系统开发。本书从环境部署、开发工具的安装讲起，由浅入深，详细讲述使用 MySQL 作为后台数据库进行 Java EE 项目开发的方法，同时结合每一章的知识点讲述相关实例，加深对知识点的理解。

本书是将理论知识运用到实际开发中的实践和尝试，适合作为高等院校计算机相关专业的教材，也可作为社会培训班的教材及软件设计人员的辅导用书。

图书在版编目（CIP）数据

Java EE 项目开发/彭灿华，韦晓敏，吴波主编. —北京：中国铁道出版社有限公司，2020.9
普通高等学校计算机类专业特色教材. 精选系列
ISBN 978-7-113-25795-8

Ⅰ.①J… Ⅱ.①彭… ②韦… ③吴… Ⅲ.①JAVA 语言－程序设计－高等学校－教材 Ⅳ.①TP312.8

中国版本图书馆 CIP 数据核字（2020）第 174267 号

书　　名：Java EE 项目开发
作　　者：彭灿华　韦晓敏　吴　波

策　　划：祝和谊　　**编辑部电话：**（010）63549508
责任编辑：陆慧萍
封面设计：刘　颖
责任校对：张玉华
责任印制：樊启鹏

出版发行：中国铁道出版社有限公司（100054，北京市西城区右安门西街 8 号）
网　　址：http:// www.tdpress.com/51eds/
印　　刷：三河市宏盛印务有限公司
版　　次：2020 年 9 月第 1 版　2020 年 9 月第 1 次印刷
开　　本：787 mm×1 092 mm 1/16　**印张：**15.75　**字数：**362 千
书　　号：ISBN 978-7-113-25795-8
定　　价：42.00 元

前言

本书内容

首先感谢各位读者对《J2EE 项目开发与设计》（第二版）提出的宝贵建议，经过一段时间的修改，《Java EE 项目开发》终于面世了。本书在保留前两版优点和特色的基础上，作了部分优化、改进和创新。这些优化、改进和创新的最终目的是用最浅显易懂的案例和教学流程帮助软件设计人员快速掌握 Web 开发技术的使用，并能将其应用在实战中。

本书共分为 9 章，包括开发环境的搭建、JSP 技术详解、Servlet 技术详解、JSP 中使用 JavaBean、搭建数据库开发环境、JDBC 技术详解、EL 编程、JSTL 编程、综合实例——资讯信息管理系统开发。本书从环境部署、开发工具的安装讲起，由浅入深，详细讲述使用 MySQL 作为后台数据库进行 Java EE 项目开发的方法，同时结合每一章的知识点讲述相关实例，加深对知识点的理解。

本书编写分工

本书由桂林电子科技大学信息科技学院彭灿华、韦晓敏、哈尔滨金融学院吴波任主编，负责拟定编写大纲，组织协调并总纂定稿。黑龙江农业经济职业学院王春兰、桂林理工大学杨呈永、桂林理工大学南宁分校电气与电子工程系郎佳南、桂林电子科技大学信息科技学院陈玲萍任副主编。具体分工如下：第 1 章至第 4 章由韦晓敏编写，第 5 章由郎佳南编写，第 6 章由王春兰编写，第 7 章由杨呈永编写，第 8 章由陈玲萍编写，第 9 章、第 10 章由彭灿华编写，第 11 章至第 13 章由吴波编写。

本书特色

本书是将理论知识运用到实际开发中的实践和尝试，详细列出每个案例的开发步骤，实例易于阅读和理解。综合案例以软件工程的标准设计并开发，编写理念面向需求、面向市场。

本书适用对象

本书适合作为高等院校计算机相关专业的教材，也可作为社会培训班的教材及软件设计人员的辅导用书。

由于编者水平有限，书中疏漏之处在所难免，恳请读者批评指正。读者如果有任何意见与建议，或者在学习的过程中遇到不解的地方，可以通过邮件进行探讨。联系方法如下：

电子邮箱：449271349@qq.com。

本书源代码及各章节调试视频可以在中国铁道出版社有限公司官方网站（http://www.tdpress.com/51eds/）免费下载。

编　者

2019 年 10 月

目　录

第 1 章 开发环境的搭建

学习目标

- 了解 Java EE 运行环境配置。
- 掌握 IntelliJ IDEA、Tomcat、JDK 的安装与集成开发。
- 了解 IntelliJ IDEA 开发工具的使用与优化。
- 制作第一个 Web 应用程序。

本书介绍的 Java EE 编程都将使用本章搭建的开发环境。为提高开发效率，所涉及软件均与 IntelliJ IDEA 进行了整合。

1.1 Java EE 开发环境所需软件

本书所选用开发环境的所需软件清单如表 1-1 所示。

表 1-1 所需软件清单

软件名称	版本号	说明	下载地址
IntelliJ IDEA	2019.3	IntelliJ IDEA 2019.3	https://www.jetbrains.com/idea/download
Tomcat	9.0	apache-tomcat-9.0.30.exe	http://tomcat.apache.org/download-90.cgi
JDK	8	jdk-8u91-windows-x64.	https://www.oracle.com/technetwork/java/javase/downloads/index-jsp-138363.html
操作系统	Windows 7/10	64 位	

注 意

本书使用的操作系统为 64 位，如果所用操作系统为 32 位，则可在官方网站下载相应的软件。

为帮助读者更准确地下载合适的软件，下面给出本书所有软件的官方下载网址。

（1）Tomcat 官方网站：http://tomcat.apache.org/。其下载页面如图 1-1 所示，选择版本页面如图 1-2 所示。

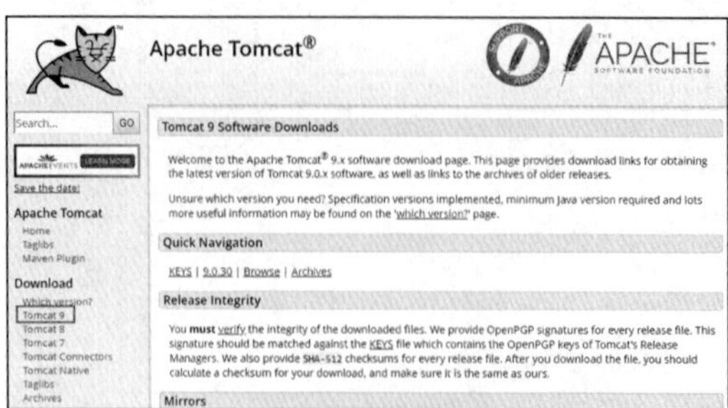

图 1-1　Tomcat 下载页面

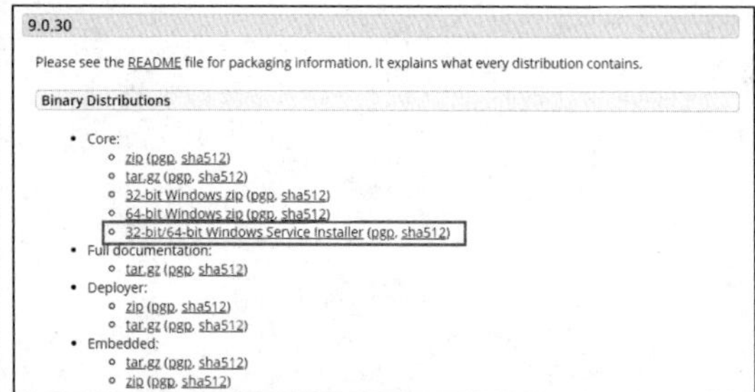

图 1-2　选择 Tomcat 版本页面

（2）JDK 官方网站：https://www.oracle.com。其下载页面如图 1-3 所示，选择版本页面如图 1-4 所示。

图 1-3　JDK 下载页面

Java SE Development Kit 8u91
You must accept the Oracle Binary Code License Agreement for Java SE to download this software.
○ Accept License Agreement　◉ Decline License Agreement

Product / File Description	File Size	Download
Linux ARM 32 Hard Float ABI	77.72 MB	jdk-8u91-linux-arm32-vfp-hflt.tar.gz
Linux ARM 64 Hard Float ABI	74.69 MB	jdk-8u91-linux-arm64-vfp-hflt.tar.gz
Linux x86	154.74 MB	jdk-8u91-linux-i586.rpm
Linux x86	174.92 MB	jdk-8u91-linux-i586.tar.gz
Linux x64	152.74 MB	jdk-8u91-linux-x64.rpm
Linux x64	172.97 MB	jdk-8u91-linux-x64.tar.gz
Mac OS X	227.29 MB	jdk-8u91-macosx-x64.dmg
Solaris SPARC 64-bit (SVR4 package)	139.59 MB	jdk-8u91-solaris-sparcv9.tar.Z
Solaris SPARC 64-bit	98.95 MB	jdk-8u91-solaris-sparcv9.tar.gz
Solaris x64 (SVR4 package)	140.29 MB	jdk-8u91-solaris-x64.tar.Z
Solaris x64	96.78 MB	jdk-8u91-solaris-x64.tar.gz
Windows x86	182.11 MB	jdk-8u91-windows-i586.exe
Windows x64	187.41 MB	jdk-8u91-windows-x64.exe

图 1-4　选择 JDK 版本页面

（3）IntelliJ IDEA 官方网站：https://www.jetbrains.com。IntelliJ IDEA2019.3 下载地址：http://www.jetbrains.com/idea/download/#section=windows。其下载页面如图 1-5 所示。

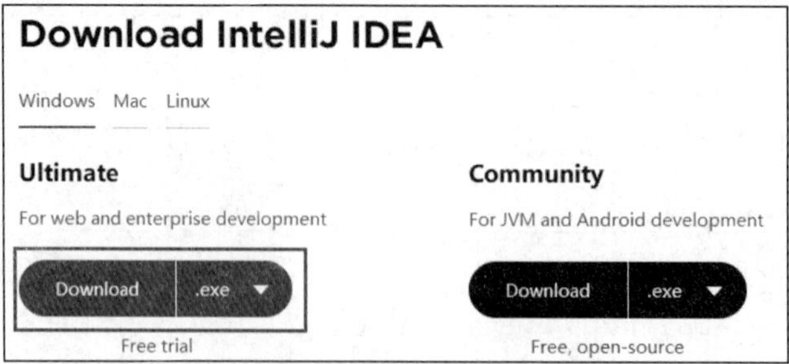

图 1-5　IntelliJ IDEA 下载页面

1.2　Java EE 开发环境配置

1.2.1　JDK 安装

在安装 JDK8 时（默认安装路径为：C:\Program Files\ Java\jdk1.8.0_91\），其安装过程如图 1-6～图 1-10 所示。

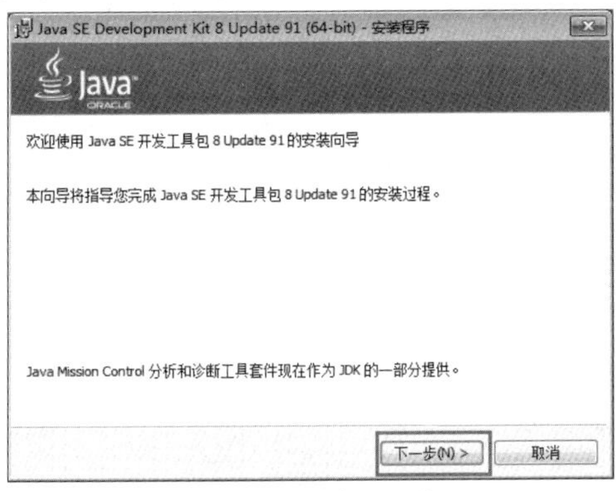

图 1-6　欢迎界面

在安装 JDK8 时，会同时安装好 JRE1.8（默认安装路径为：C:\Program Files\Java\jrel.8.0_91）。

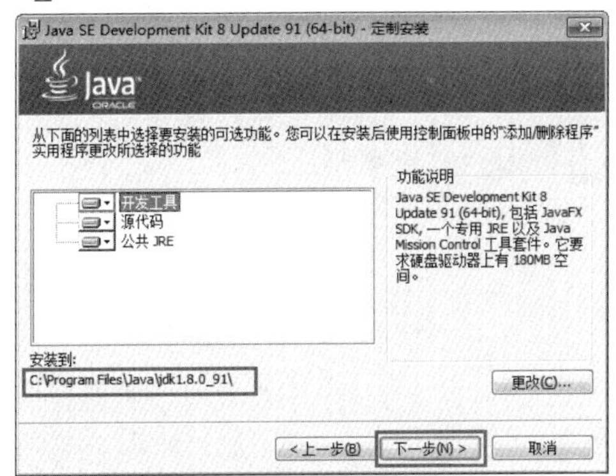

图 1-7　“定制安装”界面

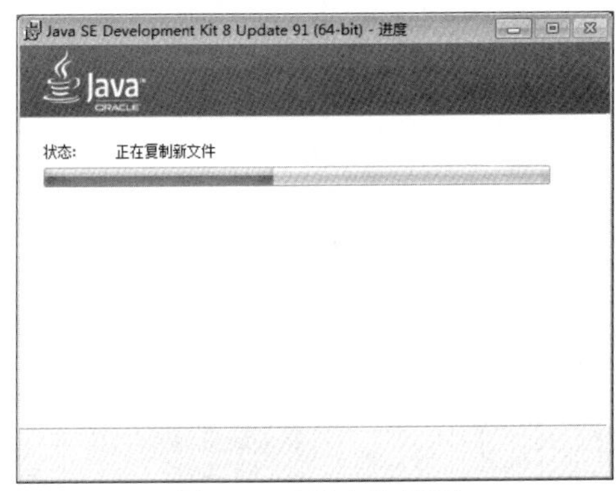

图 1-8　“进度”界面

图 1-9　“目标文件夹”界面

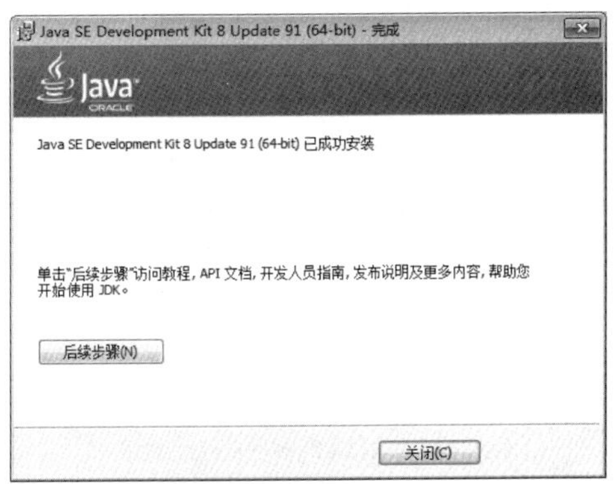

图 1-10　“完成”界面

1.2.2 Tomcat 安装

安装 Tomcat（默认安装路径为：C:\Program Files\Apache Software Foundation\ Tomcat 9.0），如图 1-11～图 1-18 所示。

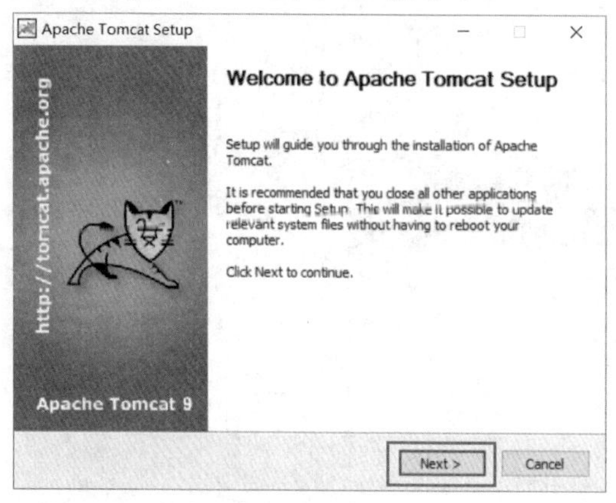

图 1-11　Tomcat 安装程序欢迎界面

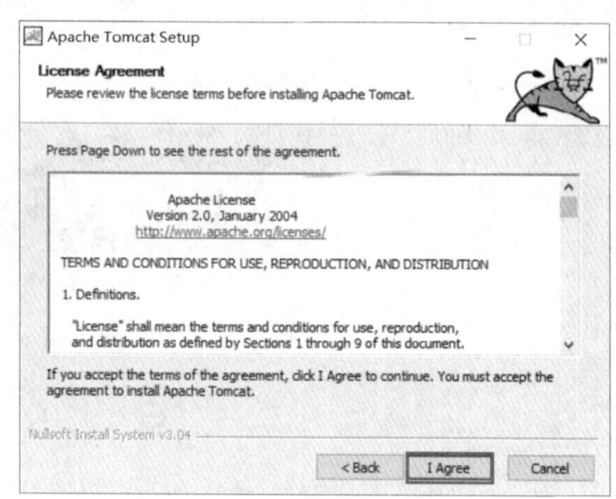

图 1-12　许可协议界面

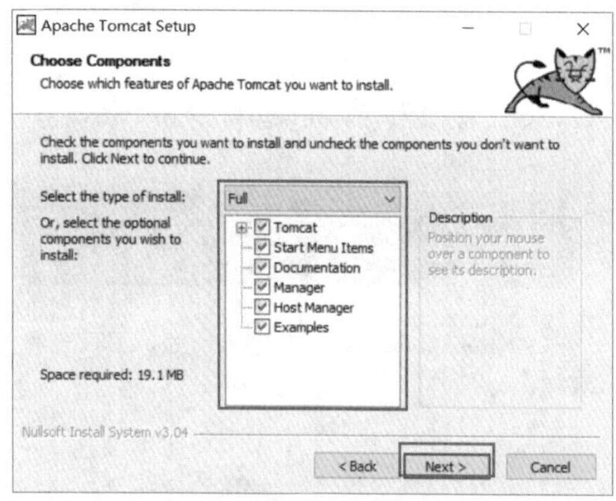

图 1-13　Tomcat 选择安装方式界面

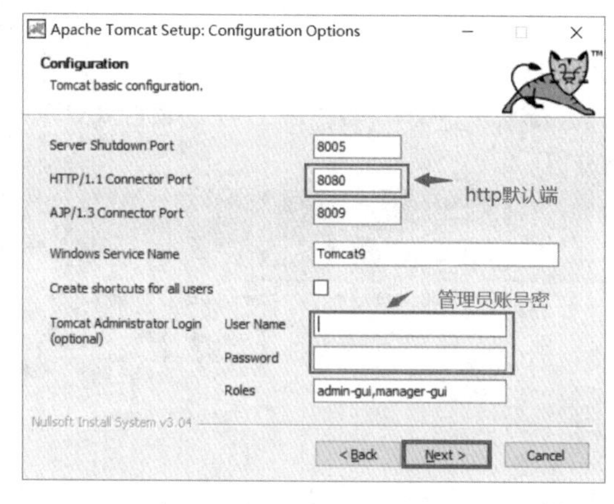

图 1-14　端口配置界面

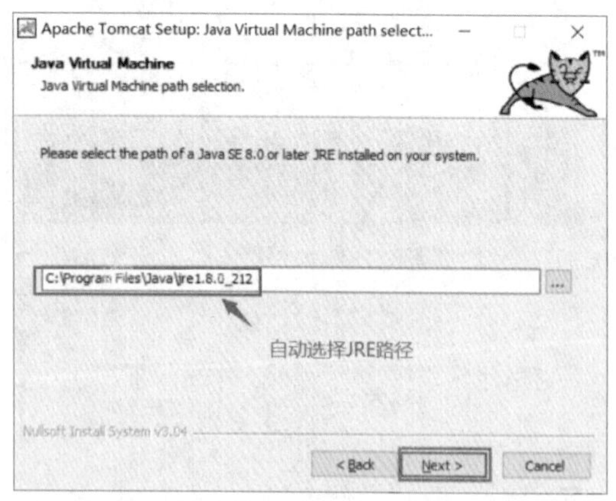

图 1-15　默认选择 JRE 路径界面

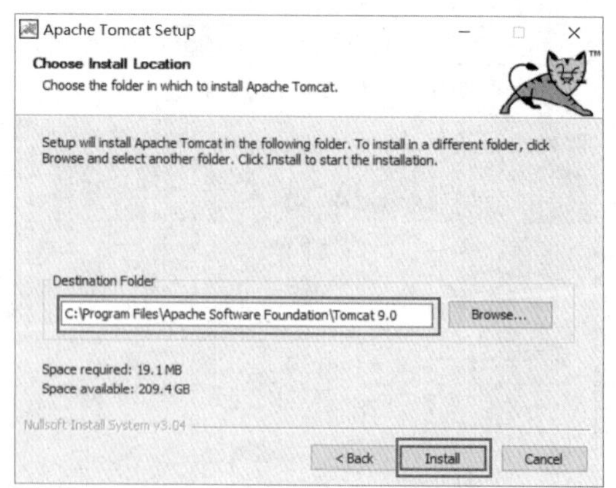

图 1-16　Tomcat 路径设置界面

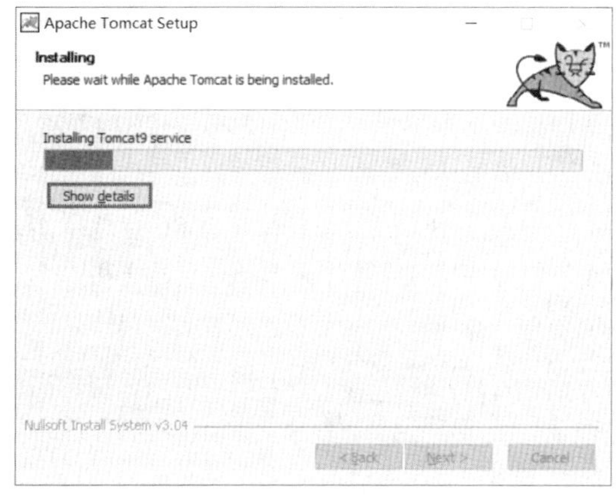

图 1-17　Tomcat 安装进度界面

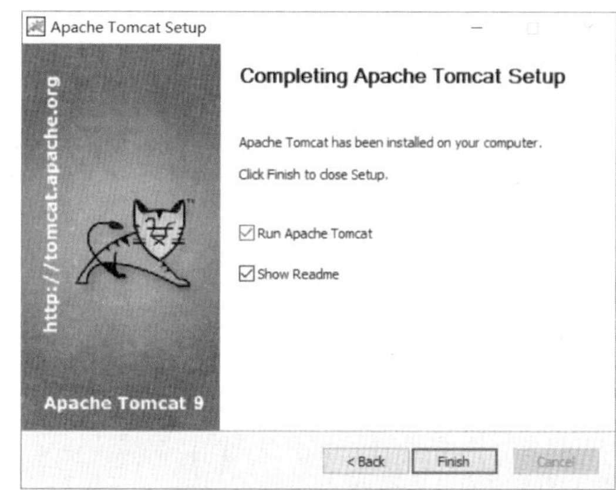

图 1-18　Tomcat 安装完成界面

启动 Tomcat 服务，如图 1-19 所示。Tomcat 服务状态图标如图 1-20 所示。

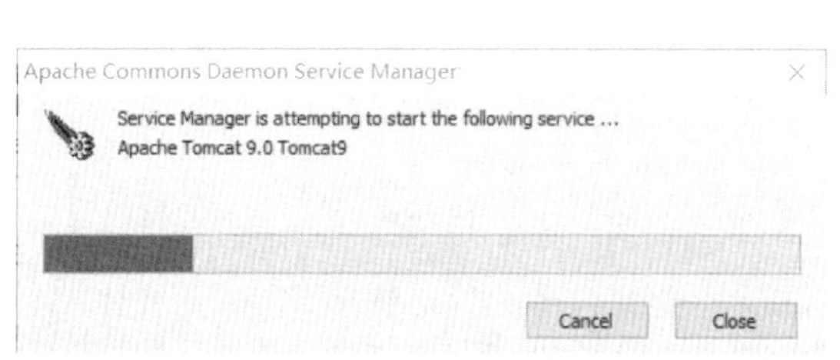

图 1-19　启动 Tomcat 服务

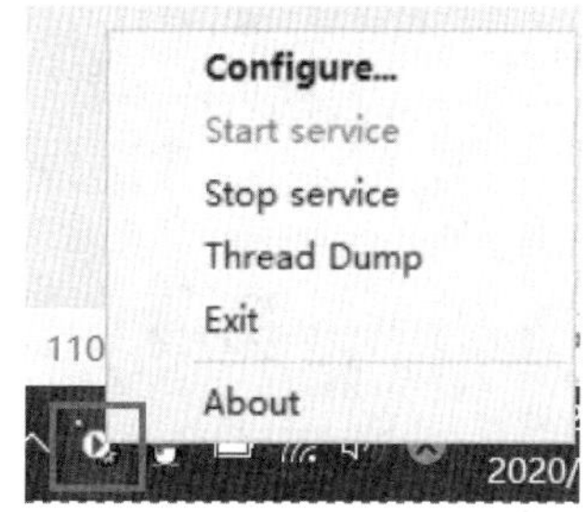

图 1-20　Tomcat 服务状态图标

1.2.3　Tomcat 安装目录下的子目录

Tomcat 安装完成后，会在安装目录下创建下列子目录，了解这些子目录的作用可帮助用户掌握部署 Web 应用程序、配置虚拟主机等内容。

Tomcat 目录结构：

- \bin ：存放启动和关闭 Tomcat 的可执行文件。
- \conf ：存放 Tomcat 的配置文件。
- \lib ：存放库文件。
- \logs ：存放日志文件。
- \temp：　存放临时文件。
- \webapps ：存放 Web 应用。
- \work：　存放 JSP 转换后的 Servlet 文件。

1.2.4　启动和停止 Tomcat 服务

Apache Tomcat 提供了一个监视器用于启动和停止 Tomcat 服务。

第一步：在“开始”菜单中选择“所有程序”→“Apache Tomcat8”→“Monitor Tomcat”

命令，启动 Tomcat 监视器。Tomcat 监视器启动后，会在 Windows 任务栏的系统托盘中显示图标。

第二步：图标表示服务已启动。右击该图标，在弹出的快捷菜单中选择“Stop Servic”命令，可以停止 Tomcat 服务，反之，则可以启动 Tomcat 服务。

第三步：启动 Tomcat 服务后，可以在浏览器中打开 http://localhost:8080，显示界面如图 1-21 所示，该地址为 Tomcat 默认主页。默认主页提供管理操作、文档和在线资源等链接。

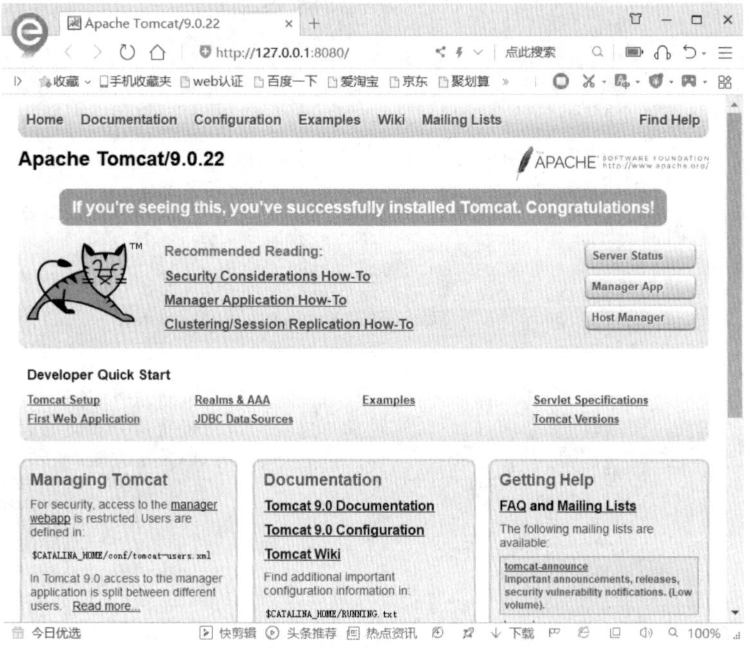

图 1-21　Tomcat 默认主页

1.2.5　配置 Tomcat

Tomcat 使用属性对话框完成配置。在未启动 Tomcat 监视器时，可在“开始”菜单中选择“所有程序”→“Apache Tomcat8”→“Monitor Tomcat”命令，启动 Tomcat 属性对话框，如图 1-22 所示。

1. 常规配置

Display name 文本框可修改 Tomcat 的显示名称，Description 文本框可修改描述信息。在 Startup type 文本框可以修改启动类型。

（1）Automatic：在系统启动时，自动运行。

（2）Manual：需要用户手动启动 Tomcat。

（3）Disable：表示禁止运行。

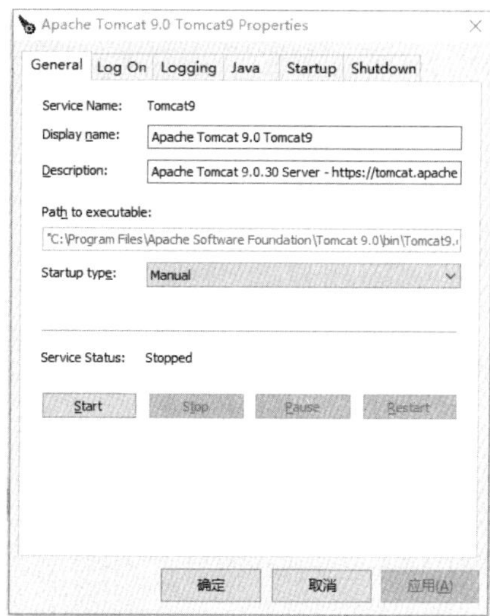

图 1-22　Tomcat 常规配置

2. 配置登录方式

在 Log On 选项卡中可以配置 Tomcat 的登录方式，如图 1-23 所示。

若指定用户登录 Tomcat，可选择“This account”单选按钮，如果选择本地系统账户登录，可选“Local System account”单选按钮。

3. 配置日志选项

在 Logging 选项卡中，Tomcat 使用日志文件保存服务访问记录，可用记事本打开日志文件查看访问信息，如图 1-24 所示。

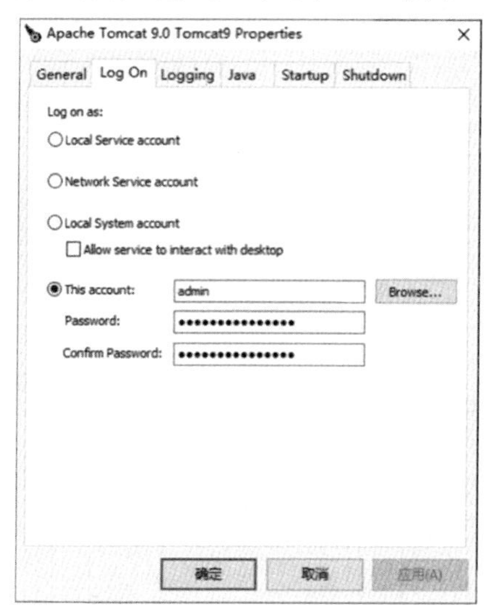

图 1-23　Tomcat 登录方式配置

图 1-24　Tomcat 日志选项配置

4. 配置 Java 虚拟机

在 Java 选项卡中可以配置 Java 虚拟机的相关信息，如图 1-25 所示。

5. 启动和停止选项配置

在 Startup 选项卡中可以配置启动 Tomcat 相关信息，如图 1-26 所示。

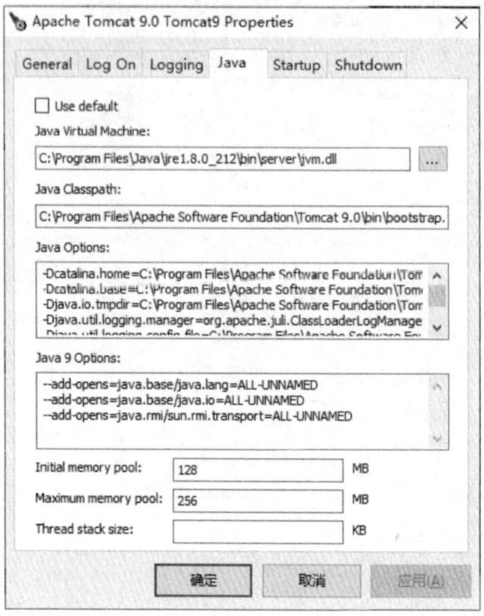

图 1-25　Tomcat 虚拟机配置

图 1-26　Tomcat 启动配置

在 Shutdown 选项卡中可以配置停止 Tomcat 相关信息，如图 1-27 所示。

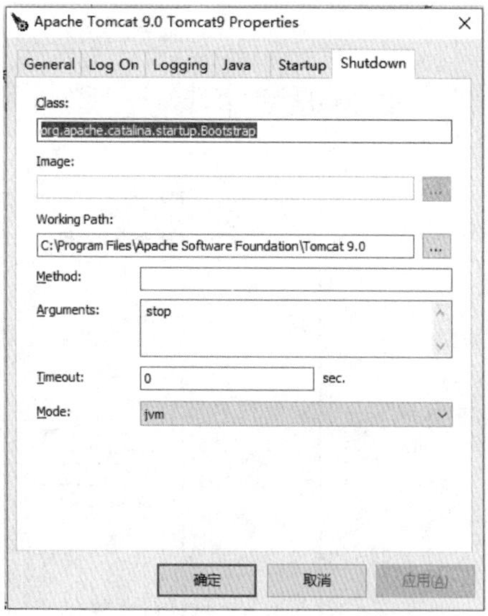

图 1-27　Tomcat 关闭配置

1.2.6　手动部署 Web 应用程序

在 Tomcat 安装目录，使用记事本打开 C:\Program Files\Apache Software Foundation\Tomcat 9.0\conf\ server.xml，在<Host></Host>标签中使用 Contex 元素部署 Web 应用程序，代码如下所示。

```
<Host name="localhost" appBase="webapps" unpackWARs="true" autoDeploy="true">
```

```
    <Context path="/HelloWorld" docBase="D:\App\HelloWorld" reloadable="true"/>
</Host>
```

修改完上面的 Context 元素后，在浏览器中输入 http://localhost:8080/HelloWorld 便可访问。其中，reloadable 表示 Web 应用程序被修改后是否可自动重新载入。

1.2.7　管理 Web 应用程序

启动 Tomcat 后，在浏览器中输入 http://localhost:8080 可以进入应用程序管理界面，如图 1-28 所示。Tomcat 应用程序列表如图 1-29 所示。

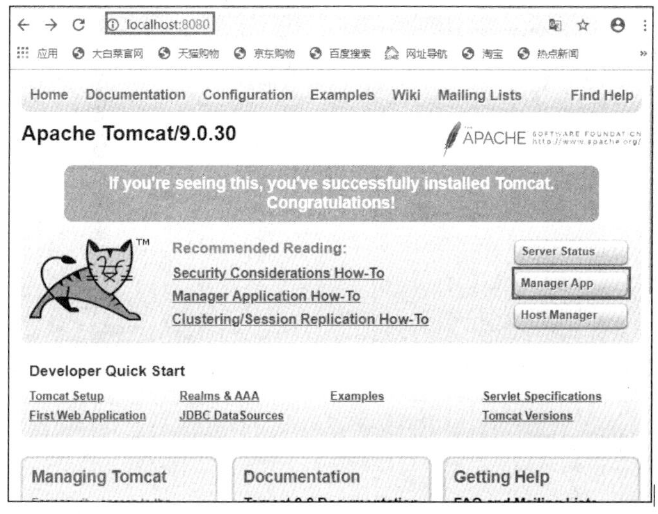

图 1-28　Tomcat 管理主界面

应用程序					
路径	版本号	显示.名称	运行中	会话	命令
/	未指定	Welcome to Tomcat	true	0	启动 停止 重新加载 卸载 过期会话 闲置 ≥ 30 分钟
/docs	未指定	Tomcat Documentation	true	0	启动 停止 重新加载 卸载 过期会话 闲置 ≥ 30 分钟
/manager	未指定	Tomcat Manager Application	true	1	启动 停止 重新加载 卸载 过期会话 闲置 ≥ 30 分钟

图 1-29　Tomcat 应用程序列表

1.2.8　安装 IntelliJ IDEA 开发工具

安装 IntelliJ IDEA，其安装界面如图 1-30～图 1-39 所示，启动界面如图 1-40～图 1-43 所示。

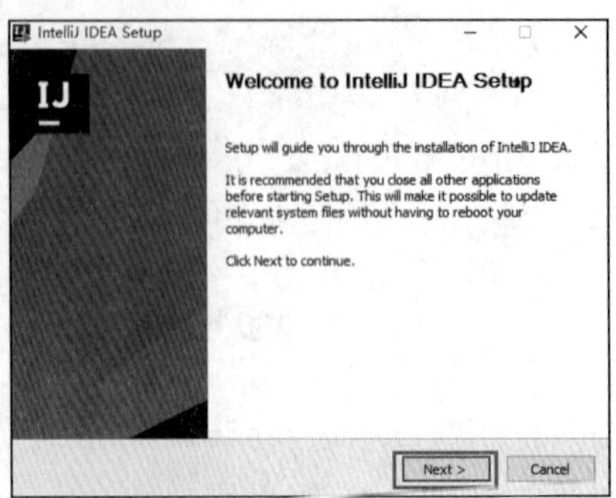

图 1-30　IntelliJ IDEA 安装界面

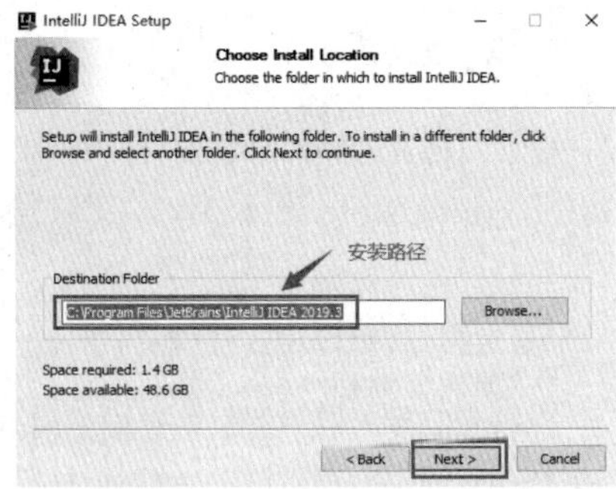

图 1-31　IntelliJ IDEA 安装路径

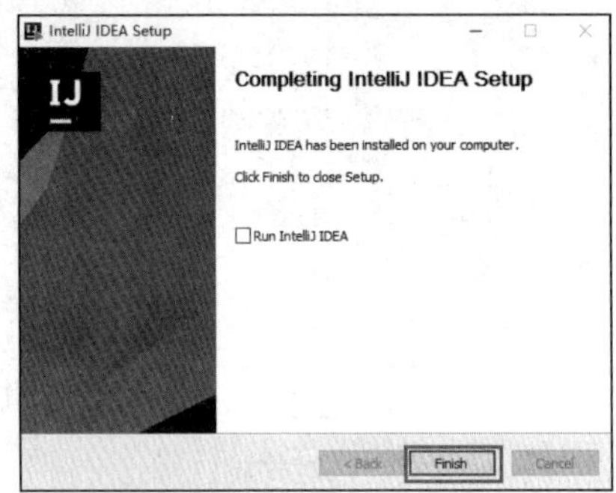

图 1-32　IntelliJ IDEA 完成安装

图 1-33　配置 IDEA

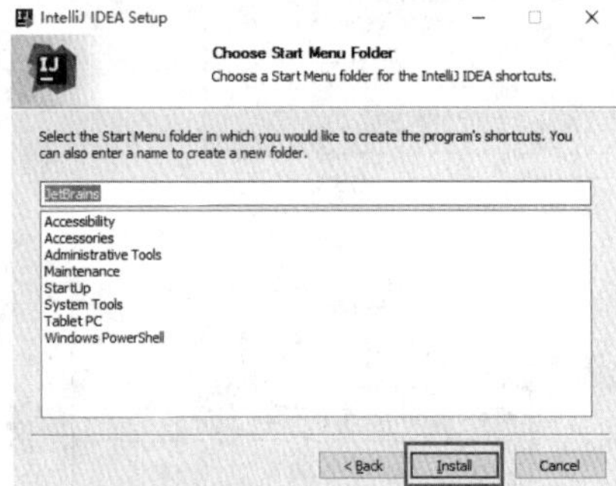

图 1-34　创建启动菜单目录

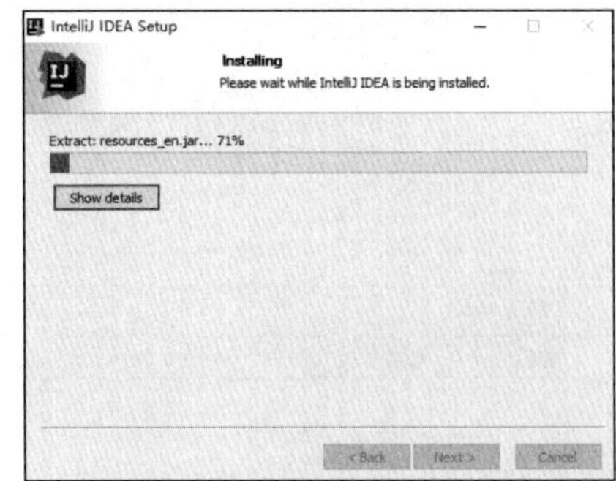

图 1-35　安装过程

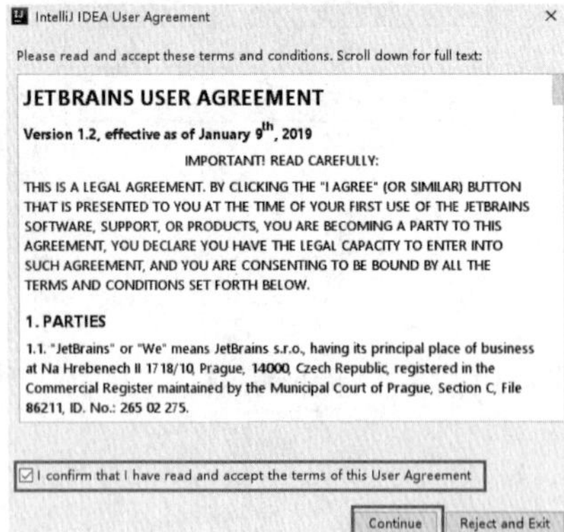

图 1-36　接受许可

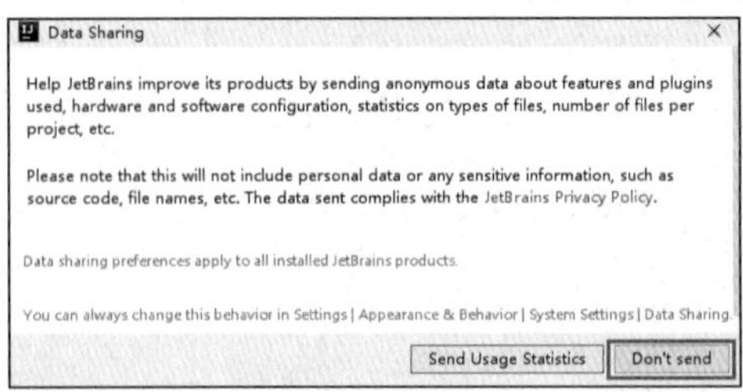

图 1-37　不发送

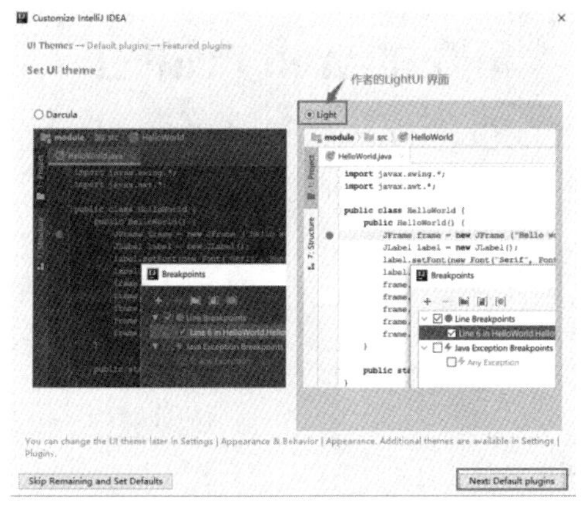

图 1-38　IntelliJ IDEA 编辑器 UI 选择

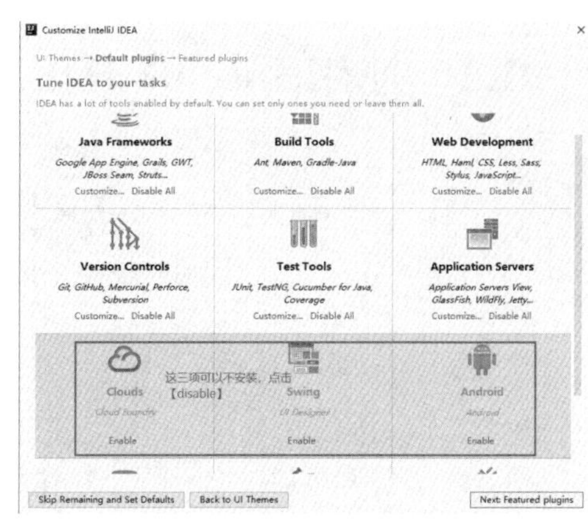

图 1-39　去掉不需要安装的组件

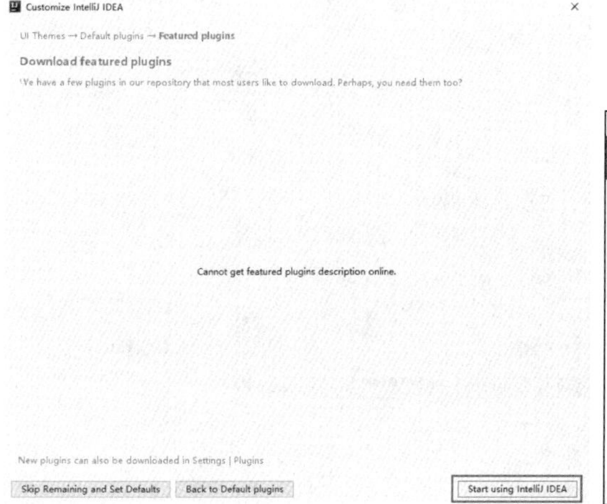

图 1-40　启动

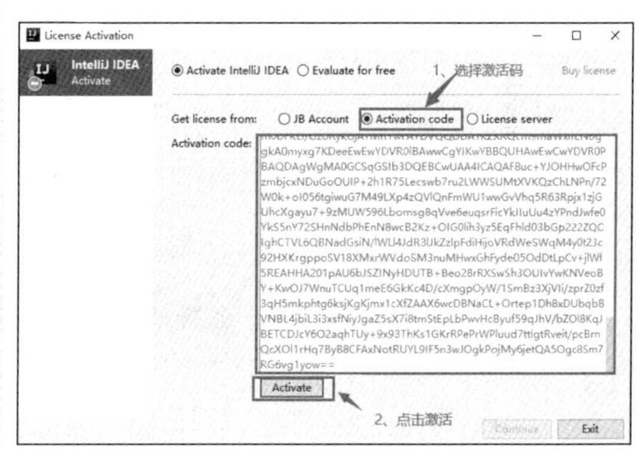

图 1-41　输入激活码

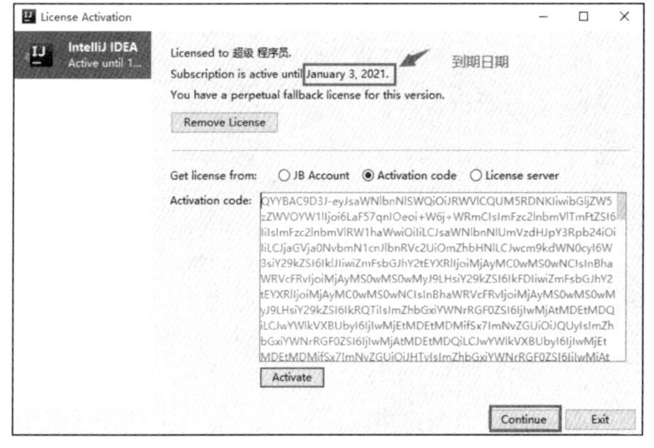

图 1-42　到期日期

图 1-43　IntelliJ IDEA 启动界面

1.3 使用 IntelliJ IDEA 创建和发布 Web Project

1.3.1 编写输出 HelloWorld 的 JSP 文件

创建 HelloWorld 工程，如图 1-44～图 1-48 所示。

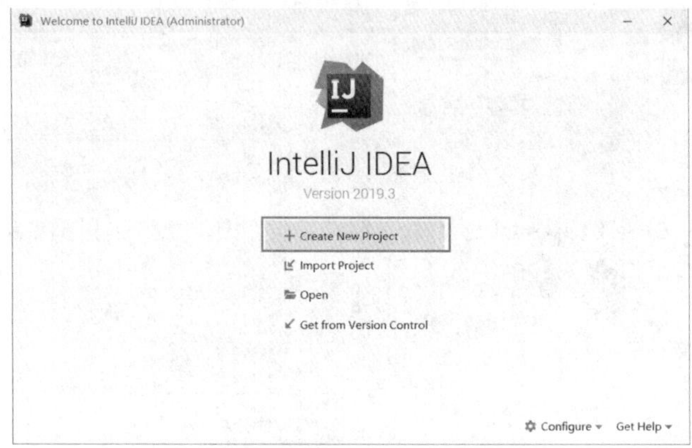

图 1-44 选择 Create New Project 命令

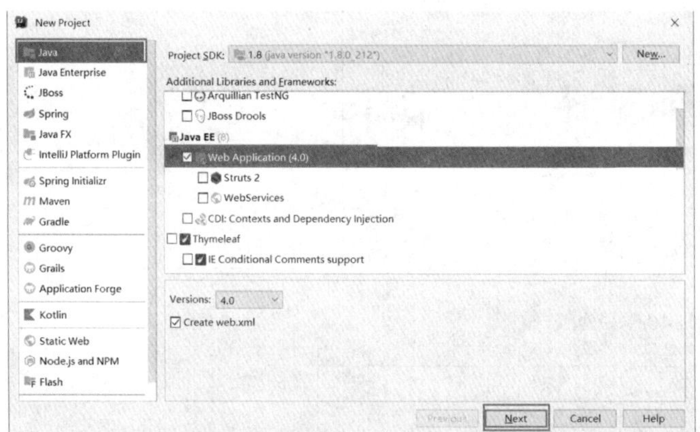

图 1-45 新建 Web Application

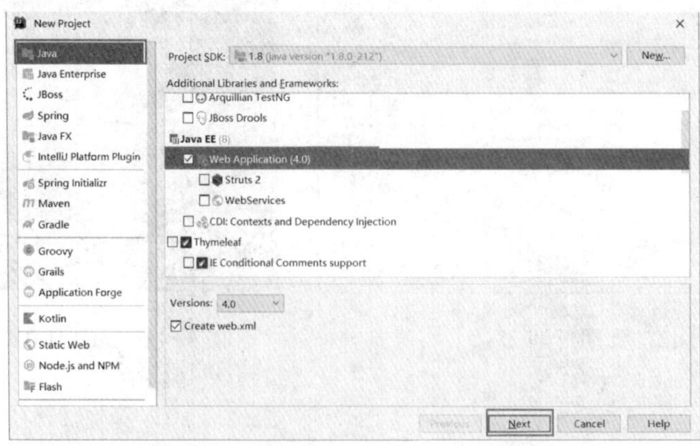

图 1-46 设置项目名称与项目保存路径

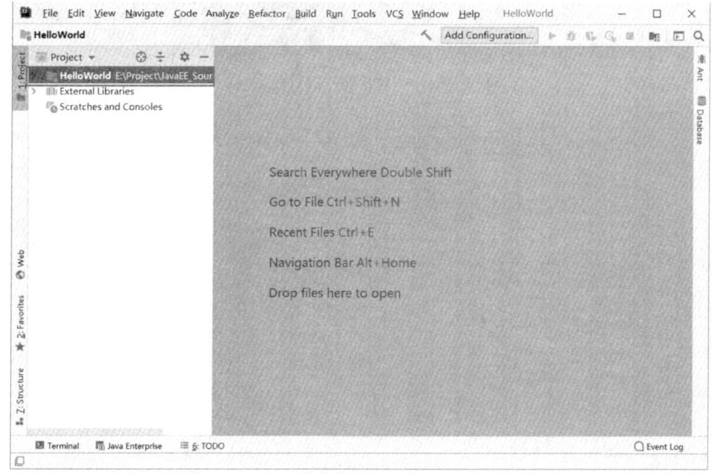

图 1-47　项目创建成功

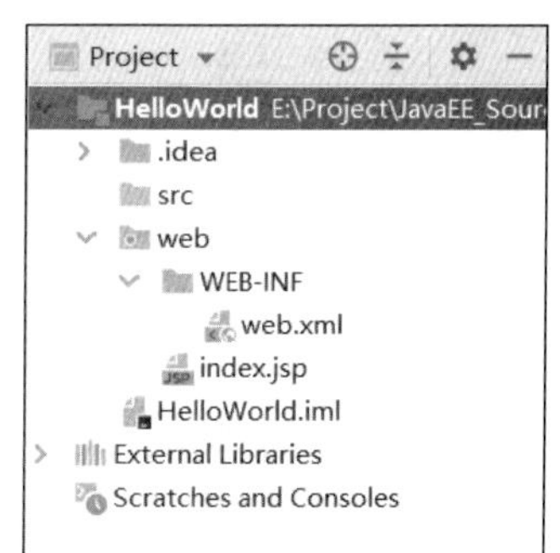

图 1-48　HelloWorld 工程目录结构

一个 Web 应用程序是由 HTML 文件、jsp 文件、Servlet、资源文件和其他相关联文件组成的集合。Web 应用程序需要发布到服务器中，在浏览器通过 URL 访问。

根据 Java EE 规范，Web 应用程序的目录结构说明解释如下：

（1）/webappname/Web 应用程序根目录，存放 HTML、JSP 页面文件，webappname 为 Web 应用程序名称。

（2）/webappname/WEB-INF：Web 应用程序 Web 资源支持文件目录，如存放 Web 发布描述文件 web.xml。

（3）/webappname/SRC：服务端文件，如*.java 文件。

（4）External Libraries：存放 Web 应用程序所需的 jar 文件。

双击 index.jsp，找到<body></body>标签，在此标签中输入如下代码，如图 1-49 所示。

```
<% out.println("Hello World!"); %>
```

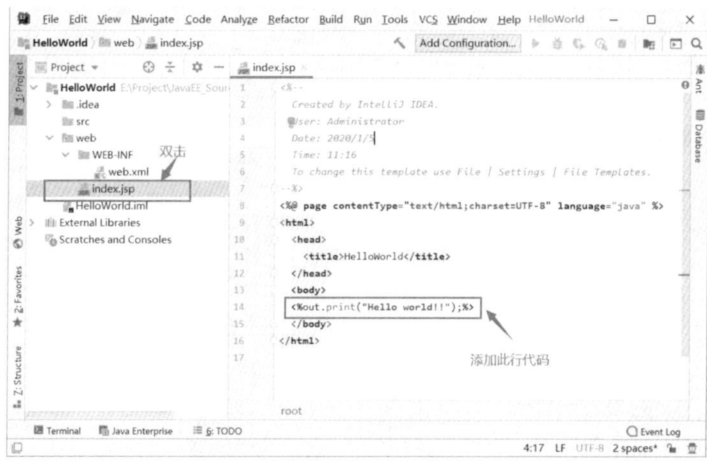

图 1-49　编辑项目首页文件 index.jsp

1.3.2　运行 JSP 文件

第一步：配置并部署 HelloWorld 工程，如图 1-50～图 1-53 所示。

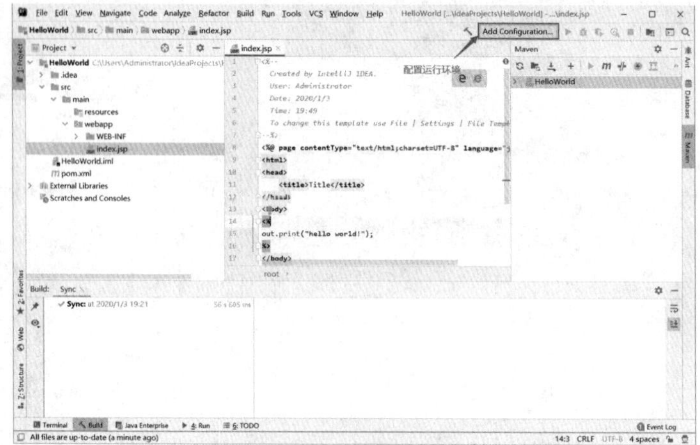

图 1-50　单击添加配置按钮

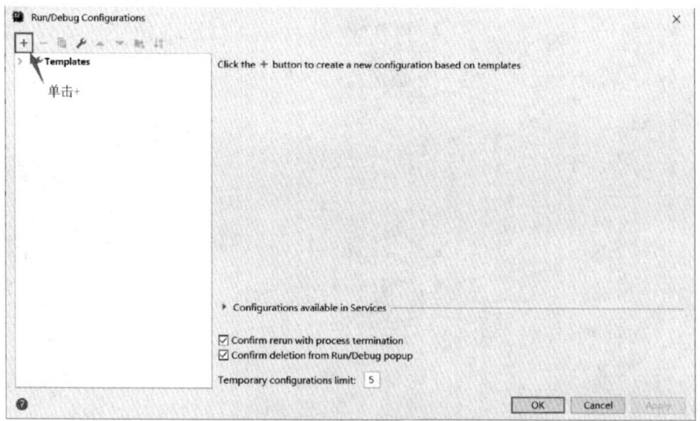

图 1-51　添加配置

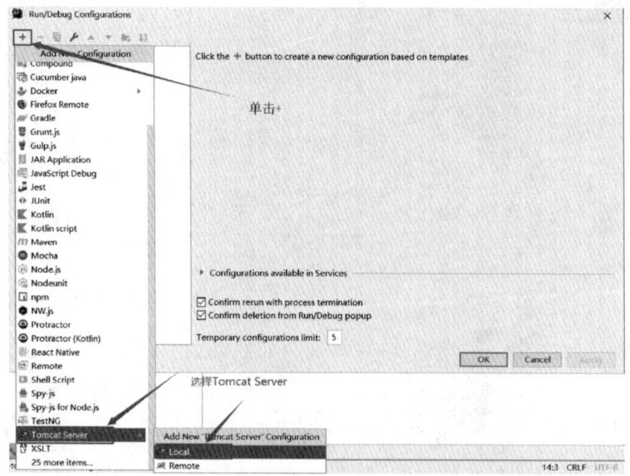

图 1-52　选择 Tomcat Server 容器

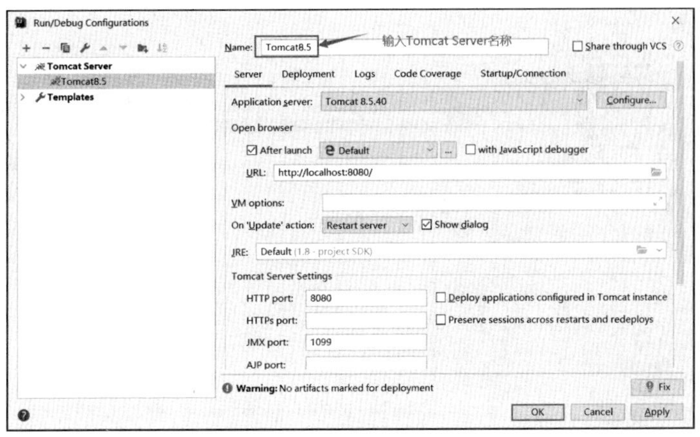

图 1-53　编辑名称、选择 Tomcat 安装目录、端口等

下面要将 Web 应用打包成 war 包，然后在 Tomcat 目录下发布，如图 1-54～图 1-57 所示。

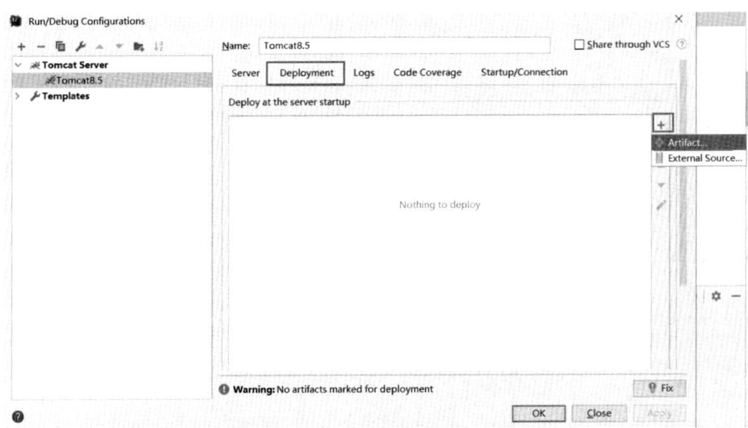

图 1-54　添加 Artifact

图 1-55　选择打包方式

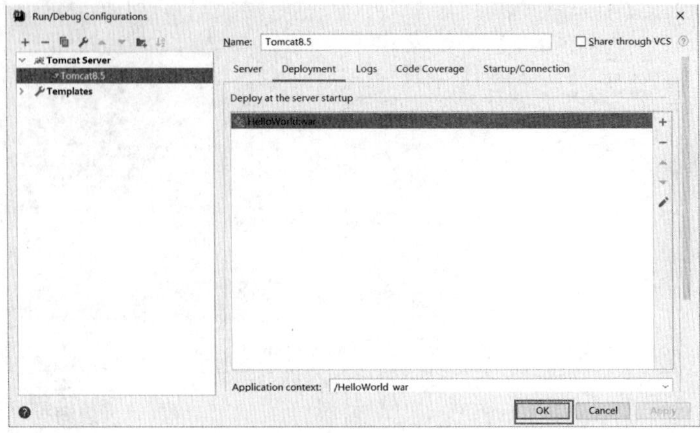

图 1-56　保存配置

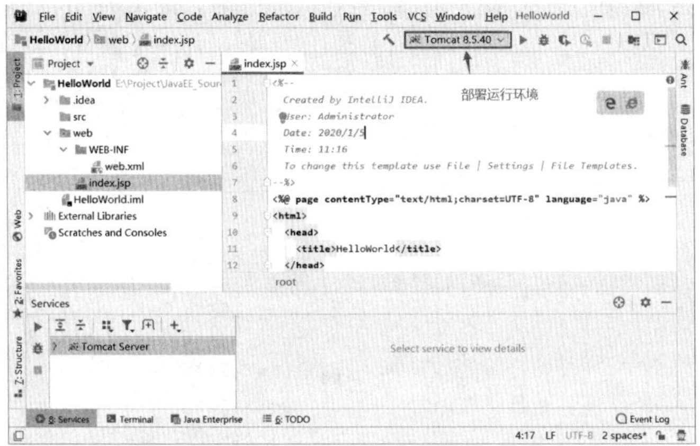

图 1-57　选择要运行的服务

第二步：启动运行，如图 1-58 所示。注意观察 IntelliJ IDEA 启动日志，如图 1-59 所示，查看是否有错误信息打印显示。运行结果如图 1-60 所示。

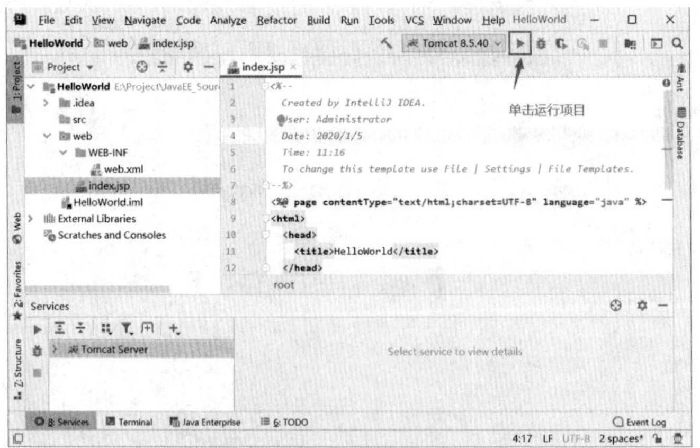

图 1-58　启动 Tomcat 8

```
Server   Tomcat Localhost Log   Tomcat Catalina Log
Output
05-Jan-2020 11:22:38.249 信息 [main] org.apache.coyote.AbstractProtocol.start Starting ProtocolHandler ["ajp-nio-8009"]
05-Jan-2020 11:22:38.249 信息 [main] org.apache.catalina.startup.Catalina.start Server startup in 74 ms
Connected to server
[2020-01-05 11:22:38,358] Artifact HelloWorld:war exploded: Artifact is being deployed, please wait...
05-Jan-2020 11:22:38.624 警告 [RMI TCP Connection(3)-127.0.0.1] org.apache.tomcat.util.descriptor.web.WebXml.setVersion Unknown ve
[2020-01-05 11:22:38,780] Artifact HelloWorld:war exploded: Artifact is deployed successfully
[2020-01-05 11:22:38,780] Artifact HelloWorld:war exploded: Deploy took 422 milliseconds
05-Jan-2020 11:22:48.234 信息 [localhost-startStop-1] org.apache.catalina.startup.HostConfig.deployDirectory Deploying web applica
05-Jan-2020 11:22:48.422 信息 [localhost-startStop-1] org.apache.catalina.startup.HostConfig.deployDirectory Deployment of web app
```

图 1-59　启动日志

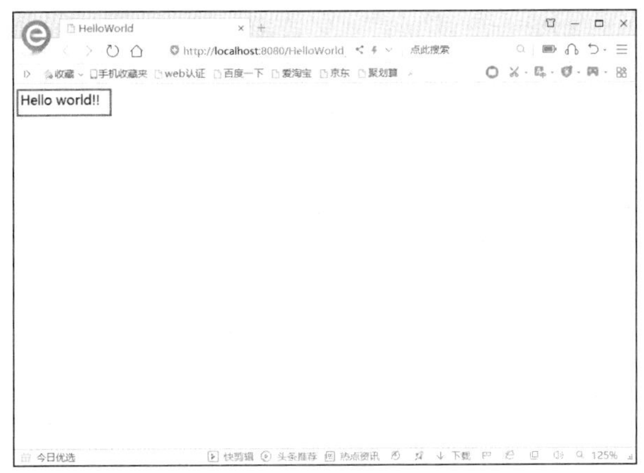

图 1-60　查看运行结果

小　　结

本章着重介绍 Java EE 开发环境的搭建，第 1.3.2 节提供了一个 JSP 开发的例子，通过学习这个例子，读者应该对 JSP 开发有一个最初的认识。

习　　题

1. 配置好 Java EE 开发环境，新建一个工程，工程名称为 Ex1，在此工程的 index.jsp 文件中调试如下代码，查看运行结果，并总结 JSP 运行的原理。

```
<%
for(int i=o;i<10;i++){
    out.print("this is"+i);
}
%>
```

2. 在工程 Ex1 中新建一个 two.jsp 页面，实现如下所示的九九乘法表功能。

```
1*1=1
1*2=2 2*2=4
1*3=3 2*3=6  3*3=9
1*4=4 2*4=8  3*4=12 4*4=16
1*5=5 2*5=10 3*5=15 4*5=20 5*5=25
1*6=6 2*6=12 3*6=16 4*6=24 5*6=30 6*6=36
1*7=7 2*7=14 3*7=21 4*7=28 5*7=35 6*7=42 7*7=49
1*8=8 2*8=16 3*8=34 4*8=32 5*8=40 6*8=48 7*8=56 8*8=64
1*9=9 2*9=18 3*9=27 4*9=36 5*9=45 6*9=54 7*9=63 8*9=72 9*9=81
```

3. 将工程 Ex1 进行手动部署，并记录整个部署过程。

第 2 章 JSP 技术详解

学习目标

- 掌握 JSP 的基本语法：JSP 注释、JSP 脚本元素、JSP 指令、JSP 动作指令。
- 掌握 JSP 内置对象。
- 熟练使用 JSP 的内置对象在开发中的应用。

本章介绍 JSP 的基本语法，为简化 JSP 开发提供了一些内置对象，讲述 JSP 的内置对象及案例分析。首先讲述 JSP 内置对象的基本概念，然后分别详细介绍内置对象：request、response、pageContext、session、application、out、config、page 的概念和使用。

2.1 JSP 技术简介

JSP（Java Server Pages）是由 Sun 公司倡导、许多公司参与建立的一种动态网页技术标准。JSP 技术类似 ASP 技术，它在传统的网页 HTML 文件（*.htm,*.html）中插入 Java 程序段（Scriptlet）和 JSP 标记（tag），从而形成 JSP 文件（*.jsp）。

用 JSP 开发的 Web 应用是跨平台的，既能在 Linux 下运行，又能在其他操作系统上运行。

JSP 技术使用 Java 编程语言编写类 XML 的 tags 和 scriptlets，封装产生动态网页的处理逻辑。网页还能通过 tags 和 scriptlets 访问存在于服务端的资源的应用逻辑。JSP 将网页逻辑与网页设计和显示分离，支持可重用的基于组件的设计，使基于 Web 的应用程序开发变得迅速和容易。

Web 服务器在遇到访问 JSP 网页的请求时，首先执行其中的程序段，然后将执行结果连同 JSP 文件中的 HTML 代码一起返回给客户。插入的 Java 程序段可以操作数据库、重新定向网页等，以实现建立动态网页所需要的功能。

JSP 与 Java Servlet 一样，是在服务器端执行的，通常返回该客户端的就是一个 HTML 文本，因此客户端只要有浏览器就能浏览。

JSP 的 1.0 规范的最后版本是 1999 年 9 月推出的，同年 12 月推出了 1.1 规范。当前较新的是 JSP 2.0 规范。

JSP 页面由 HTML 代码和嵌入其中的 Java 代码所组成。服务器在页面被客户端请求

以后对这些 Java 代码进行处理，然后将生成的 HTML 页面返回给客户端的浏览器。Java Servlet 是 JSP 的技术基础，而且大型的 Web 应用程序的开发需要 Java Servlet 和 JSP 配合才能完成。JSP 具备 Java 技术的简单易用、完全的面向对象、具有平台无关性且安全可靠、主要面向因特网等所有特点。

1. JSP 技术的强势

（1）一次编写，到处运行。在这一点上 Java 比 PHP 更出色，除了系统之外，代码不用做任何更改。

（2）系统的多平台支持。基本上可以在所有平台上的任意环境中开发，在任意环境中进行系统部署，在任意环境中扩展。

（3）强大的可伸缩性。从只有一个小的 Jar 文件就可以运行 Servlet/JSP，到由多台服务器进行集群和负载均衡，到多台 Application 进行事务处理、消息处理，从一台服务器到无数台服务器，Java 显示出巨大的生命力。

（4）多样化和功能强大的开发工具支持。这一点与 ASP 很像，Java 已经有了许多非常优秀的开发工具，而且许多可以免费得到，并且其中许多已经可以顺利地运行于多种平台之下。

2. JSP 技术的弱势

（1）与 ASP 一样，Java 的一些优势正是它致命的问题所在。正是由于为了跨平台的功能和极度的伸缩能力，所以极大地增加了产品的复杂性。

（2）Java 的运行速度是用 class 常驻内存来完成的，所以它在一些情况下所使用的内存比起用户数量来说确实是“最低性能价格比”了。另一方面，它还需要硬盘空间来存储一系列的.java 文件和.class 文件，以及对应的版本文件。

2.2　JSP 的基本语法

本节主要介绍 JSP 页面的基本结构，让读者对 JSP 页面有一个全面的了解。例 2-1 是一个简单的 JSP 文件。

例 2-1　计算 1+2+…+100 的值。

```
<%@ page language="java" import="java.util.*" pageEncoding="utf-8"%>
<!-- 这是一个简单的实例 -->
<!DOCTYPE HTML PUBLIC "-//W3C//DTD HTML 4.01 Transitional//EN">
<html>
   <head>
      <title>计算 1+2+...+100 的和</title>
   </head>
   <body>
   <%
   int  m=100,n=1;
   int sum=0;
   while(n<=m){                    /*判断循环条件*/
      sum=sum+n;
```

```
        n++;
    }
    %>
    <%--此处输出 sum 的值 --%>
    <%=sum %>
    </body>
</html>
```

1. JSP 注释

为提高程序代码的可读性，会在编写代码时加上必要的注释，用于标注程序开发过程的开发提示。

（1）HTML 注释。该注释主要用于在客户端动态地显示一个注释，又称输出注释。

语法格式：<!—注释内容-->

（2）JSP 注释。该注释隐藏在 JSP 源代码中，它不会输出到客户端，又称隐藏注释。

语法格式：<%--注释内容--%>

（3）scriptlets 中的注释。通常使用“//”表示单行注释，使用“/** 　*/”表示多行注释。

在 IE 中通过“查看”菜单中的“查看源文件”命令可查看注释在客户端的运行情况。如图 2-1 和图 2-2 所示。

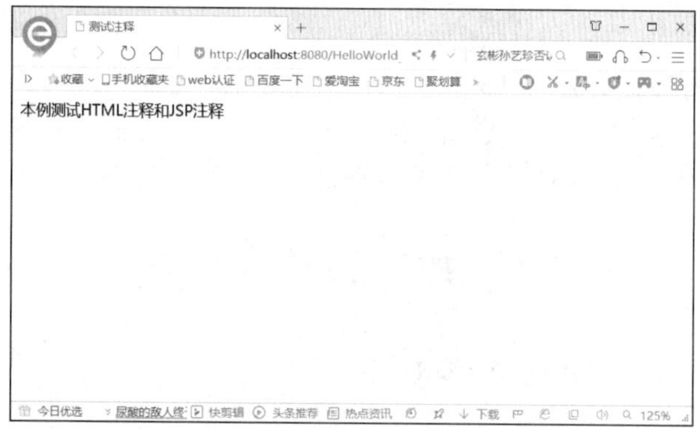

图 2-1　客户端显示页面

```
<html>
  <head>
    <title>测试注释</title>
  </head>
  <body>
      本例测试HTML注释和JSP注释
      <!--此行会出现在客户端HTML注释中-->

  </body>
</html>
```

图 2-2　源文件

2. 声明

JSP 声明用于定义变量和函数，其语法格式如下：

```
<%! JSP 声明%>
```

例如：

```
<%! Int i=1;int j=2;%>
```

> **注 意**
>
> JSP 文档转换为 Servlet 后，所有 JSP 声明均转换成字段定义，并放在类代码体开头。所以 JSP 声明可以放在 JSP 文档的任意位置，没有“先声明后使用”规则限制，建议将声明放在 JSP 文档开头，使代码具有更强的可读性和可维护性。

3. JSP 表达式

JSP 提供一种输出表达式值的简单方法，输出表达式的语法格式如下：

```
<%=表达式%>
```

例如：

```
<%=2*8%>
```

该表达式在 Servlet 中被转换为：

```
out.print(2*8);
```

表达式可以出现在任意位置。例如：

```
<input type="text"  name="txtResult" value="<%=2*8%>">
```

4. 代码段

代码段是放在“<%”和“%>”标记之间的 Java 代码，语法格式如下：

```
<% Java 代码段 %>
```

例如：

```
<%@ page contentType="text/html;charset=UTF-8" language="java" %>
<html>
<head>
  <title>Jsp 基本语法实例</title>
</head>
<body>
<%!
  float PI=3.14F;  //PI 表示圆周率
  float GetArea(int r)  //计算圆的面积，r 表示半径
  {
    return PI*r*r;
  }
%>
<%
  out.print("半径是 5 的圆面积是: "+GetArea(5));  //调用方法输出面积
%>
</body>
</html>
```

运行结果如图 2-3 所示。

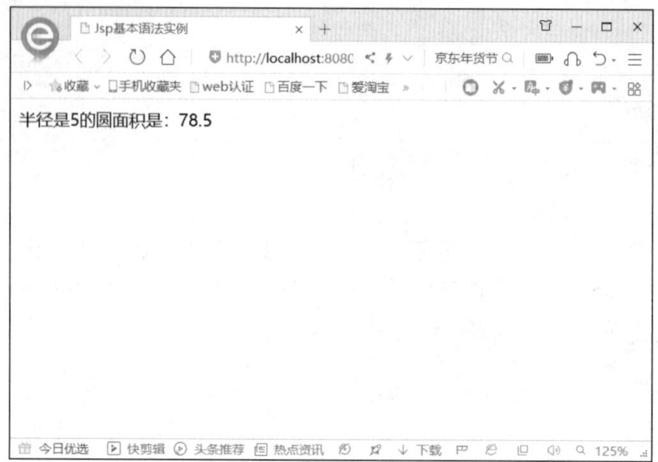

图 2-3 运行结果

2.3 JSP 指 令

JSP 指令通知 JSP 引擎如何处理 JSP 文档，主要包括 page、include、taglib。JSP 指令必须写在“<%”和“%>”标记之间，语法格式如下：

```
<%@JSP 指令 属性="属性值"%>
```

例如：

```
<%@page contentType="text/html" pageEncoding="UTF-8"%>
```

1. page 指令

page 指令是针对当前页面的指令，它作用于整个 JSP 页面。它通常位于 JSP 页面的顶端，一个 JSP 页面可以有多条 page 指令，但是其属性只能出现一次，重复的属性设置将覆盖先前的设置。

语法格式如下：

```
<%@ page
       [language="java"]
       [import="{package.class|package.*},..."]
       [contentType="TYPE;charset=CHARSET"]
       [session="true|false"]
       [buffer="none|8kb|sizekb"]
       [autoFlash="true|false"]
       [isThreadSafe="true|false"]
       [info="text"]
       [errorPage="relativeURL]
       [isErrorPage="true|false"]
       [extends="package.class"]
       [isELIgnored="true|false"]
```

```
        [pageEncoding="CHARSET"]
%>
```

language：定义要使用的脚本语言，当前只能是 java，即 language="java"。

import：和一般的 Java import 意义一样，用于引入要使用的类，用逗号“,”隔开包或者类列表。默认省略，即不引入其他类或者包，默认导入的包有：java.lang.*、javax.servlet.*、javax.servlet.jsp.* 和 javax.servlet.http.*。导入包格式如下：import="java.io.*,java.util.Hashtable"。

session：指定所在页面是否使用 session 对象。默认值为 true，即 session="true"。

buffer：指定到客户输出流的缓冲模式。如果为 none，则不缓冲；如果指定数值，那么输出就用不小于这个值的缓冲区进行缓冲，单位为 KB。它与 autoFlash 一起使用。默认不小于 8 KB，根据不同的服务器可设置。例如，buffer="64kb"。

autoFlash：如果为 true，缓冲区满时，到客户端输出被刷新；如果为 false，缓冲区满时，出现运行异常，表示缓冲区溢出。默认为 true，即 autoFlash="true"。

info：关于 JSP 页面的信息，定义一个字符串，可以使用 servlet.getServletInfo()获得。默认省略。例如，info="测试页面"。

isErrorPage：表明当前页是否为其他页的 errorPage 目标。如果被设置为 true，则可以使用 exception 对象；如果被设置为 false，则不可以使用 exception 对象。例如，isErrorPage="true"。默认为 false。

errorPage：定义此页面出现异常时调用的页面，默认忽略。例如，errorPage="error.jsp"。

isThreadSafe：用来设置 JSP 文件是否能多线程使用。如果设置为 true，那么一个 JSP 能够同时处理多个用户的请求；如果设置为 false，那么一个 JSP 只能一次处理一个请求。例如，isThreadSafe="true"。

contentType：定义 JSP 字符编码和页面响应的 MIME 类型。TYPE=MIME TYPE; charset=CHARSET。默认为 TYPE=text/html,CHARSET=iso8859-1。例如，contentType="text/html;charset=gb2312"。注意：如果 charset 指令没有设置为 gb2312 或 UTF-8，JSP 程序中的中文将显示乱码。

pageEncoding：JSP 页面的字符编码，默认值为 pageEncoding="iso-8859-1"。例如，pageEncoding="gb2312"。

isELIgnored：指定 EL（表达式语言）是否被忽略。如果为 true，则容器忽略"${}"表达式的计算。默认值由 web.xml 描述文件的版本确定，Servlet 2.3 以前的版本将忽略。例如，isELIgnored="true"。

2. include 指令

include 指令通知容器包含当前 JSP 页面中的内嵌的、在指定位置上的资源内容。被包含的文件可以被 JSP 解析。这种解析发生在编译期间。

include 指令的格式如下：

```
<%@include file="包含文件名称"%>
```

由于使用了 include 指令，可以把一个复杂的 JSP 页面分成若干简单部分，这样可以大大提高 JSP 页面的管理效率，当要对页面进行更改时，只需要更改对应的部分就可以了。

例 2-2 include 的使用。创建一个页面，命名为 index.jsp。

```
<%@ page contentType="text/html;charset=UTF-8" language="java" %>
<html>
  <head>
    <title>jsp include 指令实例</title>
  </head>
  <body>
   下面是包含文件中的内容: <br><hr>
  <%@include file="city.jsp"%>
  </body>
</html>
```

city.jsp 代码如下：

```
<li>Guilin</li>
<li>Shanghai</li>
<li>Guangzhou</li>
```

运行 index.jsp 文件，结果如图 2-4 所示。

图 2-4　包含文件使用结果

注 意

（1）被 include 包含文件中最好去掉<html>、<body>等标签，否则页面排版不正确。
（2）避免被包含和包含文件中定义相同的变量和方法。

3. taglib 指令

taglib 指令用于指定使用的标签库和标签前缀，语法格式如下:

```
<%@taglib uri="标签库" prefix="标签前缀"%>
```

例如：

```
<%@taglib uri="http://java.sun.com/jsp/jstl/core" prefix="c"%>
```

Testtaglib.jsp 代码如下：

```
<%@ page contentType="text/html;charset=UTF-8" language="java" %>
<%@taglib prefix="c" uri="http://java.sun.com/jsp/jstl/core" %>
<html>
```

```
<head>
    <title>JSP taglib</title>
</head>
<body>
使用 JSTL 标签实现循环
<c:set var="result" value="0"></c:set>
<c:forEach var="i" begin="1" end="100" step="1">
    <c:set var="result" value="${result+i}"></c:set>
</c:forEach>
<c:out value="1+2+…+100=${result}"></c:out>
</body>
</html>
```

运行结果如图 2-5 所示。

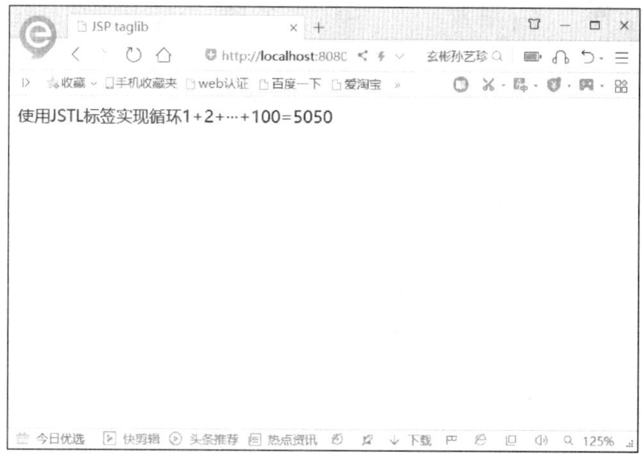

图 2-5　Testtaglib.jsp 运行结果

2.4　JSP 动作标签

JSP 动作标签用于执行服务器端的任务，如引用 JavaBean 等。本节将介绍几个常用标签：<jsp:include><jsp:param><jsp:forward>等。

2.4.1　<jsp:include>和<jsp:param>

<jsp:include>和 include 类似，用于包含文件，语法格式如下：

```
<jsp:include page="包含文件名或<%=表达式%>" flush="true">
```

或者：

```
<jsp:include page="包含文件名或<%=表达式%>" flush="true">
    <jsp:param name="参数名" value="参数值或<%=表达式%>"/>
    ...
</jsp:include>
```

其中：

（1）page 属性：指定包含文件名（也可以是 servlet URL）。

（2）flush 属性：属性值必须是 true，表示缓冲区会被清空。

（3）<jsp:param>标签：定义参数名和参数值，可同时定义多个。

注 意

（1）include 指令属于静态包含。
（2）<jsp:include>指令属于动态包含。

gettime.jsp 文件代码如下：

```
<%@ page contentType="text/html;charset=UTF-8" language="java" %>
<%
String now=new java.util.Date().toLocaleString();
String username=request.getParameter("username");
out.print(username+"您好，现在时间："+now);
%>
```

Ex_jspinclude.jsp 文件代码如下：

```
<%@ page contentType="text/html;charset=UTF-8" language="java" %>
<html>
<head>
   <title>JSP include 标签</title>
</head>
<body>
<jsp:include page="gettime.jsp" flush="true">
   <jsp:param name="username" value="Tom"/>
</jsp:include>
</body>
</html>
```

运行结果如图 2-6 所示。

图 2-6　运行结果

2.4.2　<jsp:forward>

<jsp:forward>标签将请求转发给另一个页面，语法格式如下：

```
<jsp:forward page="URL"/>
```

其中，page 属性用于指定转换页面的 URL，可以使用相对路径。例如：

```
<jsp:forward page="http://localhost:8080/chapter02/one.html"/>
<jsp:forward page="one.html"/>
```

2.5　JSP 的内置对象

2.5.1　request 对象

request 封装了用户提交给服务器的所有信息，通过 request 对象的方法可以获取用户提交的信息。用户通常使用 HTML 中的 Form 表单向服务器的某个 JSP 或者 Servlet 提交信息。代码如下：

```
<form  name="表单名字"  method= "get|post"  action= "提交信息的目标地址">
    提交内容
</form>
```

注 意

(1) get()方法和 post()方法的主要区别：使用 get()方法提交的信息会在提交的过程中显示在浏览器的地址栏中；而使用 post()方法提交的信息不会显示在地址栏中。

(2) 提交内容的方式：文本框、密码框、下拉列表、单选按钮、多选按钮、文本区域等。

1. 获取用户提交信息

request 对象可以使用 getParameter(string s)方法获取该表单通过 text 提交的信息，如 request.getParameter("boy")。

下面通过一个实例解释如何进行表单数据的处理。

例 2-3　表单数据的处理。

第一步：先创建一个 one.jsp 文件，代码如下所示。

```
<%@ page contentType="text/html; charset=utf-8" language="java"
import="java. util.*" errorPage="" %>
<!DOCTYPE html PUBLIC "-//W3C//DTD XHTML 1.0 Transitional//EN"
"http://www.w3.org/TR/xhtml1/DTD/xhtml1-transitional.dtd">
<html xmlns="http://www.w3.org/1999/xhtml">
<head>
<meta http-equiv="Content-Type" content="text/html; charset=utf-8" />
<title>request 对象使用-one.jsp</title>
</head>
<body>
<form action="two.jsp" method="post" name="form">
    <input type="text" name="boy">
    <input type="submit" value="Enter" name="submit">
</form >
</body>
</html>
```

第二步：创建一个页面 two.jsp，用于接收 one.jsp 提交的表单数据，代码如下。

```
<%@ page contentType="text/html; charset=utf-8" language="java"
import="java. util.*" errorPage="" %>
<!DOCTYPE html PUBLIC "-//W3C//DTD XHTML 1.0 Transitional//EN"
"http://www.w3.org/TR/xhtml1/DTD/xhtml1-transitional.dtd">
<html xmlns="http://www.w3.org/1999/xhtml">
<head>
    <meta http-equiv="Content-Type" content="text/html; charset=utf-8" />
    <title>request 对象使用-two.jsp</title>
</head>
<body>
    获取文本框提交的信息:
    <%String textContent=request.getParameter("boy"); %>
    <%=textContent%>
</body>
</html>
```

注 意

使用 request 对象获取信息要格外小心，要避免使用空对象，否则会出现 NullPointerException 异常，所以可以作以下处理：

```
<%
    String textContent=request.getParameter("boy");
    if(textContent != null && !" ".equals(textContent))/*判断是否为空情况*/
    {
       out.print(textContent);
    }
    else
    {
       out.print("textContent 为 null");
    }
%>
```

2. 处理汉字信息

当 request 对象获取客户提交的汉字字符时，会出现乱码问题，必须进行特殊处理。可以使用 request 对象的 setCharacterEncoding()方法进行编码转换。具体代码如下：

```
<%@ page language="java" import="java.util.*" pageEncoding="utf-8"%>
<%
    request.setCharacterEncoding("utf-8");  //解决中文乱码
%>
<!DOCTYPE html PUBLIC "-//W3C//DTD XHTML 1.0 Transitional//EN"
"http://www.w3.org/TR/xhtml1/DTD/xhtml1-transitional.dtd">
<html xmlns="http://www.w3.org/1999/xhtml">
<head>
    <meta http-equiv="Content-Type" content="text/html; charset=utf-8" />
    <title>request 对象使用-two.jsp</title>
```

```
    </head>
    <body>
        获取文本框提交的信息:
        <%
        String textContent = request.getParameter("boy");
        if(textContent != null && !"".equals(textContent)) /*判断是否为空情况*/
        {
            out.print(textContent);
        } else {
            out.print("textContent 为 null");
        }
    %>
    </body>
    </html>
```

request 对象的常用方法如下：

（1）getProtocol()：获取客户向服务器提交信息所使用的通信协议，如 HTTP/1.1 等。

（2）getServletPath()：获取客户请求的 JSP 页面文件的目录。

（3）getContentLength()：获取客户提交的整个信息的长度。

（4）getMethod()：获取客户提交信息的方式，如 post 或 get。

（5）getHeader(String s)：获取 HTTP 头文件中由参数 s 指定的头名字的值。一般来说，s 参数可取的头名有 accept、referer、accept-language、content-type、accept-encoding、user-agent、host、content-length、connection、cookie 等，如 s 取值 user-agent 将获取客户的浏览器的版本号等信息。

（6）getHeaderNames()：获取头名字的一个枚举。

（7）getHeaders(String s)：获取头文件中指定头名字的全部值的一个枚举。

（8）getRemoteAddr()：获取客户的 IP 地址。

（9）getRemoteHost()：获取客户机的名称（如果获取不到，就获取 IP 地址）。

（10）getServerName()：获取服务器的名称。

（11）getServerPort()：获取服务器的端口号。

（12）getParameterNames()：获取客户提交的信息体部分中 name 参数值的一个枚举。

request 对象使用示例：

```
    <%@ page contentType="text/html; charset=utf-8" language="java"
import="java.util.*" errorPage="" %>
    <!DOCTYPE html PUBLIC "-//W3C//DTD XHTML 1.0 Transitional//EN"
"http://www.w3.org/TR/xhtml1/DTD/xhtml1-transitional.dtd">
    <html xmlns="http://www.w3.org/1999/xhtml">
    <head>
        <meta http-equiv="Content-Type" content="text/html; charset=utf-8" />
        <title>request 对象</title>
    </head>
    <body>
        <BR>客户使用的协议是:
           <% String protocol=request.getProtocol();
              out.println(protocol);
```

```
        %>
    <BR>获取接收客户提交信息的页面:
        <% String path=request.getServletPath();
          out.println(path);
        %>
    <BR>接收客户提交信息的长度:
        <% int length=request.getContentLength();
          out.println(length);
        %>
    <BR>客户提交信息的方式:
        <% String method=request.getMethod();
          out.println(method);
        %>
    <BR>获取 HTTP 头文件中 User-Agent 的值:
        <% String header1=request.getHeader("User-Agent");
          out.println(header1);
        %>
    <BR>获取 HTTP 头文件中 accept 的值:
        <% String header2=request.getHeader("accept");
          out.println(header2);
        %>
    <BR>获取 HTTP 头文件中 Host 的值:
        <% String header3=request.getHeader("Host");
          out.println(header3);
        %>
    <BR>获取 HTTP 头文件中 accept-encoding 的值:
        <% String header4=request.getHeader("accept-encoding");
          out.println(header4);
        %>
    <BR>获取客户的 IP 地址:
        <% String  IP=request.getRemoteAddr();
          out.println(IP);
        %>
    <BR>获取客户机的名称:
        <% String clientName=request.getRemoteHost();
          out.println(clientName);
        %>
    <BR>获取服务器的名称:
        <% String serverName=request.getServerName();
          out.println(serverName);
        %>
    <BR>获取服务器的端口号:
        <% int serverPort=request.getServerPort();
          out.println(serverPort);
        %>
</body>
</html>
```

例 2-4 request 对象使用实例：实现一个类似在线考试的问卷提交功能。

three.jsp 代码如下：

```
<%@ page contentType="text/html; charset=utf-8" language="java"
import="java.util.*" errorPage="" %>
<!DOCTYPE html PUBLIC "-//W3C//DTD XHTML 1.0 Transitional//EN"
"http://www.w3.org/TR/xhtml1/DTD/xhtml1-transitional.dtd">
<html xmlns="http://www.w3.org/1999/xhtml">
<head>
  <meta http-equiv="Content-Type" content="text/html; charset=utf-8" />
  <title>three.jsp</title>
</head>
<body>
  <P>
    <FORM action="four.jsp" method="post" name="form1">
    诗人李白是中国历史上哪个朝代的人: <BR>
       <INPUT type="radio" name="R" value="a">宋朝
       <INPUT type="radio" name="R" value="b">唐朝
       <INPUT type="radio" name="R" value="c">明朝
       <INPUT type="radio" name="R" value="d" >元朝
       <BR>
    <P>小说《红楼梦》的作者是:
       <BR>
       <INPUT type="radio" name="P" value="a">曹雪芹
       <INPUT type="radio" name="P" value="b">罗贯中
       <INPUT type="radio" name="P" value="c">李白
       <INPUT type="radio" name="P" value="d">司马迁
       <BR>
       <INPUT TYPE="submit" value="提交答案" name="submit">
    </FORM>
</body>
</html>
```

four.jsp 代码如下：

```
<%@ page contentType="text/html; charset=utf-8" language="java"
import="java.util.*" errorPage="" %>
<!DOCTYPE html PUBLIC "-//W3C//DTD XHTML 1.0 Transitional//EN"
"http://www.w3.org/TR/xhtml1/DTD/xhtml1-transitional.dtd">
<html xmlns="http://www.w3.org/1999/xhtml">
<head>
  <meta http-equiv="Content-Type" content="text/html; charset=utf-8" />
  <title>four.jsp</title>
</head>
<body>
  <% int n=0;
    String s1=request.getParameter("R");
    String s2=request.getParameter("P");
    if(s1==null)
    {s1="";}
    if(s2==null)
    {s2="";}
    if(s1.equals("b"))
    { n++;}
```

```
        if(s2.equals("a"))
        { n++;}
    %>
    <P>您得了<%=n%>分
</body>
</html>
```

2.5.2 response 对象

对客户的请求做出动态的响应，向客户端发送数据。在某些情况下，当响应客户时，需要将客户重新引导至另一个页面，可以使用 response 的 sendRedirect(URL)方法实现客户的重定向。新建一个文件 goto.jsp，代码如下所示。

```
<%@ page contentType="text/html; charset=utf-8" language="java"
import="java.util.*" errorPage="" %>
<!DOCTYPE html PUBLIC "-//W3C//DTD XHTML 1.0 Transitional//EN"
"http://www.w3.org/TR/xhtml1/DTD/xhtml1-transitional.dtd">
<html xmlns="http://www.w3.org/1999/xhtml">
<head>
    <meta http-equiv="Content-Type" content="text/html; charset=utf-8" />
    <title>goto.jsp</title>
</head>
<body>
    <%
    String address = request.getParameter("where");
    if(address!=null){
        if(address.equals("Baidu"))
            response.sendRedirect("http://www.baidu.com");
          else if(address.equals("Yahoo"))
            response.sendRedirect("http://www.yahoo.com");
          else if(address.equals("Sun"))
            response.sendRedirect("http://www.sun.com");
    }
    %>
    <b>Please select:</b><br>
    <form action="goto.jsp" method="post">
    <select name="where">
        <option value="Baidu" selected>go to Baidu
        <option value="Yahoo" > go to Yahoo
        <option value="Sun" > go to Sun
    </select>
    <input type="submit" value="go">
    </form>
</body>
</html>
```

response 对象是一个 javax.servlet.http.HttpServletResponse 类的子类的对象。response 常用方法如下：

（1）addCookie(Cookie cook)：添加一个 cookie 对象，用来保存客户端的用户信息。

（2）addheader(String name,String value)：添加 HTTP 文件头信息。

（3）constrainsHeader(String name)：判断指定名字的 HTTP 文件头是否已经存在，返回一个布尔值。

（4）encodeURL()：使用 sessionId 封装 URL。如果没有必要封装 URL，则返回原值。

（5）flushBuffer()：强制把当前缓冲区的内容发送到客户端。

（6）getBufferSize()：返回缓冲区的大小。

（7）getOutputStream()：返回到客户端的输出流对象。

（8）sendError(int)：向客户端发送错误的信息。例如，404 是指网页不存在或者请求页面无效。

（9）sendRedirect(String url)：把响应发送到另一个位置进行处理。

（10）setContentType(String contentType)：设置响应的 MIME 类型。

（11）setHeader(String name,String value)：设置指定名字的 HTTP 文件头的值。

setHeader 页面自动跳转示例：

```
<body>
  <%
  response.setHeader("refresh","3;URL=common.jsp?ref=aaa") ;
  %>
  三秒后跳转!!<br>
  如果没有跳转，请按<a href="common.jsp">这里</a>!!!
</body>
```

setHeader 禁用页面缓存：在实际的项目开发工程中，往往会用到禁用缓存技术，即如果通过后退按钮回到了某一页，也必须从服务器上重新读取。例如：

```
<%@page contentType="text/html;charset=utf-8" import="java.util.Date"%>
<html>
<head>
  <%
  response.setHeader("Cache-Control","no-cache");
  response.setHeader("Pragma","no-cache");
  response.setDateHeader ("Expires", 0);
  %>
  <title>禁用页面缓存</title>
</head>
<body>
  <%
      Date d=new Date();
      System.out.println(d.toLocaleString());
  %>
</body>
</html>
```

运行修改过后的这个例子，就会发现当单击“后退”按钮回到 index.jsp 时，页面代码都会被执行一次。

2.5.3　pageContext 对象

pageContext 是一个页面上下文对象。JSP 引入了一个名为 pageContext 的类，通过它可以访问页面的许多属性。

pageContext 类拥有 getRequest()、getResponse()、getOut()、getSession()等方法。

pageContext 变量存储与当前页面相关联的 PageContext 对象的值。

如果方法需要访问多个与页面相关的对象，传递 pageContext 要比传递 request、response、out 等的独立引用更容易。（虽然两种方式都能达到同样的目的。）

2.5.4 session 对象

session 对象指的是客户端与服务器的一次会话，从客户端连到服务器的一个 WebApplication 开始，直到客户端与服务器断开连接为止。它是 HttpSession 类的实例。

常用方法如下：

（1）long getCreationTime()：返回 session 创建时间。

（2）public String getId()：返回 session 创建时 JSP 引擎为它设的唯一 ID 号。

（3）long getLastAccessedTime()：返回此 session 里客户端最近一次请求时间。

（4）int getMaxInactiveInterval()：返回两次请求间隔多长时间（ms）此 session 被取消。

（5）String[] getValueNames()：返回一个包含此 session 中所有可用属性的数组。

（6）void invalidate()：取消 session，使 session 不可用。

（7）boolean isNew()：返回服务器创建的一个 session 客户端是否已经加入。

（8）void removeValue(String name)：删除 session 中指定的属性。

（9）void setMaxInactiveInterval()：设置两次请求间隔多长时间（ms）此 session 被取消。

2.5.5 application 对象

application 对象实现了用户间数据的共享，可存放全局变量。它开始于服务器的启动，终止于服务器的关闭，在此期间，此对象将一直存在。在用户的前后连接或不同用户之间的连接中，可以对此对象的同一属性进行操作。在任何地方，对此对象属性的操作都将影响其他用户对此的访问。服务器的启动和关闭决定了 application 对象的生命。它是 ServletContext 类的实例。

常用方法如下：

（1）Object getAttribute(String name)：返回给定名的属性值。

（2）Enumeration getAttributeNames()：返回所有可用属性名的枚举。

（3）void setAttribute(String name,Object obj)：设定属性的属性值。

（4）void removeAttribute(String name)：删除一属性及其属性值。

（5）String getServerInfo()：返回 JSP(servlet)引擎名及版本号。

（6）String getRealPath(String path)：返回一虚拟路径的真实路径。

（7）ServletContext getContext(String uripath)：返回指定 WebApplication 的 Application 对象。

（8）int getMajorVersion()：返回服务器支持的 Servlet API 的最大版本号。

（9）int getMinorVersion()：返回服务器支持的 Servlet API 的最小版本号。

（10）String getMimeType(String file)：返回指定文件的 MIME 类型。

（11）URL getResource(String path)：返回指定资源（文件及目录）的 URL 路径。

（12）InputStream getResourceAsStream(String path)：返回指定资源的输入流。

（13）RequestDispatcher getRequestDispatcher(String uripath)：返回指定资源的 RequestDispatcher 对象。

（14）Servlet getServlet(String name)：返回指定名的 Servlet。

（15）Enumeration getServlets()：返回所有 Servlet 的枚举。

（16）Enumeration getServletNames()：返回所有 Servlet 名的枚举。

（17）void log(String msg)：把指定消息写入 Servlet 的日志文件。

（18）void log(Exception exception,String msg)：把指定异常的栈轨迹及错误消息写入 Servlet 的日志文件。

（19）void log(String msg,Throwable throwable)：把栈轨迹及给出的 Throwable 异常的说明信息写入 Servlet 的日志文件。

2.5.6　out 对象

out 对象是一个输出流，用来向客户端输出数据。out 对象用于各种数据的输出。

常用方法如下：

（1）out.print()：输出各种类型数据。

（2）out.newLine()：输出一个换行符。

（3）out.close()：关闭流。

out 对象的示例代码如下：

```
<%@ page contentType="text/html; charset=utf-8" language="java"
import="java.util.*" errorPage="" %>
<!DOCTYPE html PUBLIC "-//W3C//DTD XHTML 1.0 Transitional//EN"
"http://www.w3.org/TR/xhtml1/DTD/xhtml1-transitional.dtd">
<html xmlns="http://www.w3.org/1999/xhtml">
<head>
  <meta http-equiv="Content-Type" content="text/html; charset=utf-8" />
  <title>three.jsp</title>
</head>
<body>
  <%
  Date Now=new Date();
  String hours=String.valueOf(Now.getHours());
  String mins=String.valueOf(Now.getMinutes());
  String secs=String.valueOf(Now.getSeconds());
  %>
  现在是
  <%out.print(String.valueOf(Now.getHours()));%>
  小时
  <%out.print(String.valueOf(Now.getMinutes()));%>
  分
  <%out.print(String.valueOf(Now.getSeconds()));%>
  秒
```

```
</body>
</html>
```

2.6 JSP 技术应用——登录功能

本实例框架如图 2-7 所示。其首页是 index.jsp，它包括顶部的菜单栏 menu.jsp，左边的登录栏 login.jsp，右边的主页 main.jsp。

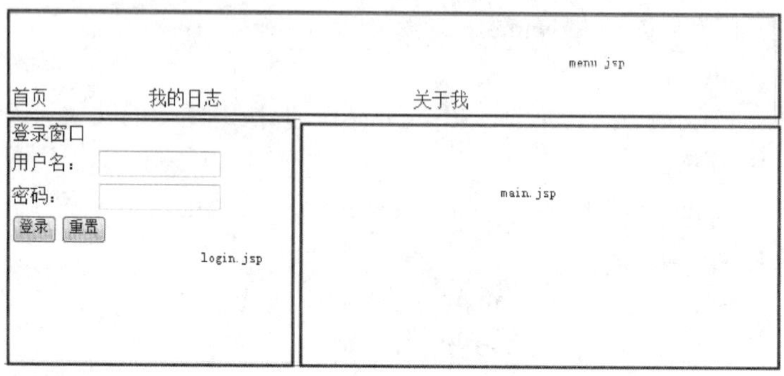

图 2-7　登录前的效果

第一步：启动 MyEclipse，新建一个名称为 ch2-login 的 Web 工程，目录结构如图 2-8 所示。

图 2-8　ch2-login 工程目录结构

第二步：编辑 menu.jsp 文件，代码如下所示。

```
<%@ page language="java" import="java.util.*" pageEncoding="utf-8"%>
<table width="525" border="0">
  <tr>
    <td>首页</td>
    <td>我的日志</td>
    <td>关于我</td>
  </tr>
</table>
```

第三步：编辑 main.jsp 文件，代码如下所示。

```
<%@ page language="java" import="java.util.*" pageEncoding="utf-8"%>
<!-- 此文件暂无其他内容 -->
```

第四步：编辑 login.jsp 文件，代码如下所示。

```
<%@ page language="java" import="java.util.*" pageEncoding="utf-8"%>
<%
if("LoginAction".equals(request.getParameter("action")))
{
    String txtUsername=request.getParameter("txtUsername");
    String txtPassword=request.getParameter("txtPassword");
    //假设正确的用户名与密码是 admin ,1234
    //接下来判断用户输入的用户与密码是否正确
    if("admin".equals(txtUsername) && "1234".equals(txtPassword))
    {
        session.setAttribute("CurrentUser",txtUsername);
        response.sendRedirect("index.jsp");
    }
    else
    {
        out.print("<script>alert('用户名或密码不正确');window.loaction.href
        ('index.jsp');</script>");
    }
}
%>
<%if( session.getValue("CurrentUser")!=null) { %>
<table width="200" border="0">
  <tr>
    <td>欢迎您: <%=session.getValue("CurrentUser") %></td>
  </tr>
  <tr>
    <td><a href="edit.jsp">编辑个人资料</a></td>
  </tr>
  <tr>
    <td><a href="logout.jsp">退出登录</a></td>
  </tr>
</table>
<%}else{ %>
<form id="form1" name="form1" method="post" action="login.jsp?action=
LoginAction">
  <table width="199" border="0">
    <tr>
      <td colspan="2">登录窗口</td>
    </tr>
    <tr>
      <td>用户名: </td>
      <td><input name="txtUsername" type="text" size="12" /></td>
    </tr>
    <tr>
      <td>密码: </td>
```

```
      <td><input name="txtPassword" type="text" size="12" /></td>
    </tr>
    <tr>
      <td colspan="2"><input type="submit" name="button" id="button"
value="登录" />
      <input type="reset" name="button2" id="button2" value="重置" /></td>
    </tr>
  </table>
</form>
<%} %>
```

第五步：编辑 index.jsp 文件，代码如下所示。

```
<%@ page language="java" import="java.util.*" pageEncoding="utf-8"%>
<!DOCTYPE HTML PUBLIC "-//W3C//DTD HTML 4.01 Transitional//EN">
<html>
  <head>
    <title>index.jsp</title>
  </head>
  <body>
    <table width="673" height="301" border="1">
    <tr>
      <td height="87" colspan="2" valign="bottom">
      <!-- 包含 menu.jsp 页到 index.jsp 文件中 -->
      <%@ include file="menu.jsp"%>
      </td>
    </tr>
    <tr>
      <td width="231" valign="top">
      <!-- 包含 login.jsp 页到 index.jsp 文件中 -->
      <%@include file="login.jsp"%>
      </td>
      <td width="372">
      <!-- 包含 main.jsp 页到 index.jsp 文件中 -->
      <%@include file="main.jsp"%>
      </td>
    </tr>
    </table>
  </body>
</html>
```

第六步：新建 logout.jsp 文件，实现退出，代码如下所示。

```
<%@ page language="java" import="java.util.*" pageEncoding="utf-8"%>
<%
    session.invalidate();
    response.sendRedirect("index.jsp");
%>
```

第七步：部署工程，并测试运行实例，如图 2-9 所示。

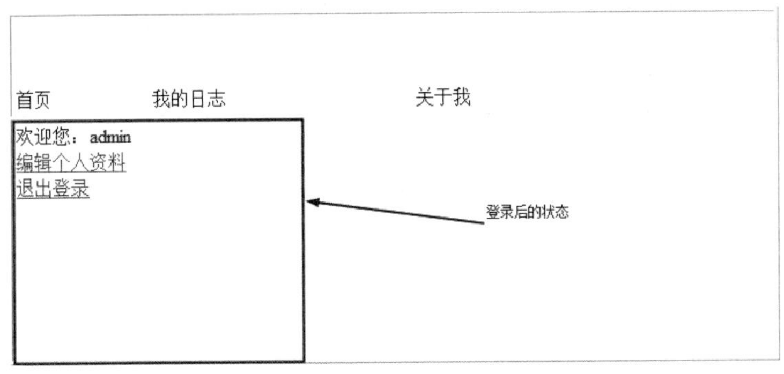

图 2-9　登录后的效果

小　　结

本章主要介绍了 JSP 的内建对象的相关概念，并且为每个内置对象提供了使用实例。

JSP 中的内置对象有 request、response、pageContext、session、application、out、config、page、exception。

out 对象是 JSP 开发中使用最频繁，也是 JSP 初学者每个需要掌握的内置对象之一，主要作用是输出动态内容。作为初学者，应重点掌握 out、request、response、session 的使用。本章最后结合一个实际开发中的案例将 JSP 的内置对象使用做了详细介绍。

习　　题

1. 配置好 Java EE 开发环境，新建一个工程，工程名称为 Ex2，在此工程中新建一个 reg.jsp 文件，界面效果如图 2-10 所示。

图 2-10　reg.jsp 页面效果

2. 新建一个接收注册信息的页面 save.jsp，将 reg.jsp 页面中的信息打印输出（注意中文乱码问题的解决）。

第 3 章 Servlet 技术详解

学习目标

- Servlet 相关概念介绍。
- Servlet 常用的类和接口介绍。
- 使用 HttpServlet 处理客户端请求。
- 使用 Servlet 生成动态图像。

本章首先介绍 Servlet 技术的工作原理，接着介绍 JSP 与 Servlet 之间的关系、Servlet 的应用范围及其缺陷、Servlet 的生命周期以及 Servlet 常用类、接口使用。通过本章学习，读者能够掌握 Servlet 编程技术。

3.1 Servlet 技术简介

3.1.1 Servlet 的概念

要在网上浏览网页，需要一个 Web 服务器，浏览网页的过程就是浏览器通过 HTTP 协议与 Web 服务器交互的过程。在过去，大多是静态网页，因此只需把资源放在 Web 服务器上即可。如今随着应用的发展，客户机与服务器需要动态的交互，为了实现这一目的，需要开发一个遵循 HTTP 协议的服务器端应用软件来处理各种请求。Servlet 是一个基于 Java 技术的 Web 组件，运行在服务器端，利用 Servlet 可以很轻松地扩展 Web 服务器的功能，使它满足特定的应用需要。Servlet 由 Servlet 容器管理，Servlet 容器又称为 Servlet 引擎，是 Servlet 的运行环境，给发送的请求和响应提供网络服务。例如，Tomcat 就是常用的一个 Servlet 容器，接收客户机请求并做出响应的步骤如下：

（1）客户机访问 Web 服务器，发送 HTTP 请求。

（2）Web 服务器接收到请求后，传递给 Servlet 容器。

（3）Servlet 容器加载 Servlet，产生 Servlet 实例，并向其传递表示请求和响应的对象。

（4）Servlet 得到客户机的请求信息，并进行相应的处理。

（5）Servlet 实例把处理结果发送回客户机，容器负责确保响应正确送出，同时将控制返回给 Web 服务器。

Servlet 对客户机提供服务的过程如图 3-1 所示。

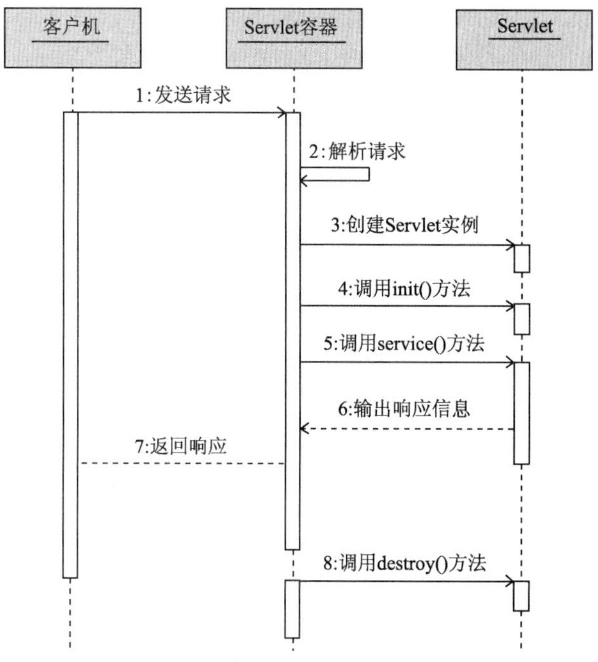

图 3-1　Servlet 对客户机提供服务的过程

3.1.2　Servlet 的生命周期

Servlet 部署在容器里（如 Tomcat、JBoss 等），它的生命周期由容器来管理。Servlet 的生命周期概括为以下几个阶段：

（1）装载 Servlet，此操作一般为动态执行。有些服务器提供相应的管理功能，可以在启动时就装载 Servlet 并能够初始化特定的 Servlet。

（2）创建一个 Servlet 实例。

（3）调用 Servlet 的 init()方法。

（4）服务，如果容器接收到对此 Servlet 的请求，那么它调用 Servlet 的 service()方法。

（5）销毁，通过调用 Servlet 的 destory()方法来销毁 Servlet。

在以上几个阶段中，第（3）阶段提供的服务是最重要的阶段。

3.1.3　Servlet 的重要函数

HttpServlet 是 GenericServlet 的一个派生类，为基于 HTTP 协议的 Servlet 提供了基本的支持；HttpServlet 类包含 init()、destory()、service()等方法。其中 init()和 destory()方法是继承的。

1. init()方法

在 Servlet 的生命期中，仅执行一次 init()方法。它是在服务器装入 Servlet 时执行的。可以配置服务器，以在启动服务器或客户机首次访问 Servlet 时装入 Servlet。无论有多少客户机访问 Servlet，都不会重复执行 init()。

默认的 init()方法通常是符合要求的，但也可以定制 init()方法来覆盖它，典型的是管理服务器端资源。例如，初始化数据库连接等。因此，所有覆盖 init()方法的 Servlet 应调用 super.init()以确保仍然执行这些任务。在调用 service()方法之前，需确保已完成 init()方法。

2. service()方法

service()方法是 Servlet 的核心。每当一个客户请求一个 HttpServlet 对象，该对象的 service()方法就要被调用，而且传递给这个方法一个“请求”（ServletRequest）对象和一个“响应”（ServletResponse）对象作为参数。在 HttpServlet 中已存在 service()方法。默认的服务功能是调用与 HTTP 请求的方法相应的 do 功能。例如，如果 HTTP 请求方法为 GET()，则默认情况下调用 doGet()。Servlet 应该为 Servlet 支持的 HTTP 方法覆盖 do 功能。因为 HttpServlet.service()方法会检查请求方法是否调用了适当的处理方法，不必要覆盖 service()方法，只需覆盖相应的 do 方法就可以了。

Servlet 的响应可以是下列几种类型：

（1）一个输出流，浏览器根据它的内容类型（如 text/HTML）进行解释。

（2）一个 HTTP 错误响应，重定向到另一个 URL、Servlet、JSP。

3. destory()方法

destroy()方法仅执行一次，即在服务器停止且卸载 Servlet 时执行该方法。可以将 Servlet 作为服务器进程的一部分来关闭。默认的 destroy()方法通常是符合要求的，但也可以覆盖它，典型的是管理服务器端资源。例如，如果 Servlet 在运行时会累计统计数据，则可以编写一个 destroy()方法，该方法用于在未载入 Servlet 时将统计数字保存在文件中。另一个示例是关闭数据库连接。

当服务器卸载 Servlet 时，将在所有 service()方法调用完成后，或在指定的时间间隔过后调用 destroy()方法。一个 Servlet 在运行 service()方法时可能会产生其他的线程，因此需确认在调用 destroy()方法时这些线程已终止或完成。

4. getServletConfig()方法

getServletConfig()方法返回一个 ServletConfig 对象，该对象用来返回初始化参数和 ServletContext。ServletContext 接口提供有关 Servlet 的环境信息。

5. getServletInfo()方法

getServletInfo()方法是一个可选的方法，它提供有关 Servlet 的信息，如作者、版本、版权等。

当服务器调用 Servlet 的 service()、doGet()和 doPost()这三个方法时，均需要“请求”和“响应”对象作为参数。“请求”对象提供有关请求的信息，而“响应”对象提供一个将响应信息返回给浏览器的通信途径。

javax.servlet 软件包中的相关类为 ServletResponse 和 ServletRequest，而 javax.servlet.http 软件包中的相关类为 HttpServletRequest 和 HttpServletResponse。Servlet 通过这些对象与服务器通信并最终与客户机通信。Servlet 能通过调用“请求”对象的方法获知客户机环境、服务器环境的信息和所有由客户机提供的信息。Servlet 可以调用“响应”对象的方法发送响应，该响应是准备发回客户机的。

3.1.4　开发第一个 Servlet

第一步：启动 IDEA，新建一个 Web 工程，如图 3-2 所示。

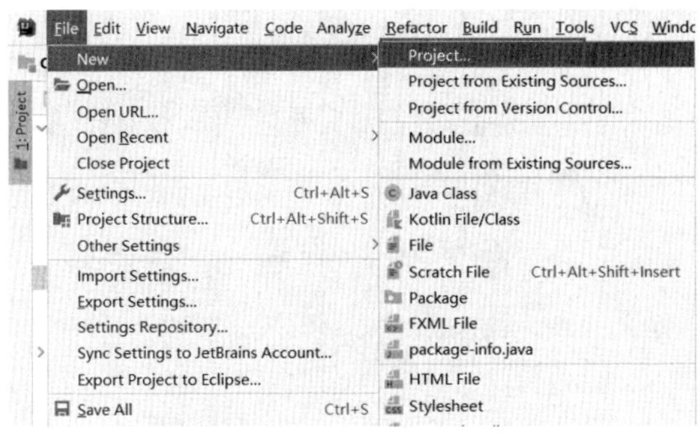

图 3-2　新建一个 Web 工程

在弹出的对话框中选中 Java EE 下的 Web Appliaction(4.0)复选框，单击下一步按钮，如图 3-3 所示。

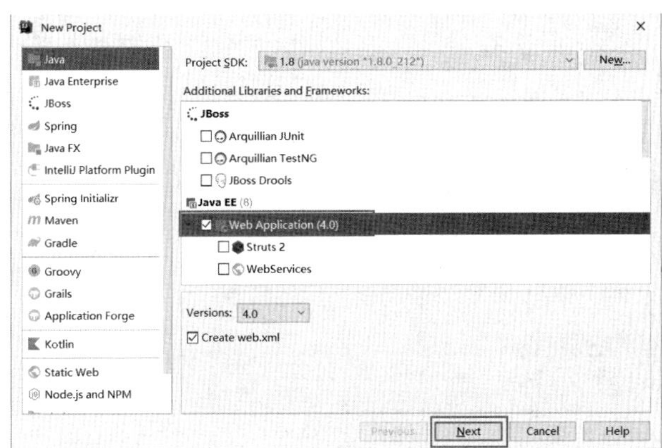

图 3-3　选择工程类型

再输入工程名称与工程保存路径，如图 3-4 所示。

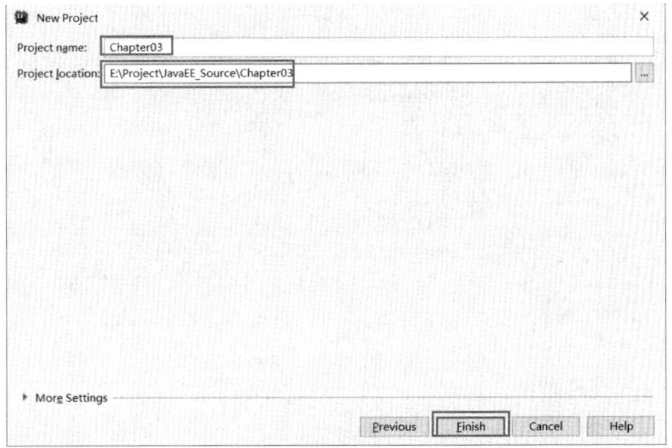

图 3-4　输入工程名称与工程保存路径

配置 Tomcat，如图 3-5～图 3-7 所示。

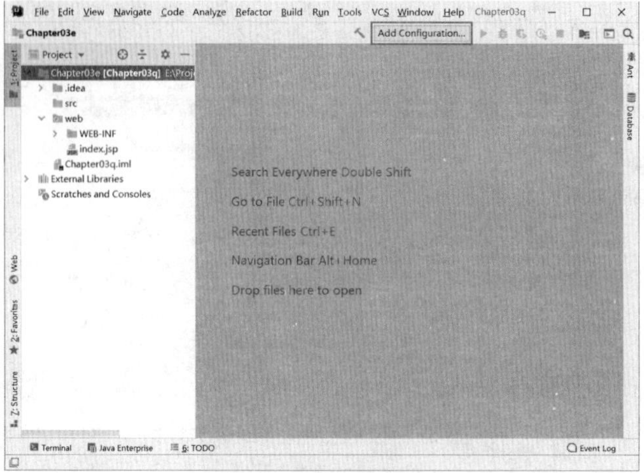

图 3-5　配置 Tomcat 1

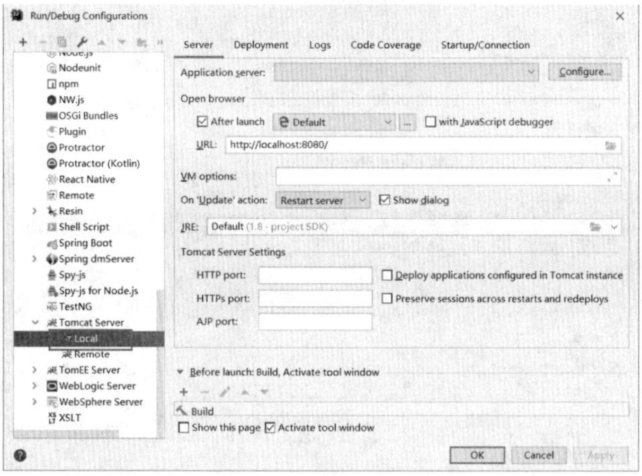

图 3-6　配置 Tomcat 2

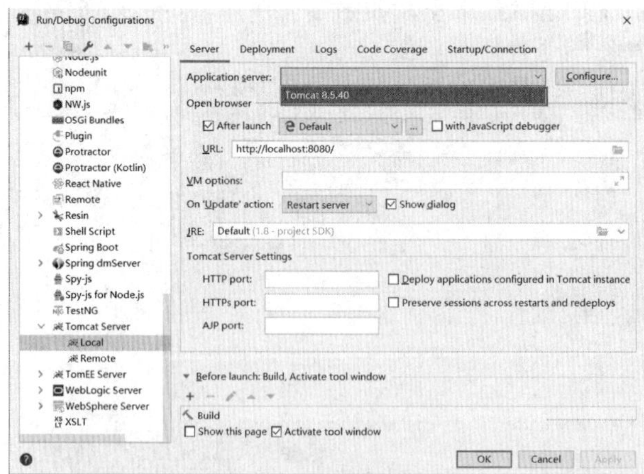

图 3-7　配置 Tomcat 3

第二步：新建 Servlet。在 FirstServlet 工程的 src 结点上右击，选择“New”→“Create New Servlet”命令，如图 3-8 所示。在弹出的 New Servlet 对话框中进行配置，如图 3-9 所示。

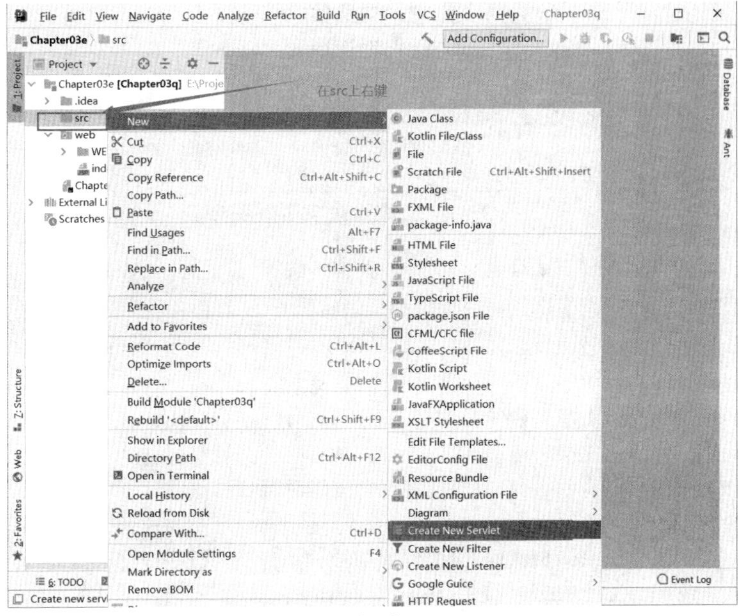

图 3-8　新建 Servlet

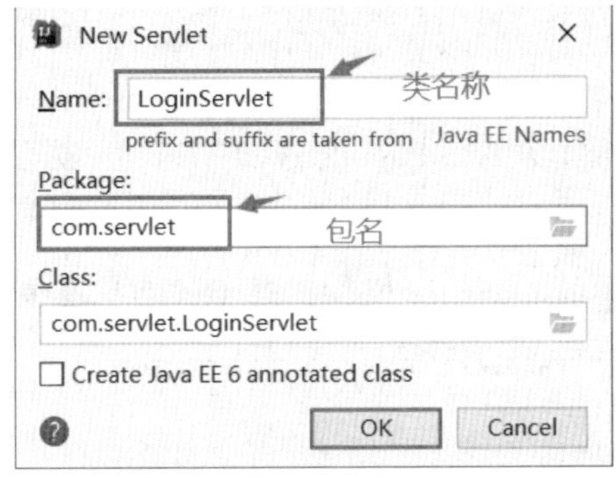

图 3-9　New Servlet 对话框

自动生成 Web.xml 中的描述如图 3-10 所示。

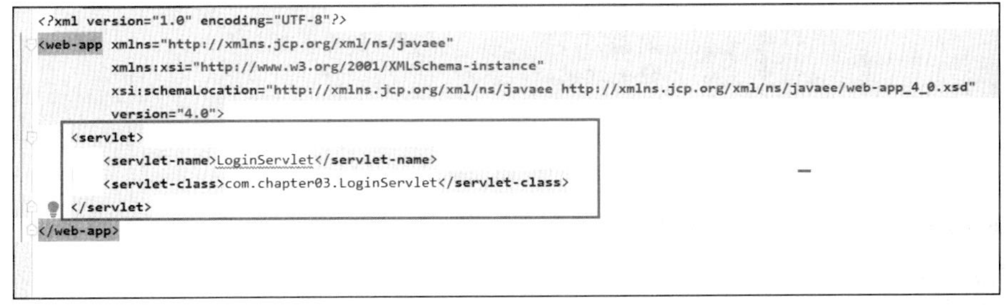

```
<?xml version="1.0" encoding="UTF-8"?>
<web-app xmlns="http://xmlns.jcp.org/xml/ns/javaee"
         xmlns:xsi="http://www.w3.org/2001/XMLSchema-instance"
         xsi:schemaLocation="http://xmlns.jcp.org/xml/ns/javaee http://xmlns.jcp.org/xml/ns/javaee/web-app_4_0.xsd"
         version="4.0">
    <servlet>
        <servlet-name>LoginServlet</servlet-name>
        <servlet-class>com.chapter03.LoginServlet</servlet-class>
    </servlet>
</web-app>
```

图 3-10　自动生成 Web.xml 中的描述

工程目录发生改变，如图 3-11 所示。

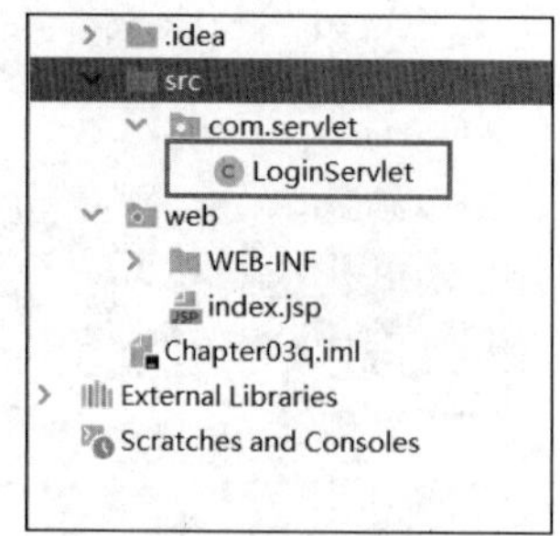

图 3-11　工程目录发生改变

LoginServlet.java 文件代码如下：

```
package com.chapter03;
import java.io.IOException;
public class LoginServlet extends javax.servlet.http.HttpServlet {
    protected void doPost(javax.servlet.http.HttpServletRequest request,
javax.servlet.http.HttpServletResponse response) throws
javax.servlet.ServletException, IOException {
    }
    protected void doGet(javax.servlet.http.HttpServletRequest request,
javax.servlet.http.HttpServletResponse response) throws
javax.servlet.ServletException, IOException {
    }
}
```

为了简化开发，缩写的 Servlet 一般直接继承 HttpServlet，HttpServlet 封装了编写基于 HTTP 协议 Servlet 的大部分功能。LoginServlet 中有两个方法：doGet()和 doPost()，都进行一样的处理。

第三步：编辑该工程中的 index.jsp 文件，Servlet 名称及包路径设置如图 3-12 所示。

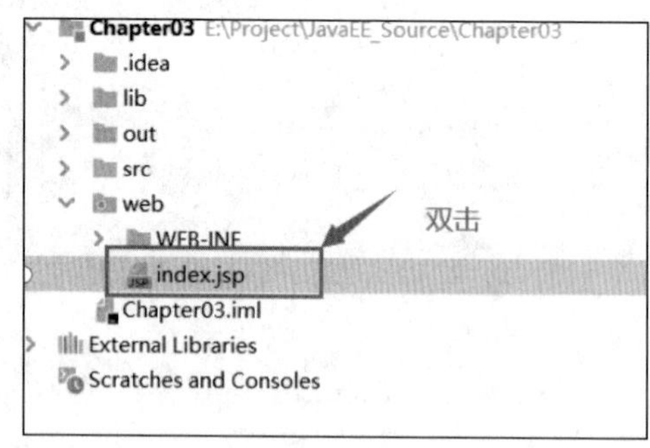

图 3-12　Servlet 名称及包路径设置

代码如下：

```
<%@ page contentType="text/html;charset=UTF-8" language="java" %>
<html>
  <head>
```

```
    <title>Chapter03-Servlet 使用</title>
  </head>
  <body>
  <form action="LoginServlet" method="post">
    <div style="border: solid 1px darkgray;width: 300px; margin: 0 
auto;padding: 20px;">
      <div style="height: 30px;">用户名: <input name="txtUsername" 
type="text"></div>
      <div style="height: 30px;">密   码: <input 
name="txtPassword" type="password"></div>
      <div style="height: 30px;"><input name="btnLogin" type="submit" 
value="登录"></div>
    </div>
  </form>
  </body>
</html>
```

第四步：编辑 LoginServlet.java 文件，在 doPost()与 doGet()中分别加入下面加粗部分的代码。

```
package com.chapter03;

import javax.servlet.annotation.WebServlet;
import java.io.IOException;
@WebServlet("/LoginServlet")  //加入映射
public class LoginServlet extends javax.servlet.http.HttpServlet {
    protected void doPost(javax.servlet.http.HttpServletRequest request, 
javax.servlet.http.HttpServletResponse response) throws 
javax.servlet.ServletException, IOException {
        request.setCharacterEncoding("gbk");
        response.setContentType("text/html;charset=gbk");
        PrintWriter out = response.getWriter();
        String user = request.getParameter("txtUsername");
        String pass = request.getParameter("txtPassword");
        out.println("用户名是: "+user+"");
        out.println("密码是: "+pass);
    }

    protected void doGet(javax.servlet.http.HttpServletRequest request, 
javax.servlet.http.HttpServletResponse response) throws 
javax.servlet.ServletException, IOException {
        System.out.print("doGet");
    }
}
```

第五步：部署工程文件，如图 3-13 和图 3-14 所示。

图 3-13　Servlet 名称及包路径设置

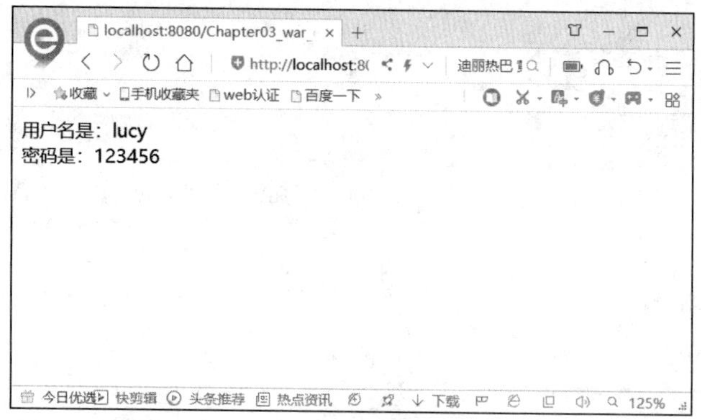

图 3-14　部署工程项目

3.2　站点计数监听器制作

在许多触发性的处理中需要监听功能。通常用作某一事件的触发监听，如监听用户的来访与退出、监听某一数据事件的发生，或者定义一个周期性的时钟定期执行。这一功能极大地增强了 Java Web 程序的事件处理能力。

下面开发一个在线用户计数器。

第一步：新建一个监听类 CounterListener.java，如图 3-15～图 3-17 所示。

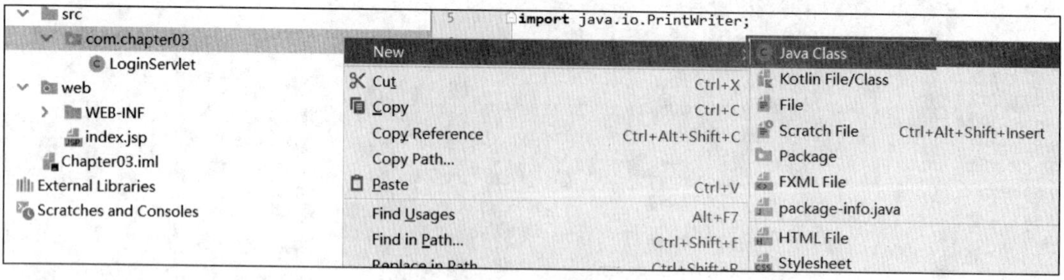

图 3-15　新建类文件

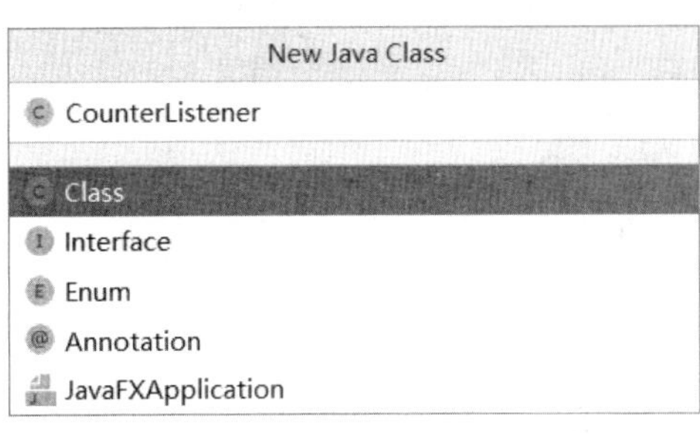

图 3-16　命名类

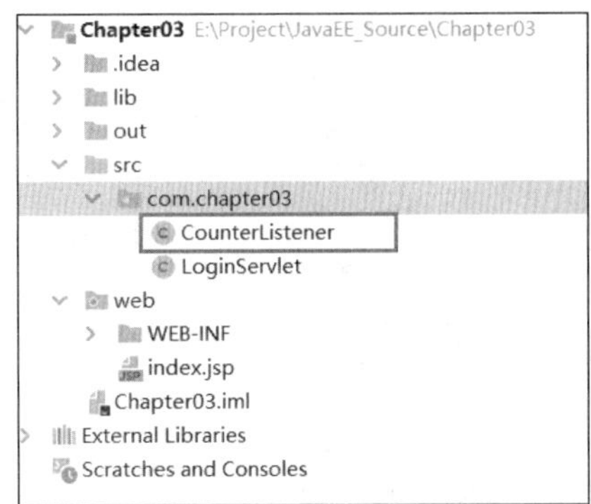

图 3-17　工程结构

CounterListener.java 监听类的代码如下：

```
package com.utils;
import javax.servlet.http.HttpSessionEvent;
import javax.servlet.http.HttpSessionListener;
/*注意：该类继承 HttpSessionListener */
public class CounterListener implements HttpSessionListener {
    public static int count;
    public CounterListener()
    {
        count=0;
    }
    public void sessionCreated(HttpSessionEvent se)
    {
        count++;
    }
    public void sessionDestroyed(HttpSessionEvent se)
    {
        if(count>0)
            count--;
    }
}
```

在上面的代码中，变量 count 为静态变量，在整个系统中是唯一的，用于记录整个系统中在线用户数。sessionCreated()在用户到访时自动调用，使得统计数加 1；sessionDestroyed()在用户会话过期或单击退出销毁 session 时调用，使得统计数减 1。

第二步：打开 WebRoot/WEB-INF/web.xml 文件，添加如下的监听器配置代码。

```
<?xml version="1.0" encoding="UTF-8"?>
<web-app version="2.5"
    xmlns="http://java.sun.com/xml/ns/javaee"
    xmlns:xsi="http://www.w3.org/2001/XMLSchema-instance"
    xsi:schemaLocation="http://java.sun.com/xml/ns/javaee
    http://java.sun.com/xml/ns/javaee/web-app_2_5.xsd">
  <welcome-file-list>
    <welcome-file>index.jsp</welcome-file>
```

```
    </welcome-file-list>
<!—添加监听器 listener-->
    <listener>
      <listener-class>com.utils.CounterListener</listener-class>
    </listener>
  </web-app>
```

第三步：在 index.jsp 中添加一条语句，用于显示当前在线用户数。代码如下：

```
当前在线用户数为:<%=CounterListener.count %>
```

第四步：布置项目，并启动 Tomcat，在浏览器地址栏中输入 http://localhost:8080/counter/index.jsp，即可预览效果。

小　结

本章主要围绕 Servlet 技术介绍了相关的概念和开发实例。

Servlet 指服务器端小程序，它是一种很成熟的技术，它先于 Java EE 平台出现。从本质上讲，Servlet 就是一个 Java 类，Java 语言能够实现的功能 Servlet 基本上都能实现（除图形界面外）。Servlet 主要用于处理客户机传来的 HTTP 请求，并返回一个响应。通常所说的 Servlet 就是指 HttpServlet。在开发 Servlet 时，可以直接继承 javax.servlet.http.HttpServlet。Servlet 需要在 web.xml 中进行描述（如果使用 MyEclipse 开发工具创建，此描述会自动添加），描述一般包括 Servlet 名字、Servlet 类、初始参数、安全配置、URI 映射等。Servlet 可以生成 HTML 脚本输出。

习　题

新建一个工程，工程名称为 Ex3，使用 JSP+Servlet 组合完成第 2 章的用户注册功能（提示：将信息接收页面改为使用 Servlet 实现）。

第 4 章 JSP 中使用 JavaBean

学习目标

- 了解什么是 JavaBean。
- 掌握 JavaBean 的开发与使用。
- 了解 JavaDoc 文档的生成。

本章主要讲述 JavaBean 在 JSP 中应用的相关问题。首先讲述 JavaBean 的基本概念，接着讲述 JavaBean 的属性和方法，介绍 JavaBean 的开发。

4.1 JavaBean 简介

JSP 最强有力的一个方面就是能够使用 JavaBean 组件体系。Javabean 往往封装了程序的页面逻辑，它是可重用的组件。通过使用 JavaBean，可以减少在 JSP 中脚本代码的使用，这样使用 JSP 更加易于维护，易于被非编程人员接受。

JavaBean 体系结构是第一个全面基于组件的标准模型之一。JavaBean 是描述 Java 的软组件模型，有点类似于 Microsoft 的 com 组件。JavaBean 组件是 Java 类，这些类遵循一个接口格式，以便于使方法命名、底层行为以及继承或实现的行为能够把类看作标准的 JavaBean 组件进行构造。

JavaBean 具有以下特性：

（1）可以实现代码的重复利用。

（2）易维护性、易使用性、易编写性。

（3）可以在支持 Java 的任何平台上工作，而不需要重新编译。

（4）可以在内部、网内或者是网络之间进行传输。

（5）可以以其他部件的模式进行工作。

JavaBean 分为可视化和非可视化，如 AWT 下的应用就是可视化领域。现在，JavaBean 更多地应用于非可视化领域，它在服务端应用方面表现出越来越强的生命力。非可视化 JavaBean 在 JSP 程序中常用来封装事务逻辑、数据库操作等，可以很好地实现业务逻辑和前台程序的分离，使得系统具有更好的健壮性和灵活性。

4.1.1 JavaBean 的属性

JavaBean 的属性与一般 Java 程序中所指的属性，或者说与所有面向对象的程序设计语言中对象的属性是一个概念，在程序中的具体体现就是类中的变量。在 JavaBean 设计中，按照属性的不同作用又细分为四类：Simple（简单的）、Index（索引的）、Bound（绑定的）与 Constrained（约束的）。

1. Simple（简单的）

一个简单属性表示一个伴随有一对 get()/set()方法（C 语言的过程或函数在 Java 程序中称为“方法”）的变量。属性名与和该属性相关的 get/set 方法名对应。例如：如果有 setX()和 getX()方法，则暗指有一个名为 X 的属性；如果有一个方法名为 isX()，则通常暗指 X 是一个布尔属性（即 X 的值为 true 或 false）。

简单属性的 JavaBean 代码如下：

```
package com..ch4.javabean;
public class SimpleBean{
private String  name= "Jim";    //属性名为 name，类型为字符串
private boolean  active=false;  //属性名为 active，类型为布尔类型
/* getXXX()方法，返回这个属性的值*/
public String getName()
{
   return this.name;
}
/* setXXX()方法，设置这个属性的值*/
public void setName(String name)
{
   this.name=name;
}
//对于 Boolean 类型的属性，可以使用 isXXX()方法来获得属性
public boolean  isActive()
{
   return this .active;
}
//设置 Boolean 类型的属性
public void setActive(boolean active)
{
   this.active=active;
}
}
```

2. Indexed（索引的）

一个 Indexed 属性表示一个数组值。使用与该属性对应的 set()/get()方法可取得数组中的数值。该属性也可一次设置或取得整个数组的值。

索引属性的 JavaBean 代码如下：

```
package com..ch4.javabean;
public class IndexedBean{
   int[] dataSet{1,2,3,4,5,6};
   public void setDataSet(int[] x){
      dataSet =  x;
   }
```

```
    public void setDataSet(int index,int x){
        dataSet[index] = x;
    }
    public int[] getDataSet(){
        return dataSet;
    }
}
```

有了以上的 JavaBean，便可通过以下方式使用该 JavaBean：

```
setDataSet(4,8);
int dataSet = getDataSet(5);
int[] s= getDataSet();
```

3. Bound（绑定的）

一个 Bound 属性是指当该种属性的值发生变化时，要通知其他的对象。每次属性值改变时，这种属性就触发一个 PropertyChange 事件（在 Java 程序中，事件也是一个对象）。事件中封装了属性名、属性的原值、属性变化后的新值。这种事件是传递到其他的 JavaBean，至于接收事件的 JavaBean 应做什么动作由其自己定义。

此属性在 JavaBean 图形编程中大量使用，本书重点讲述在 JSP 中如何使用 JavaBean，故不做详细介绍。

4. Constrained（约束的）

一个 JavaBean 的 Constrained 属性，是指当这个属性的值要发生变化时，与这个属性已建立了某种连接的其他 Java 对象可否决属性值的改变。Constrained 属性的监听者通过抛出 PropertyVetoException 来阻止该属性值的改变。

此处只介绍该属性的基本概念，在 JSP 开发中很少使用，故不做详细介绍。

4.1.2　JavaBean 的方法

JavaBean 的方法的编写和其他 Java 程序的方法一样。例如：

```
public void showMessage(){
    System.out.println("Message title:"+title);
    System.out.println("Message content:"+ content);
}
```

上面的代码就是一个 JavaBean 方法，它只是标准的 Java 代码。

4.2　创建一个 JavaBean

下面通过设计一个简单计算器的例子说明，要求实现功能：加、减、乘、除运算。

第一步：新建 Web 应用工程，如图 4-1～图 4-3 所示。

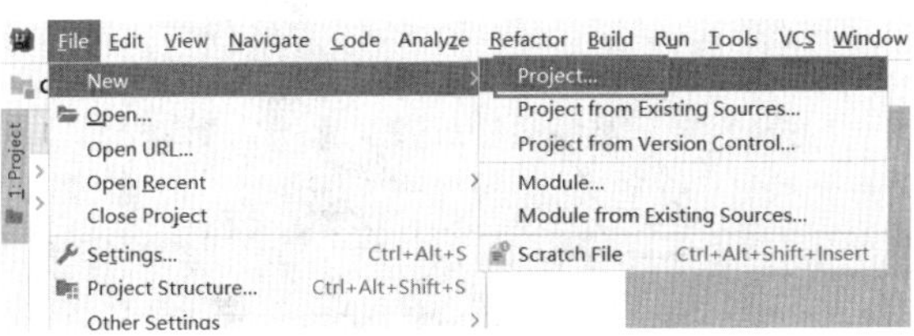

图 4-1　新建工程

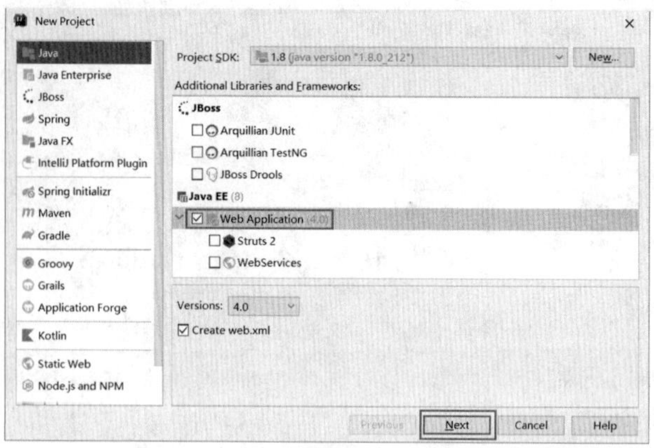

图 4-2　选择 Web Application

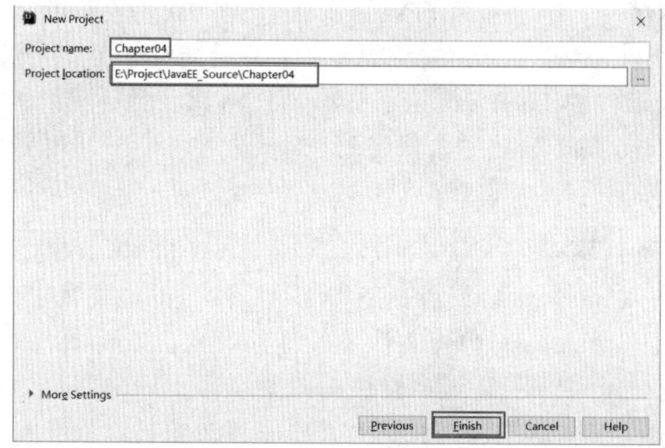

图 4-3　输入工程名称与工程保存路径

第二步：在工程文件 src 中新建一个类，命名为 Calculator.java，如图 4-4 和图 4-5 所示。

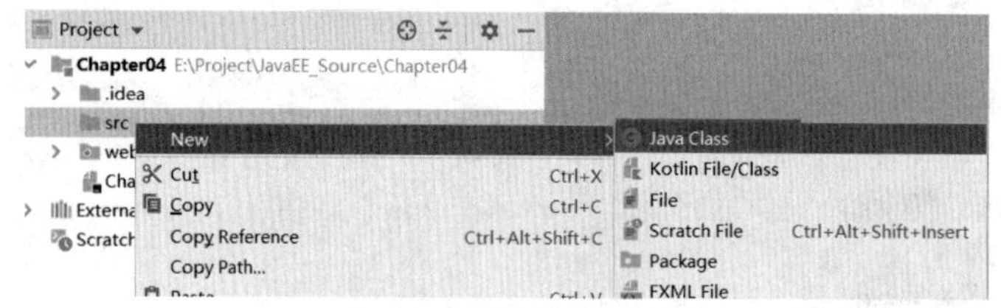

图 4-4　新建类

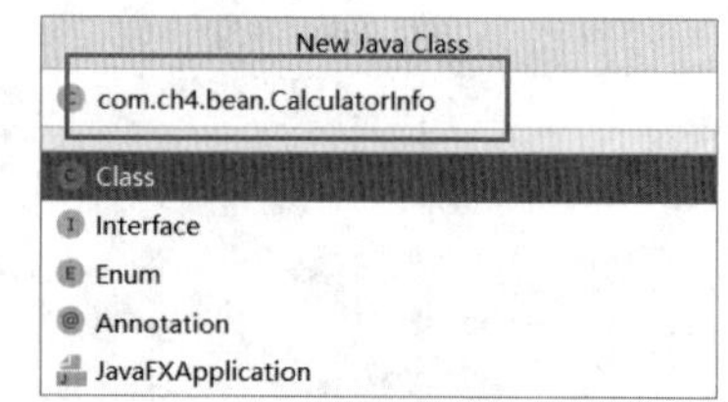

图 4-5　输入包名与类名

其中，com.ch4.bean 为包名，创建类成功后，工程目录结构如图 4-6 所示。

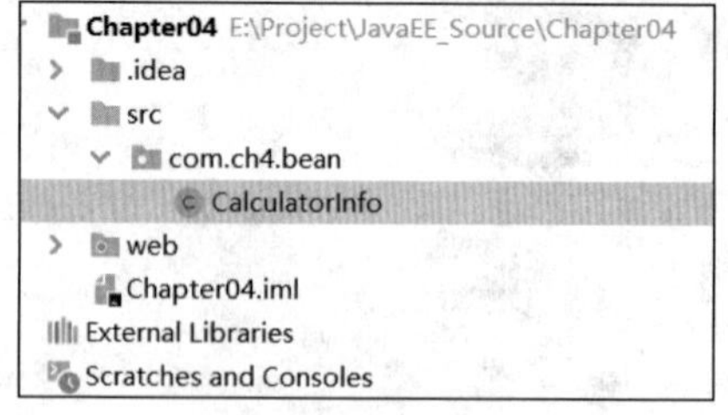

图 4-6　工程目录结构

第三步：在 Calculator.java 类中进行属性声明，代码如下所示。

```
package com.ch4.bean;

public class CalculatorInfo {
    private String value1;              /*表单中的第一个参数*/
    private String value2;              /*表单中的第二个参数*/
    private double result;              /*计算结果*/
    private String operatorchar;        /*运算符号*/
}
```

第四步：利用 IDEA 自动生成相应的 Getter()与 Setter()方法，在类 Calculator 空白处右击，如图 4-7 和图 4-8 所示。

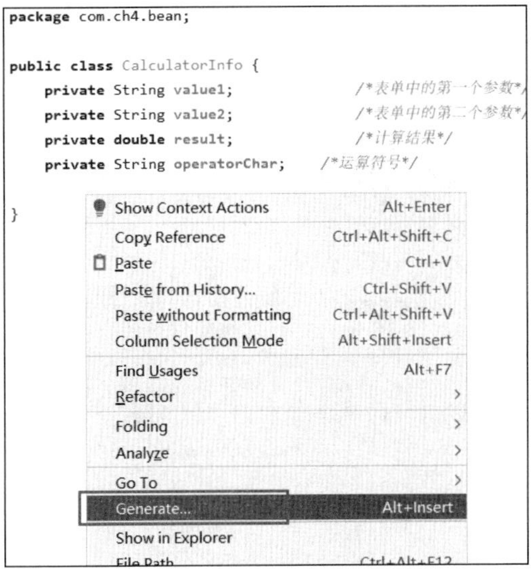

```
package com.ch4.bean;

public class CalculatorInfo {
    private String value1;              /*表单中的第一个参数*/
    private String value2;              /*表单中的第二个参数*/
    private double result;              /*计算结果*/
    private String operatorChar;    /*运算符号*/

}
```


图 4-7　生成代码

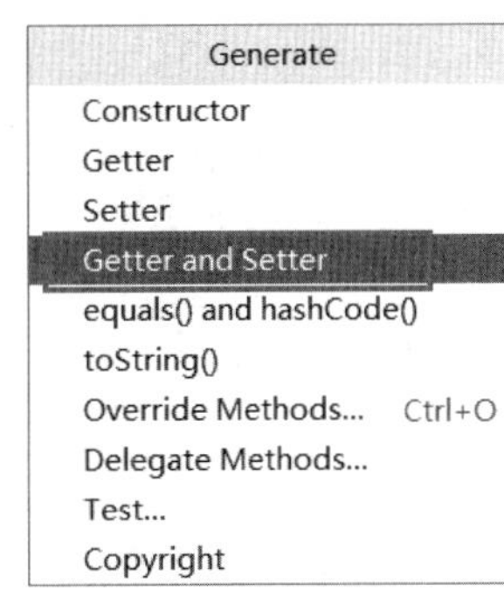

图 4-8　自动生成 Getter()和 Setter()方法

单击图 4-9 中的 OK 按钮后，IDEA 中的代码将发生如下改变。

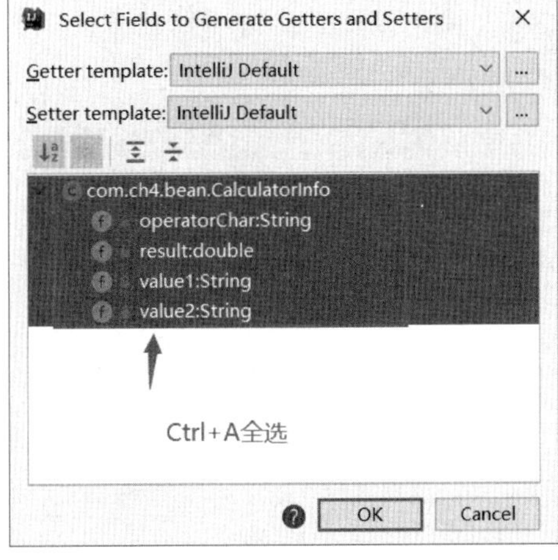

图 4-9　全选待生成属性名

```
package com.ch4;
public class Calculator {
    private String value1="0";           /*表单中的第一个参数*/
    private String value2="0";           /*表单中的第二个参数*/
    private double result=0;             /*计算结果*/
    private String  operatorChar;        /*运算符号*/
      /*下面代码均为自动生成的*/
    public String getValue1() {
        return value1;
    }
    public void setValue1(String value1) {
        this.value1=value1;
    }
    public String getValue2() {
        return value2;
    }
    public void setValue2(String value2) {
        this.value2=value2;
    }
    public double getResult() {
        return result;
    }
    public void setResult(double result) {
        this.result = result;
    }
    public int getOperatorChar() {
        return operatorChar;
    }
    public void setOperatorChar (int operatorChar) {
        this.operatorChar = operatorChar;
    }
}
```

第五步：再新建一个类 Calculate，实现简单的运算，如图 4-10 所示。

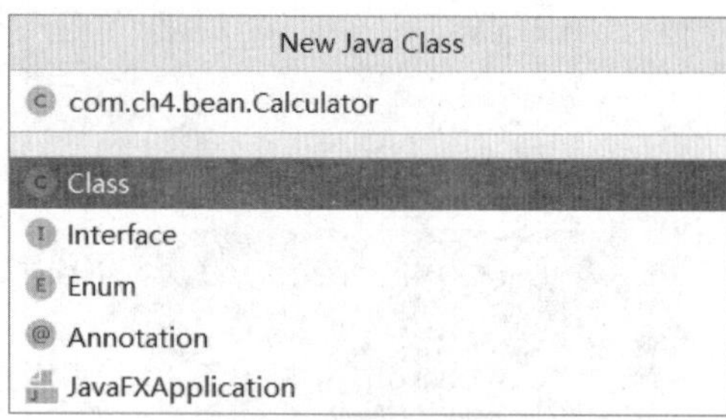

图 4-10　创建类

代码如下：

```
package com.ch4.bean;
import com.ch4.bean.CalculatorInfo;
public class Calculator {
    private CalculatorInfo info = new CalculatorInfo();
```

```
    private double result = 0;
    public double calculate() {
        try {
            if ("+".equals(info.getOperatorChar())) {
                result = info.getValue1() + info.getValue2();
            } else if ("-".equals(info.getOperatorChar())) {
                result = info.getValue1() - info.getValue2();
            } else if ("*".equals(info.getOperatorChar())) {
                result = info.getValue1() * info.getValue2();
            } else if ("/".equals(info.getOperatorChar())) {
                result = info.getValue1() / info.getValue2();
            }
        } catch (Exception e) {
        }
        return result;
    }
}
```

在上面的代码中，value1 与 value2 分别表示两个操作数，操作符号的标识用 operatorNum 表示。calculate()方法用于计算，并将计算后的结果返回。

至此，一个简单的计算器 JavaBean 创建完毕。在第 4.3 节中，将通过 JSP 文件进行此 JavaBean 的调用。

4.3　在 JSP 中调用 JavaBean

第一步：使用 Dreamweaver（界面布局建议使用此软件，有利于提高效率）软件打开第 4.2 节中的工程文件 index.jsp。创建如图 4-11 所示的操作界面。

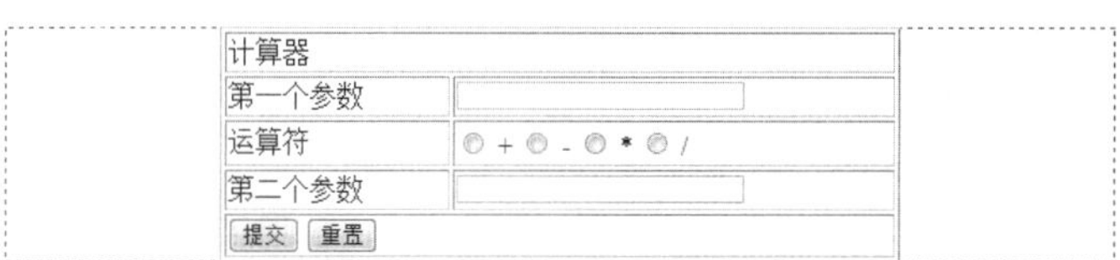

图 4-11　index.jsp 页面

代码如下：

```
<%@ page contentType="text/html;charset=UTF-8" language="java" %>
<html>
<head>
    <title>计算器</title>
</head>
<body>
<form method="post" action="">
    <table width="379" height="149" border="1">
        <tbody>
        <tr>
            <td width="141">第一个参数: </td>
            <td width="222">
                <input type="text" name="txtNumber1"></td>
```

```
        </tr>
        <tr>
            <td>运算符: </td>
            <td><input type="radio" name="radioOperator" value="+">
                +
                <input type="radio" name="radioOperator" value="-">
                -
                <input type="radio" name="radioOperator" value="*">
                *
                <input type="radio" name="radioOperator" value="/">
                /
            </td>
        </tr>
        <tr>
            <td>第二个参数: </td>
            <td><input type="text" name="txtNumber2"></td>
        </tr>
        <tr>
            <td> </td>
            <td><input type="submit" name="submit" value="提交"></td>
        </tr>
        </tbody>
    </table>
</form>
</body>
</html>
```

第二步：通过<jsp:useBean></jsp:useBean>标签使用 JavaBean。

具体代码如下：

```
<jsp:useBean id="cal"class="com.ch4.bean.Calculator"Scope=" page">
</jsp:useBean>
```

其中，id="cal"好比给类 Calculator 取了一个别名，以后要调用 Calculator 中的方法就通过 id 中的值 cal 来调用。scope="request"指定 Bean 的范围为 request。

第三步：修改 form 表单的 action 值，增加处出现表单代码块。

具体代码如下：

```
<%@ page contentType="text/html;charset=UTF-8" language="java" %>
<jsp:useBean id="cal" class="com.ch4.bean.Calculator"
scope="page"></jsp:useBean>
<%
    if ("do".equals(request.getParameter("action"))) {
        String value1=request.getParameter("txtNumber1");
        String value2=request.getParameter("txtNumber2");
        String operator=request.getParameter("radioOperator");
        cal.setValue1(Double.parseDouble(value1));
        cal.setValue2(Double.parseDouble(value2));
        cal.setOperatorChar(operator);
```

```
        out.print(cal.calculate());
    }
%>
<html>
<head>
    <title>计算器</title>
</head>
<body>
<form method="post" action="./index.jsp?action=do">
    <table width="379" height="149" border="1">
        <tbody>
        <tr>
            <td width="141">第一个参数: </td>
            <td width="222">
                <input type="text" name="txtNumber1"></td>
        </tr>
        <tr>
            <td>运算符: </td>
            <td><input type="radio" name="radioOperator" value="+">
                +
                <input type="radio" name="radioOperator" value="-">
                -
                <input type="radio" name="radioOperator" value="*">
                *
                <input type="radio" name="radioOperator" value="/">
                /
            </td>
        </tr>
        <tr>
            <td>第二个参数: </td>
            <td><input type="text" name="txtNumber2"></td>
        </tr>
        <tr>
            <td> </td>
            <td><input type="submit" name="submit" value="提交"></td>
        </tr>
        </tbody>
    </table>
</form>
</body>
</html>
```

第四步：部署工程，并启动 Tomcat，如图 4-12 所示。

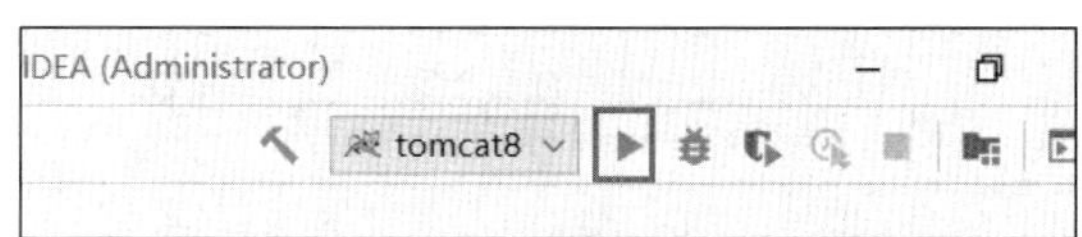

图 4-12　启动 Tomcat

第五步：计算测试结果如图 4-13 所示。

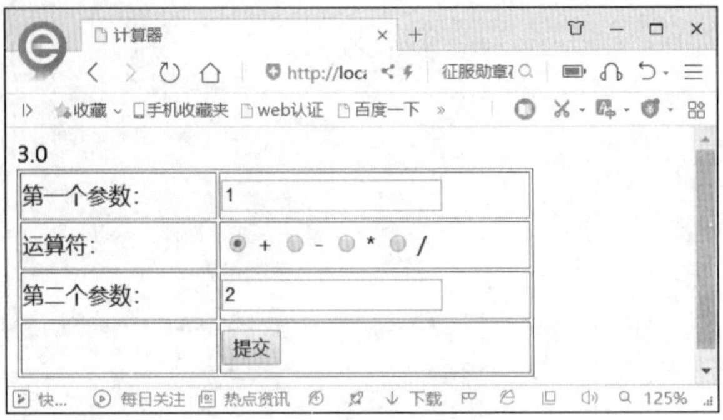

计算器
http://loca
收藏
手机收藏夹
web认证
百度一下
3.0
第一个参数：
1
运算符：
+ - * /
第二个参数：
2
提交
快...
每日关注
热点资讯
下载
125%

图 4-13　计算结果测试

4.4　JavaDoc 文档的生成

JavaDoc 是 Sun 公司提供的一个技术，它从程序源代码中抽取类、方法、成员等注释形成一个和源代码配套的 API 帮助文档。也就是说，只要在编写程序时以一套特定的标签作注释，在程序编写完成后，通过 JavaDoc 就可以同时形成程序的开发文档了。JavaDoc 输出的是一些静态网页文档，经过 Web 浏览器来查看。

/** ...... */用于注释若干行，并写入 JavaDoc 文档，如图 4-14～图 4-20 所示。

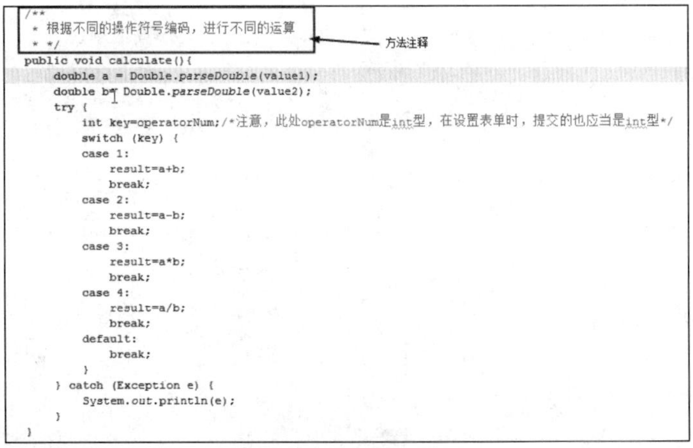

/**
 * 根据不同的操作符号编码，进行不同的运算
 * */
方法注释
public void calculate(){
double a = Double.parseDouble(value1);
double b = Double.parseDouble(value2);
try {
int key=operatorNum;/*注意，此处operatorNum是int型，在设置表单时，提交的也应当是int型*/
switch (key) {
case 1:
result=a+b;
break;
case 2:
result=a-b;
break;
case 3:
result=a*b;
break;
case 4:
result=a/b;
break;
default:
break;
}
} catch (Exception e) {
System.out.println(e);
}
}

图 4-14　注释代码

uild Run Tools VCS Window Help Chapter0
Tasks & Contexts
Save as Live Template...
Save File as Template...
Save Project as Template...
Manage Project Templates...
Generate JavaDoc...
IDE Scripting Console
XML Actions
JShell Console...

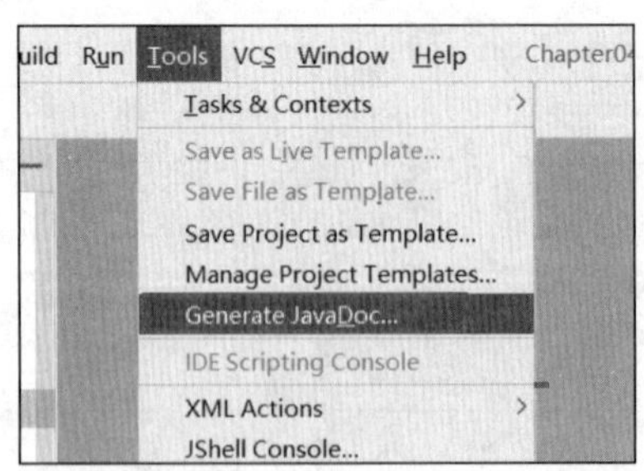

图 4-15　导出数据

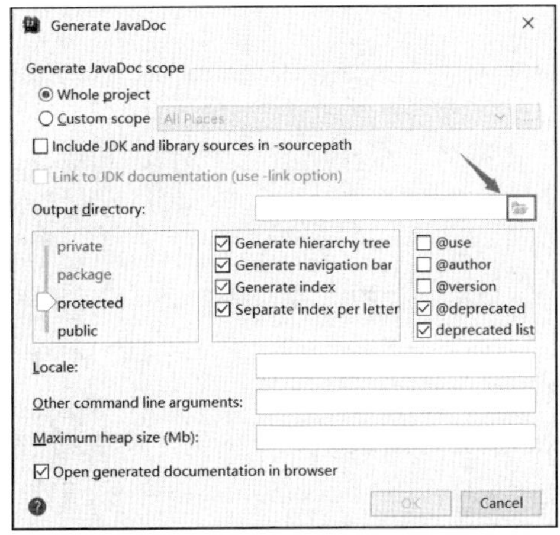

图 4-16　选择导出类型为 JavaDoc

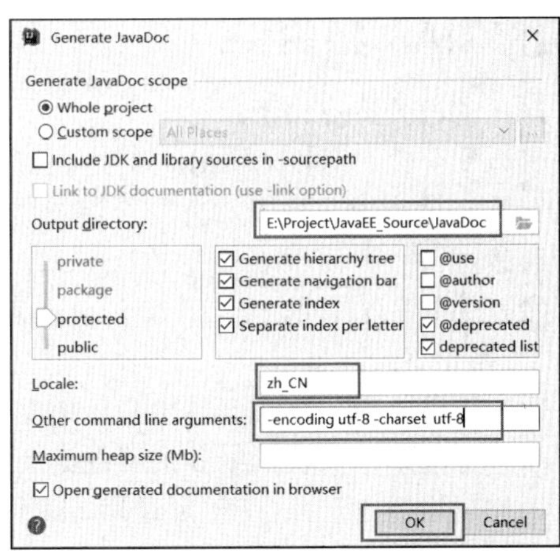

图 4-17　导出 JavaDoc 配置

```
正在生成E:\Project\JavaEE_Source\JavaDoc\index-files\index-3.html...
正在生成E:\Project\JavaEE_Source\JavaDoc\deprecated-list.html...
正在构建所有类的索引...
正在生成E:\Project\JavaEE_Source\JavaDoc\allclasses-frame.html...
正在生成E:\Project\JavaEE_Source\JavaDoc\allclasses-noframe.html...
正在生成E:\Project\JavaEE_Source\JavaDoc\index.html...
正在生成E:\Project\JavaEE_Source\JavaDoc\help-doc.html...
1 个警告
```

图 4-18　导出 JavaDoc 日志记录

图 4-19　浏览 JavaDoc 文档

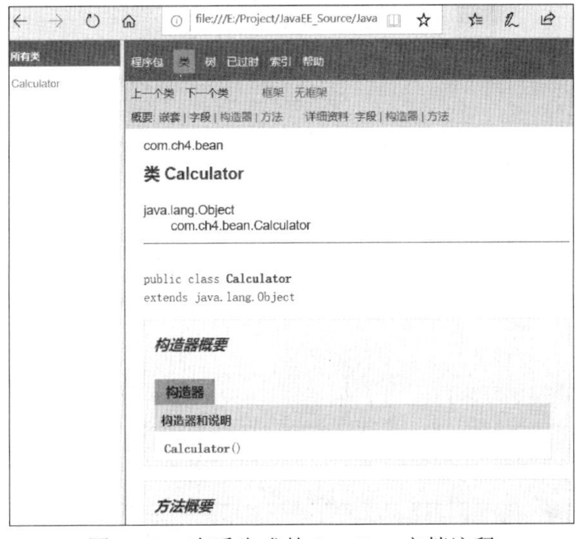

图 4-20　查看生成的 JavaDoc 文档注释

4.5　JAR 插件的制作与使用

JAR 文件格式以流行的 ZIP 文件格式为基础。与 ZIP 文件不同的是，JAR 文件不仅用于压缩和发布，而且还用于部署和封装库、组件和插件程序，并可被像编译器和 JVM 这样的工具直接使用。

4.5.1 JAR 相关特点

JAR 的相关特点如下：

（1）安全性。可以对 JAR 文件内容加上数字化签名。这样，能够识别签名的工具就可以有选择地为用户授予软件安全特权，这是其他文件做不到的，它还可以检测代码是否被篡改过。

（2）减少下载时间。如果一个 applet 捆绑到一个 JAR 文件中，那么浏览器就可以在一个 HTTP 事务中下载这个 applet 的类文件和相关的资源，而不是对每一个文件打开一个新连接。

（3）压缩。JAR 格式允许用户压缩文件以提高存储效率。

（4）传输平台扩展。Java 扩展框架（Java Extensions Framework）提供了向 Java 核心平台添加功能的方法，这些扩展是用 JAR 文件打包的（Java 3D 和 JavaMail 就是由 Sun 开发的扩展例子）。

（5）包密封。存储在 JAR 文件中的包可以选择进行密封，以增强版本的一致性和安全性。密封一个包意味着包中的所有类都必须在同一 JAR 文件中找到。

（6）包版本控制。一个 JAR 文件可以包含有关它所包含的文件的数据，如厂商和版本信息。

（7）可移植性。处理 JAR 文件的机制是 Java 平台核心 API 的标准部分（见图 4-21～图 4-24）。

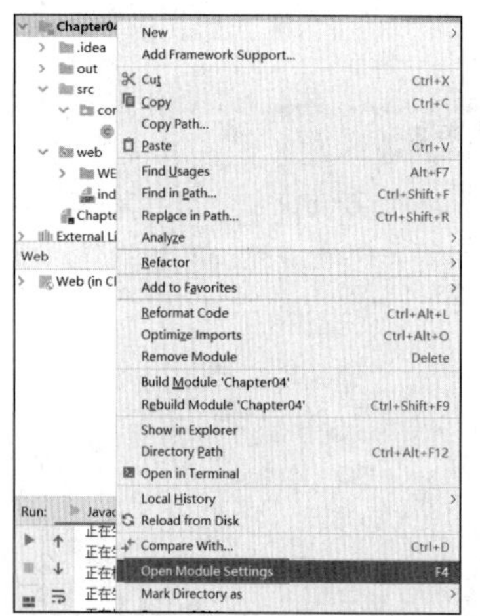

图 4-21　选择 Open Module Settings

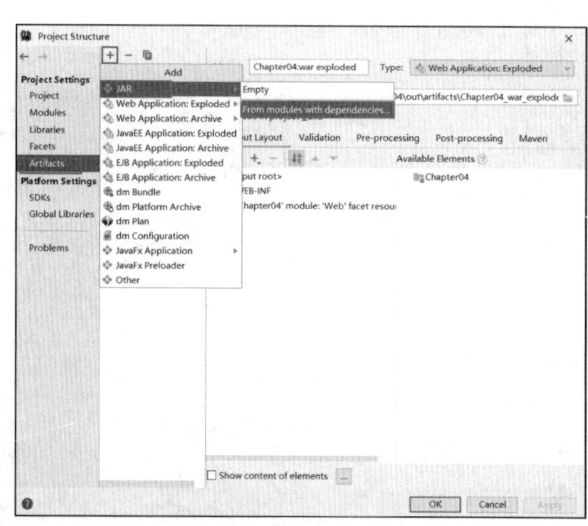

图 4-22　导出 JAR 文件

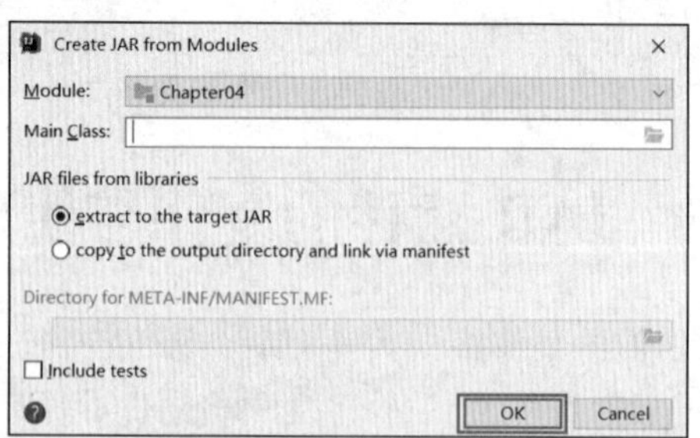

图 4-23　Create JAR from Modules 对话框

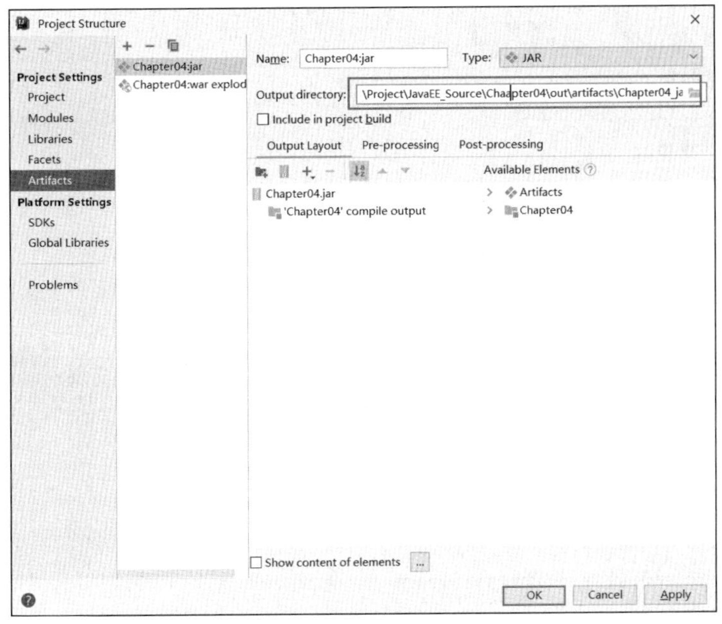

图 4-24　JAR 文件保存路径

4.5.2　JAR 的使用

第一步：新建一个 Web Project 工程，在该工程的 WebRoot/WEB-INF/lib 目录下粘贴第 4.5.1 节中生成的 chapter 04 插件，如图 4-25 所示。

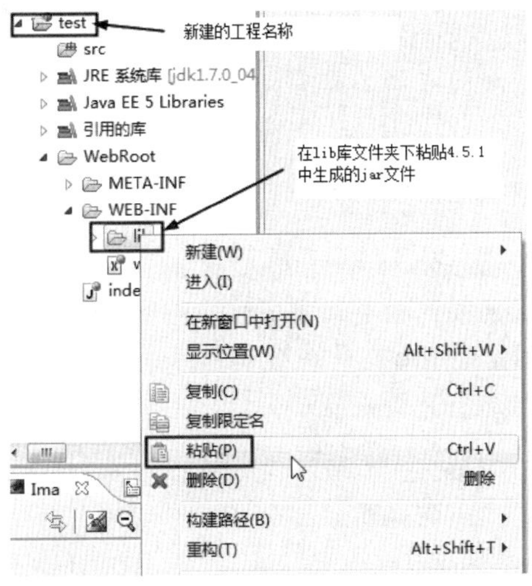

图 4-25　导入 JAR 插件到新项目中

第二步：将第 4.3 节中的 index.jsp 复制到该项目的 WebRoot 目录覆盖，并部署启动运行 Tomcat，在浏览器中输入 http://localhost:8080/test/index.jsp，即可进行计算，测试结果如图 4-26 所示。

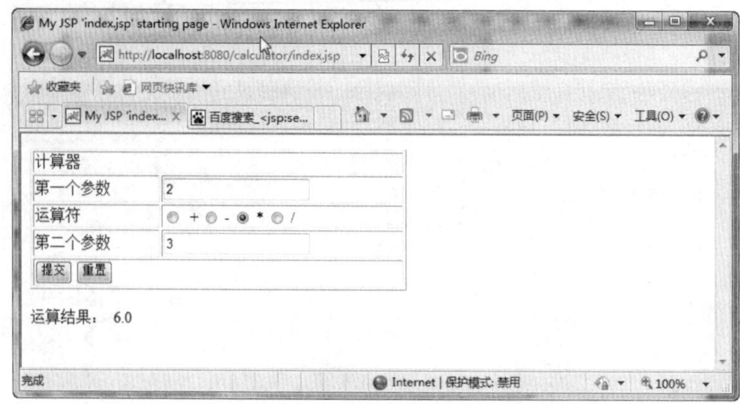

图 4-26　计算结果测试

小　　结

本章主要围绕如何开发一个 JavaBean，以及在 JSP 中如何使用 JavaBean，介绍了相关的概念和开发实例。

JavaBean 组件主要用于可视化编程领域，但在 JSP 开发中，JavaBean 主要用于支持后台业务逻辑处理。JavaBean 往往封装了 JSP 的业务逻辑，它是可重用的组件。只用 JSP 开发会使得 JSP 文件非常混乱；如果使用了 JavaBean，则可以大大减少 JSP 中的代码量。JSP 的理想状态是只负责显示，而不负责处理。在第 4.4 节与第 4.5 节中主要介绍了 Javadoc 文档与 JAR 插件的制作，在许多企业的团队开发中，项目组长会分发项目组成员一份本系统的 JAR 插件，以及针对该插件的使用说明文档，即 Javadoc 文档。另外，JavaBean 最常用的是连接与操作数据库。在第 6 章有详细介绍。

习　　题

1. 新建一个工程 Ex4，在此工程中创建一个 JavaBean，用于进行字符串的加密（加密算法可自行设计，也可上网查询相关加密算法，如 MD5 等）。

2. 在 Ex4 中的 index.jsp 文件中设计一个表单，如图 4-27 所示，单击“加密”按钮后，将原字符串通过加密类进行加密并输出显示。

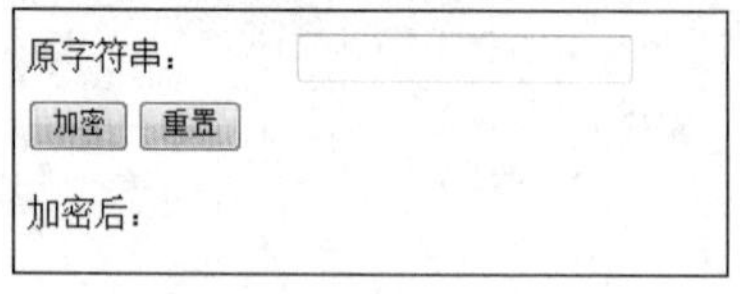

图 4-27　表单

补充：MD5 加密码类文件代码。

```
package com.common;
```

```
import java.io.UnsupportedEncodingException;
import java.security.MessageDigest;
import java.security.NoSuchAlgorithmException;

/**
 * MD5 加密类
 */
public class MD5 {

    private static MessageDigest digest=null;

    public synchronized static final String Encrypt(String data){
        return Encrypt(data, 16);
    }
    public synchronized static final String Encrypt(String data, int len){
        if(digest==null) {
            try {
                digest = MessageDigest.getInstance("MD5");
            }
            catch (NoSuchAlgorithmException e) {
                e.printStackTrace();
            }
        }
        if(len!=16 && len!=32) len=16;
        try {
            digest.update(data.getBytes("UTF-8"));
        } catch (UnsupportedEncodingException e) {
        }
        String s=encodeHex(digest.digest());
        if(len==16){
            return s.substring(8, 24);
        }
        return s;
    }

    private static final String encodeHex(byte[] bytes) {
        int i;
        StringBuffer buf=new StringBuffer(bytes.length*2);
        for(i=0; i < bytes.length; i++) {
            if(((int) bytes[i] & 0xff) < 0x10) {
                buf.append("0");
            }
            buf.append(Long.toString((int) bytes[i] & 0xff, 16));
        }
        return buf.toString();
    }
}
```

第 5 章 搭建数据库开发环境

学习目标

- 安装 MySQL 数据库。
- 安装 Navicat for MySQL 客户端软件。
- 创建数据库、数据表。
- 掌握常用的 SQL 语句。

本章介绍如何安装及配置 MySQL 数据库，使用 Navicat 来创建数据库和数据表，并添加了样例数据。通过本章的学习，可以提高操纵 MySQL 数据库的熟练程度。

5.1 MySQL 概述

5.1.1 MySQL 简介

MySQL 是一个小型关系型数据库管理系统，开发者为瑞典 MySQL AB 公司。在 2008 年被 Sun 公司收购，而 2009 年，SUN 又被 Oracle 收购。MySQL 是一种关联数据库管理系统，关联数据库将数据保存在不同的表中，而不是将所有数据放在一个大仓库内。这样就增加了速度并提高了灵活性。MySQL 的 SQL 是指“结构化查询语言”，是用于访问数据库的最常用标准化语言。MySQL 软件采用了 GPL（GNU 通用公共许可证）。由于其体积小、速度快、总体拥有成本低，尤其是开放源码这一特点，因此许多中小型网站为了降低网站总体拥有成本而选择 MySQL 作为网站数据库。

MySQL 的特性如下：

（1）使用 C 和 C++编写，并使用了多种编译器进行测试，保证源代码的可移植性。

（2）支持 AIX、FreeBSD、HP-UX、Linux、Mac OS、Novell Netware、OpenBSD、OS/2 Wrap、Solaris、Windows 等多种操作系统。

（3）为多种编程语言提供 API。这些编程语言包括 C、C++、Python、Java、Perl、PHP、Eiffel、Ruby 和 Tcl 等。

（4）支持多线程，充分利用 CPU 资源。

（5）优化的 SQL 查询算法，有效地提高查询速度。

（6）既能够作为一个单独的应用程序应用在客户端服务器网络环境中，也能够作为一个库而嵌入其他软件中提供多语言支持，常见的编码如中文的 GB 2312、BIG5，日文的 Shift_JIS 等都可以用作数据表名和数据列名。

（7）提供 TCP/IP、ODBC 和 JDBC 等多种数据库连接途径。

（8）提供用于管理、检查、优化数据库操作的管理工具。

（9）可以处理拥有上千万条记录的大型数据库。

（10）支持多种存储引擎。

5.1.2　下载并安装 MySQL

本书所用到的数据库均为 MySQL5.5 版本。

1. 下载 MySQL 数据库

MySQL 数据库的下载地址：https://www.mysql.com/downloads/（或者百度搜索关键词“MySQL5.5 下载”）。下载后文件为 mysql-5.5.23-win32.zip 。

2. 安装 MySQL 数据库

双击压缩包中的 mysql-5.5.23-win32.msi 文件，打开 MySQL 数据库安装界面，如图 5-1 所示。单击图 5-1 中的 Next 按钮，进入许可协议界面，如图 5-2 所示。选择接受许可协议复选框，单击 Next 按钮。

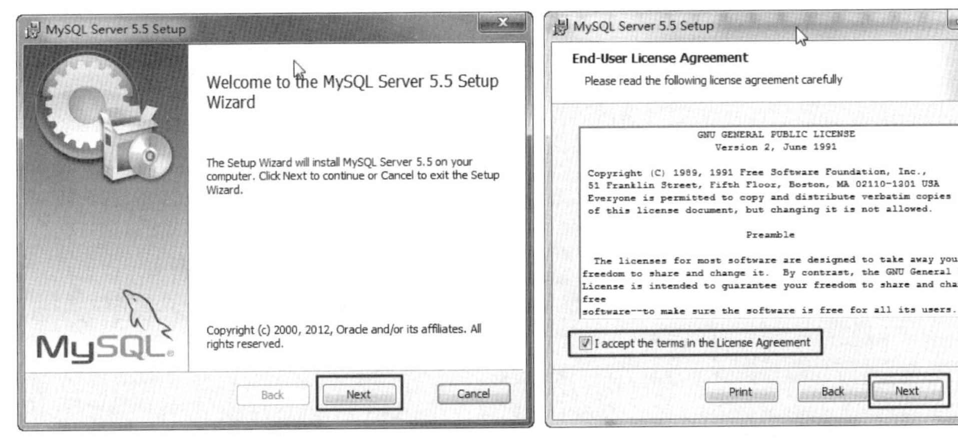

图 5-1　MySQL 数据库安装界面　　　　图 5-2　许可协议界面

为保证数据安全，防止因为重装系统而忘记备份数据库，造成数据丢失现象，建议不要将数据库文件保存在操作系统默认盘下（如：操作系统默认安装在 C 盘，那么 MySQL 数据库不要安装在 C 盘）。为此，将 MySQL 数据库的安装路径修改为 D:\ProgramData\MySQL\MySQL Server 5.5\，单击 Custom 按钮自定义安装（见图 5-3），进入图 5-4 所示的界面。设置安装路径，单击 Next 按钮，进入图 5-5 所示界面。单击 Install 按钮，进入图 5-6 所示界面。

单击图 5-7 中的 Next 按钮，进入图 5-8 所示界面，这里有一个配置向导的选项（Launch the MySQL Instance Configuration Wizard），建议选择 Launch the MySQL Instance Configuration Wizard 选项（立即配置 MySQL），许多情况下安装完后 MySQL 无法启动，

原因就在于没有配置 MySQL，单击 Finish 按钮完成安装，并开始配置 MySQL，如图 5-8 所示。

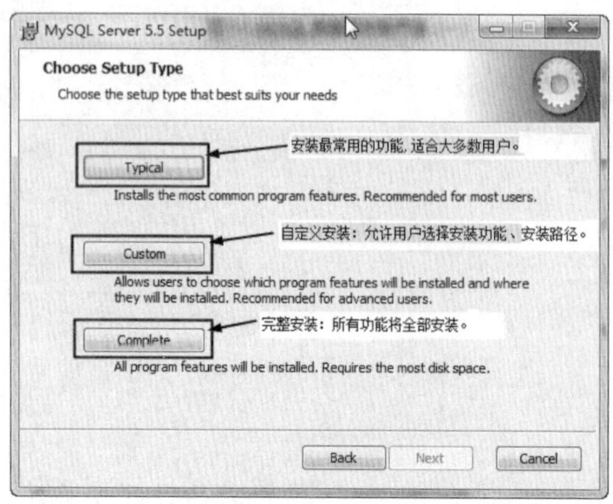

图 5-3　选择安装类型

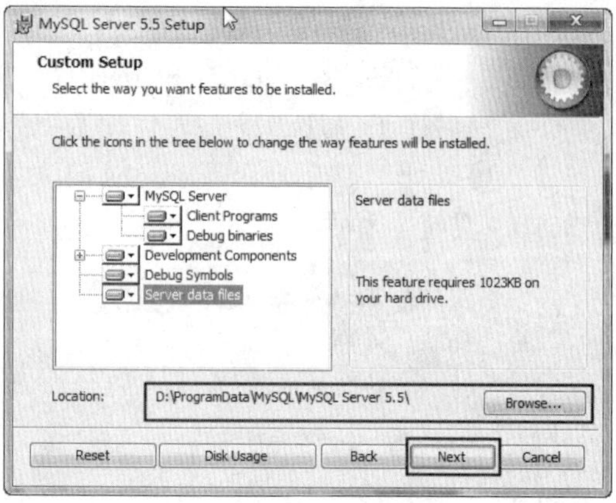

图 5-4　自定义安装界面

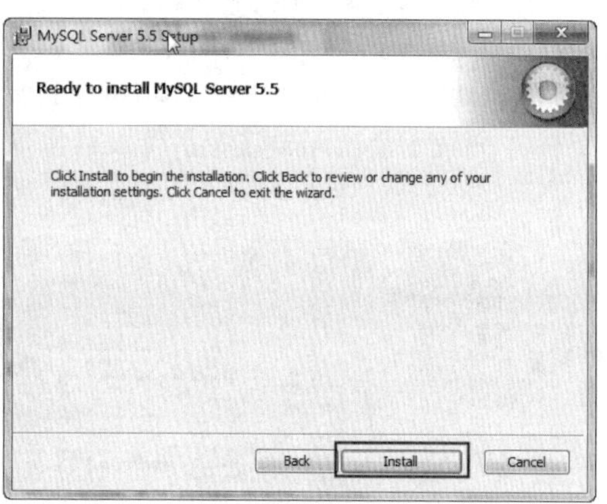

图 5-5　开始安装

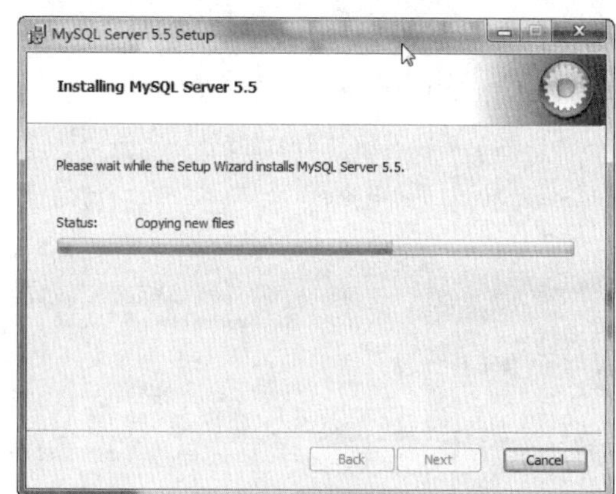

图 5-6　安装进行中

图 5-7　MySQL Enterprise 解说界面

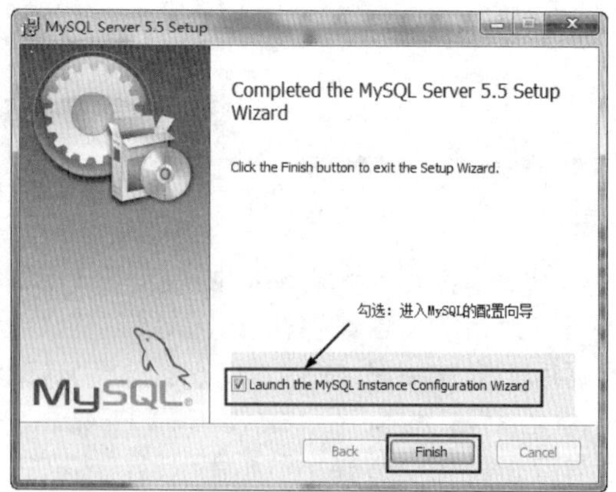

图 5-8　完成安装

单击图 5-9 中的 Next 按钮，进入配置类型选择界面。选择 Detailed Configuration（详细配置）单选按钮，如图 5-10 所示。

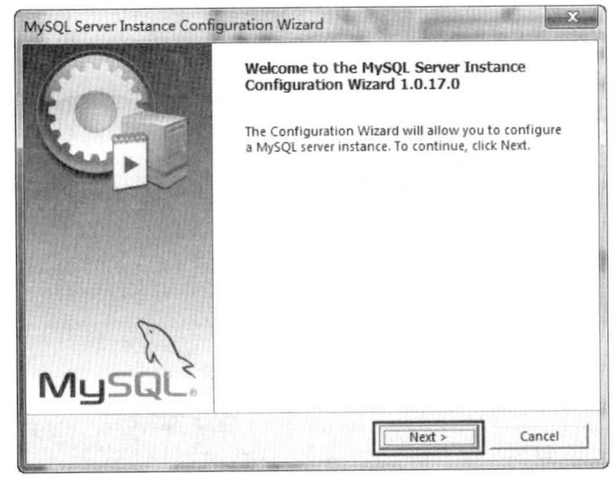

图 5-9　MySQL 配置向导欢迎界面

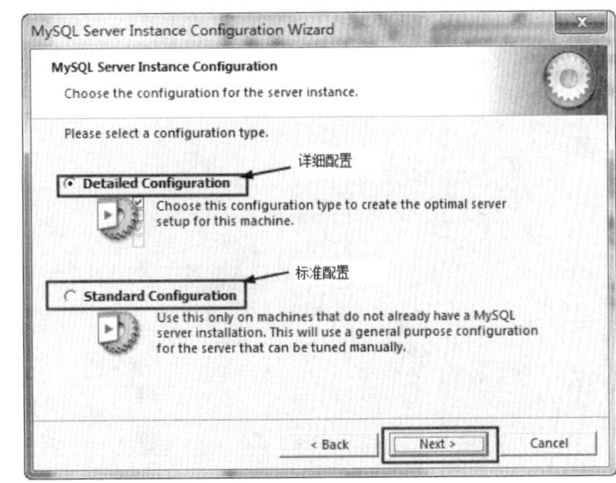

图 5-10　配置类型选择界面

单击图 5-10 中的 Next 按钮，进入服务类型选择界面，如图 5-11 所示，可选择 Developer Machine（开发者机器，MySQL 占用很少资源）、Server Machine（服务器类型，MySQL 占用较多资源）、Dedicated MySQL Server Machine（专用的数据库服务器，MySQL 占用所有可用资源）。用户可根据自己的需求进行选择。

单击图 5-11 中的 Next 按钮，进入数据库用途选择界面，选择 Multifunctional Database 单选按钮，如图 5-12 所示。此界面中可选择 MySQL 数据库的大致用途，Multifunctional Database（通用多功能型，好）、Transactional Database Only（服务器类型，专注于事务处理，一般）、Non-Transactional Database Only（非事务处理型，较简单，主要做一些监控、记数用，对 MyISAM 数据类型的支持仅限于 non-transactional），用户可根据自己的用途进行选择。

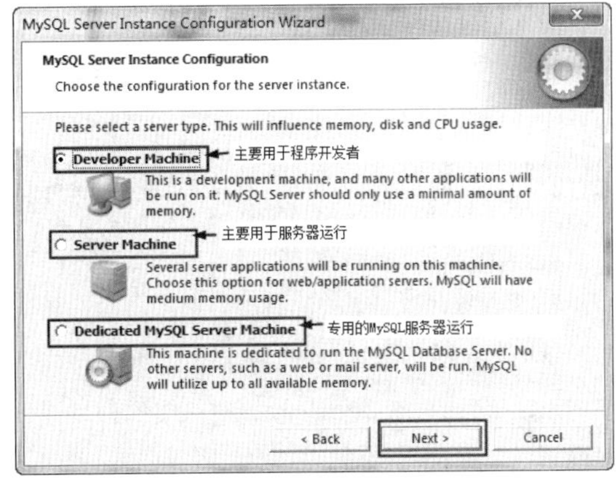

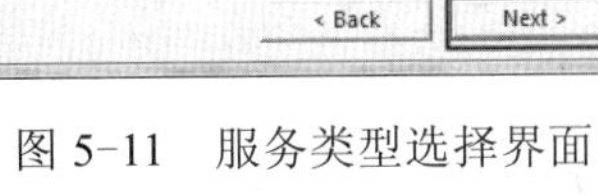

图 5-11　服务类型选择界面

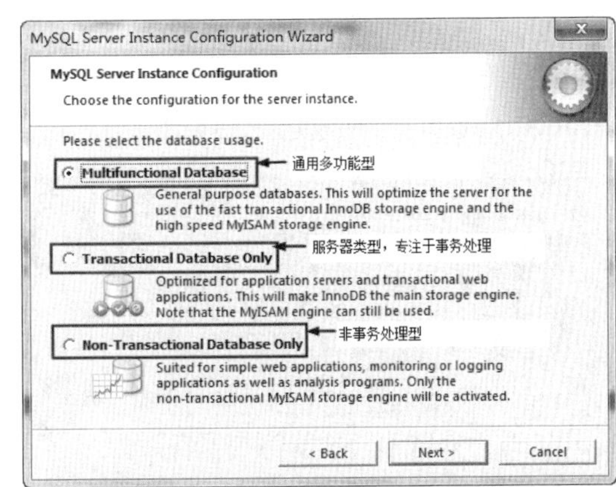

图 5-12　数据库用途选择界面

单击图 5-12 中的 Next 按钮，进入图 5-13 所示界面，对 InnoDB Tablespace 进行配置，即为 InnoDB 数据库文件选择一个存储空间，这里使用默认位置。

单击图 5-13 中的 Next 按钮，进入图 5-14 所示界面，选择 MySQL 的同时连接数。其中包括 Decision Support(DSS)/OLAP（20 个左右）、Online Transaction Processing(OLTP)（500 个左右）、Manual Setting（手动设置，自己输一个数），这里选择 Online Transaction Processing(OLTP)，单击 Next 按钮。

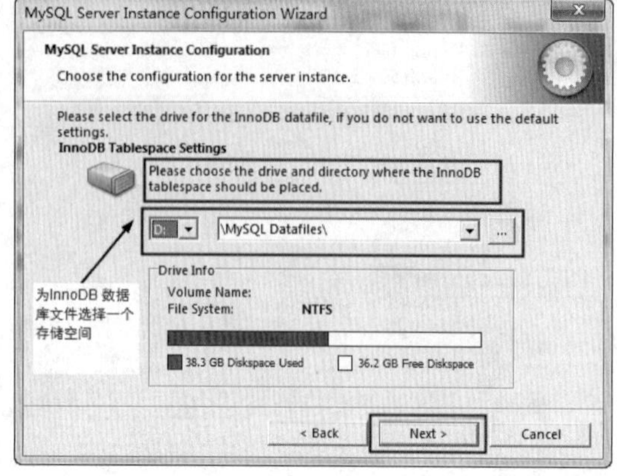

图 5-13　样式管理器界面

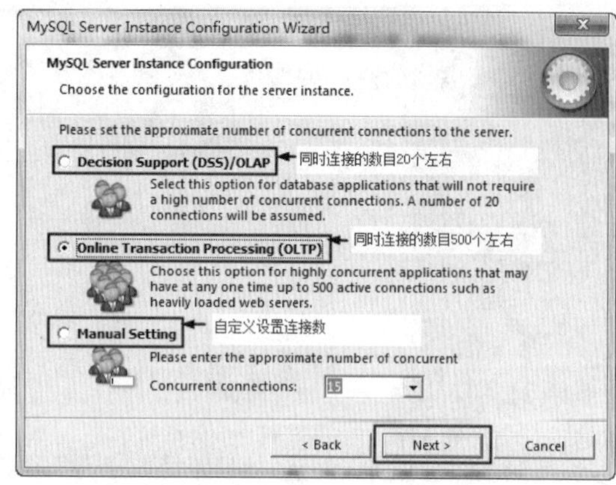

图 5-14　MySQL 连接数设置界面

单击图 5-14 中的 Next 按钮，进入图 5-15 所示界面，设置 MySQL，选择 Enable TCP/IP Networking 启用 TCP/IP 连接，设定端口 Port Number 为 3306。如果不启用 TCP/IP 连接，则只能在本机访问 MySQL 数据库。在本界面中，还可以选择 Enable Strict Mode（启用标准模式），这样 MySQL 就不会允许细小的语法错误。建议新手取消标准模式以减少麻烦。但熟悉 MySQL 以后，建议尽量使用标准模式，因为它可以降低有害数据进入数据库的可能性。

单击图 5-15 中的 Next 按钮，进入图 5-16 所示界面，设置 MySQL 数据库语言编码。建议使用多字节的通用 UTF8 编码，此编码对中英文存储等的支持较好。单击 Next 按钮，进入图 5-17 所示界面，选择 Install As Windows Service 复选框，将 MySQL 安装为 Windows 服务，且指定 Service Name（服务标识名称）为默认值。选择 Include Bin Directory in Windows PATH，将 MySQL 的 bin 目录加入 Windows PATH，加入后，就可以直接使用 bin 下的文件，而不用指出目录名，比如连接 mysql.exe -uusername –ppassword 便可，无须指出 mysql.exe 的完整地址，调用方便。

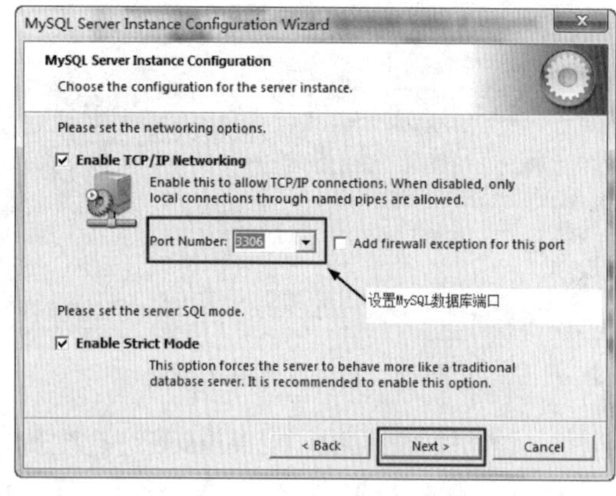

图 5-15　端口设置界面

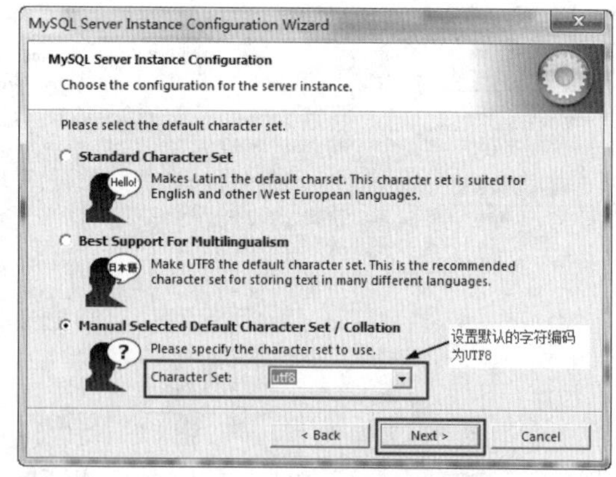

图 5-16　编码设置界面

单击图 5-17 中的 Next 按钮，进入图 5-18 所示界面，选择 Modify Security Settings 复选框，修改 MySQL 数据库的默认账号与密码，此处密码设置为 123456。Enable root access from remote machines 用于设置是否允许 root 用户在其他的机器上登录。Create An

Anonymous Account 用于新建一个匿名用户，匿名用户可以连接数据库，不能操作数据，包括查询。

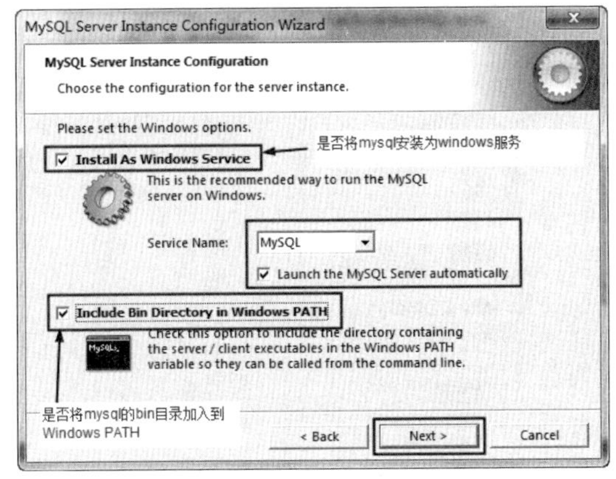

图 5-17　样式管理器界面

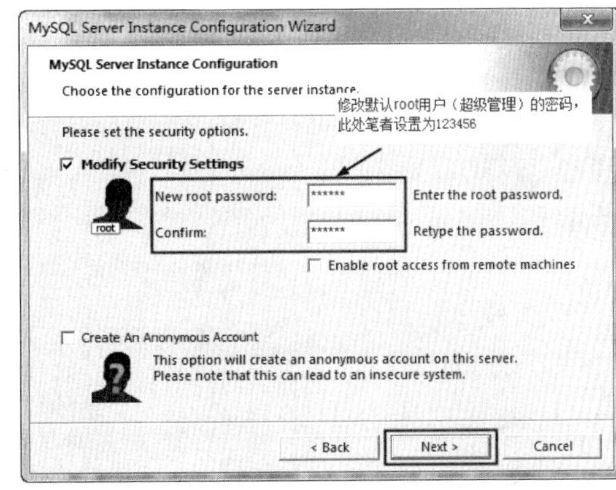

图 5-18　设置 MySQL 账户与密码界面

单击图 5-19 中的 Execute 按钮开始配置，当出现图 5-20 所示界面时，说明配置完成，单击 Finish 按钮即可，在第 5.1.3 节将使用客户端软件 Navicat 软件连接 MySQL 服务器并操作其中的数据。

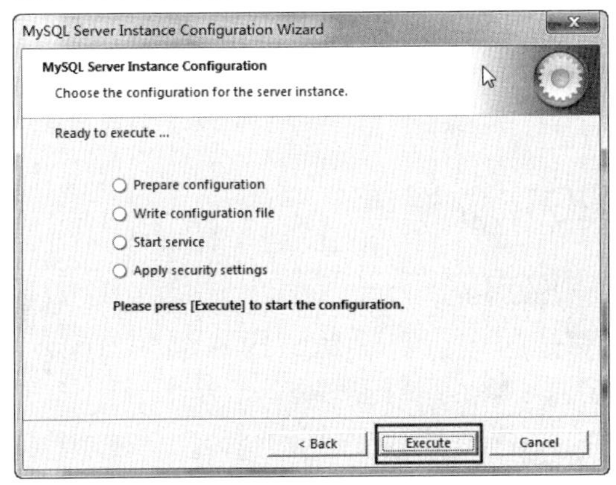

图 5-19　等待执行设置项界面

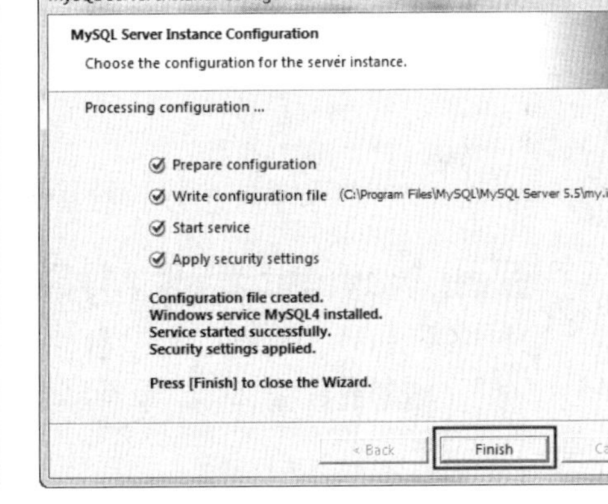

图 5-20　配置成功界面

5.1.3　下载并安装 Navicat for MySQL

Navicat 是一个强大的 MySQL 数据库管理和开发工具。Navicat 为专业开发者提供了一套强大的工具，且对于新用户仍然是易于学习的。Navicat 使用了极好的图形用户界面（GUI），可以让用户用一种安全和更为容易的方式快速和容易地创建、组织、存取和共享信息。Navicat 基于 Windows 平台，为 MySQL 量身定做，提供类似于 MySQL 的用户管理界面工具。此解决方案的出现，将解放 PHP、Java EE 等程序员以及数据库设计者、管理者的大脑，降低开发成本，带来更高的开发效率。用户可完全控制 MySQL 数据库和显示不同的管理资料，包括一个多功能的图形化管理用户和访问权限的管理工具，方便将数据从一个数据库移转到另一个数据库中（Local to Remote、Remote to Remote、Remote to Local），进行文档备份。Navicat 支持 Unicode，以及本地或远程 MySQL 伺服器连线，用户可浏览数据库、建立和删除数据库、编辑数据、建立或执行 SQL queries、管理用户权限（安全设定）、将数据库备份/复原、导入/导出数据（支持 CSV、TXT、DBF、和 XML 文件类型）等。新版与任何 MySQL 5.0.x 伺服器版本兼容，支持 Triggers 以及 BINARY VARBINARY/BIT 数据。

本书使用的是 Navicat for MySQL（MySQL 数据库管理工具）V10.0.11.0 简体中文版。相对 MySQL 安装，Navicat 的安装简单许多，在安装向导中单击“安装”按钮即可，如图 5-21 所示。

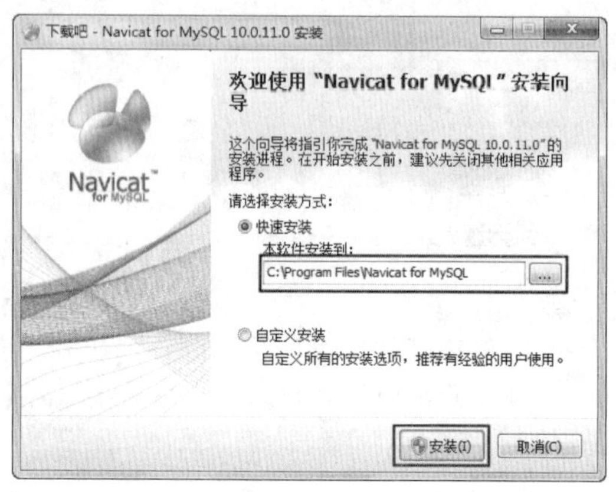

图 5-21　Navicat for MySQL 安装向导

5.2　使用 MySQL 数据库

5.2.1　采用 Navicat 管理 MySQL 数据库

（1）运行 Navicat for MySQL 管理软件，并创建一个连接，如图 5-22 和图 5-23 所示。

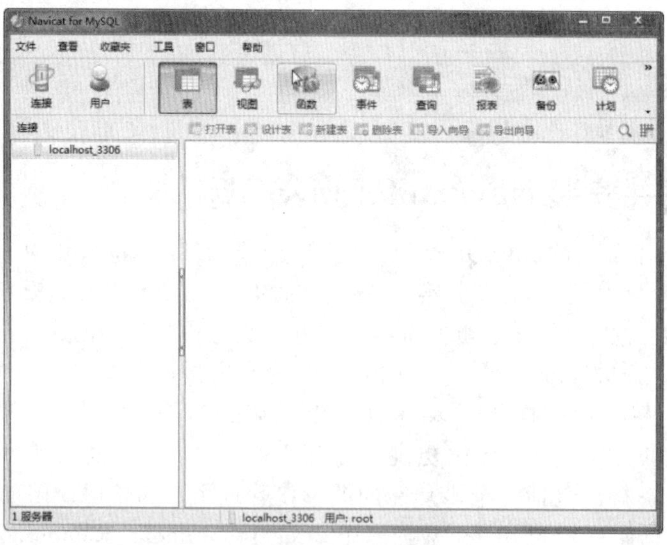

图 5-22　Navicat for MySQL 主界面

图 5-23　创建连接

（2）单击图 5-23 中的“确定”按钮后，将返回 Navicat for MySQL 的主界面，双击左边的树形导航 localhost，出现图 5-24 所示界面。

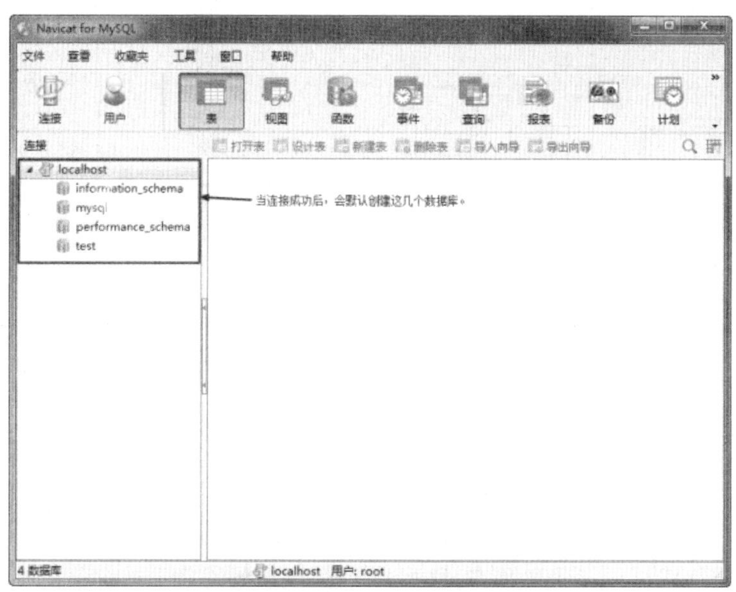

图 5-24　MySQL 自带数据库

5.2.2　创建数据库

在 localhost 连接上右击选择“新建数据”命令，输入数据库名称 shop 及使用的字符集编码 UTF-8 Unicode，如图 5-25 和图 5-26 所示。

图 5-25　选择“新建数据库”命令

图 5-26　设置新建数据库常规选项

5.2.3　创建数据表

在 shop 数据库结点下的“表”上右击，选择“新建表”命令去创建字段，然后保存输入表名称 User，如图 5-27 和图 5-28 所示。

图 5-27　新建表

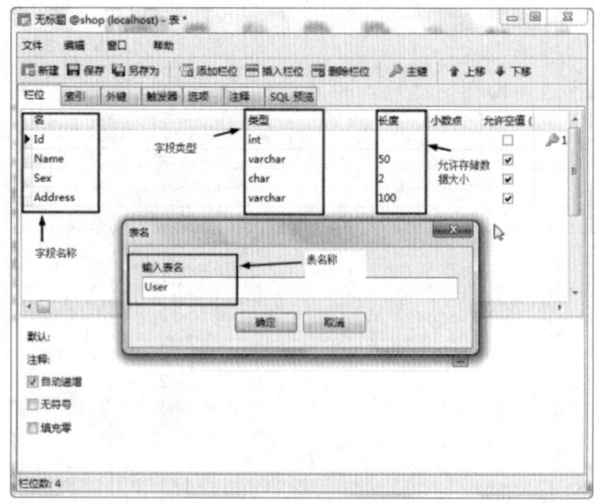

图 5-28　设计表结构

5.2.4　新增记录

双击 shop 数据库下的表 user 可以追加记录，如图 5-29 和图 5-30 所示。

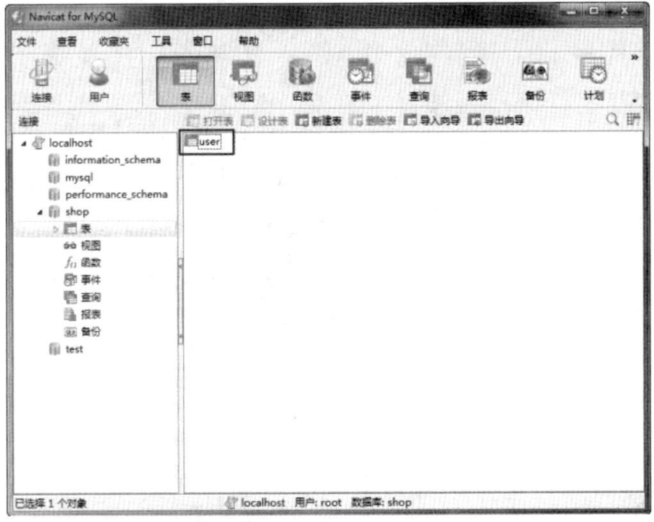

图 5-29　查看表

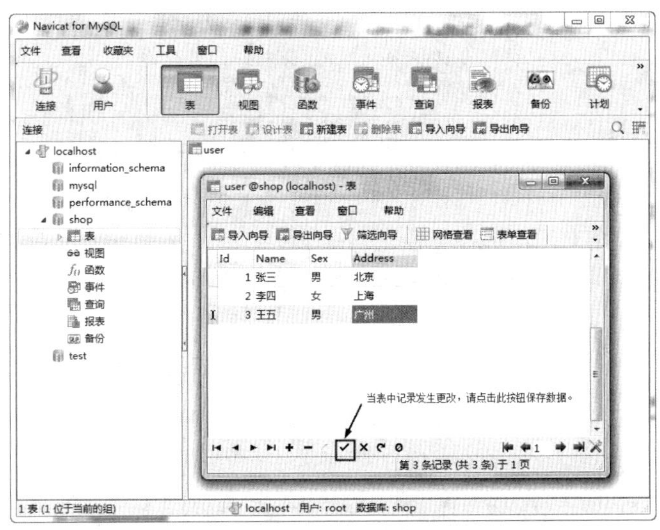

图 5-30　表中添加记录

5.3　SQL 语法介绍

5.3.1　SQL 简介

SQL（Structured Query Language，结构化查询语言）是一种数据库查询和程序设计语言，用于存取数据以及查询、更新和管理关系数据库系统。同时，.sql 也是数据库脚本文件的扩展名。

5.3.2 SQL 基本语法

1. 数据查询

使用 Navicat for MySQL 中的 SQL Editor 的 SQL 执行功能，可以很方便地进行查询数据功能，如图 5-31 所示。

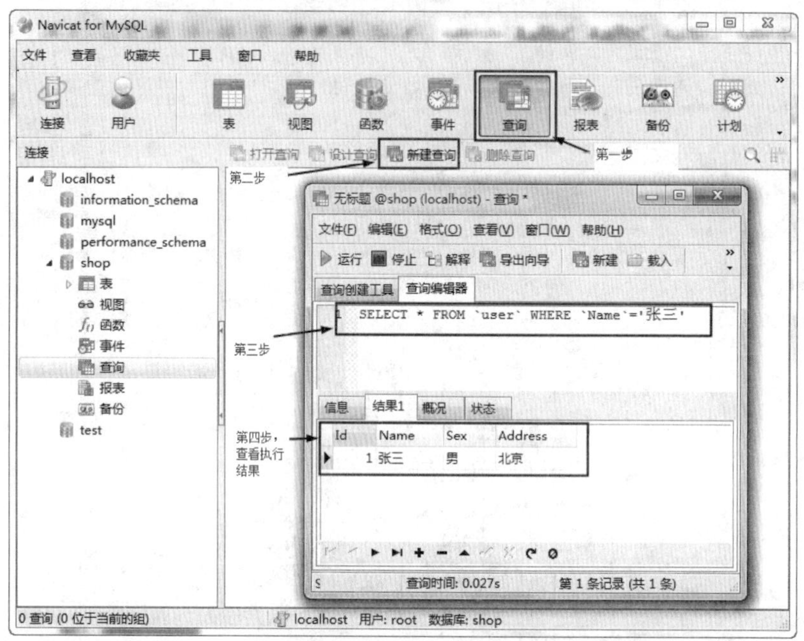

图 5-31 数据查询

（1）不带条件的查询。

例如：查询 shop 数据库 user 表中的所有记录。对应的 SQL 语句是：

```
select * from user
```

例如：查询 shop 数据库 user 表中的前两条记录。对应的 SQL 语句是：

```
select * from user limit 0,2
```

（2）带条件的查询。

例如：查询 shop 数据库 user 表中的姓名为“张三”的记录。对应的 SQL 语句是：

```
select * from user where name='张三'
```

例如：查询 shop 数据库 user 表中的性别是“男”的记录数。对应的 SQL 语句是：

```
select count(1) from user where sex='男'
```

例如：查询 shop 数据库 user 表中的姓“张”的学生记录。对应的 SQL 语句是：

```
select * from user where name like '张%'
```

2. 数据添加

例如：在 shop 数据库 user 表中添加一个用户“赵六”，性别为“女”，地址为“桂林”。对应的 SQL 语句（见图 5-32）是：

```
Insert into user (name,sex,address) values ('赵六','女','桂林')
```

3．数据编辑

例如：将 test 数据库 user 表中的用户“赵六”的性别改为“男”。对应的 SQL 语句（见图 5-33）是：

```
Update user set sex='男' where name='赵六'
```

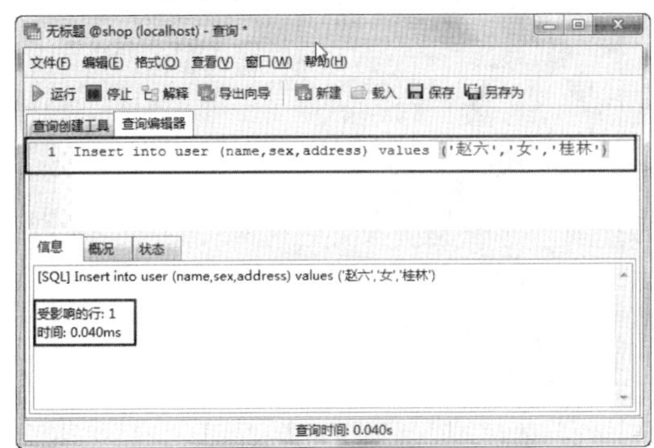

图 5-32　数据添加

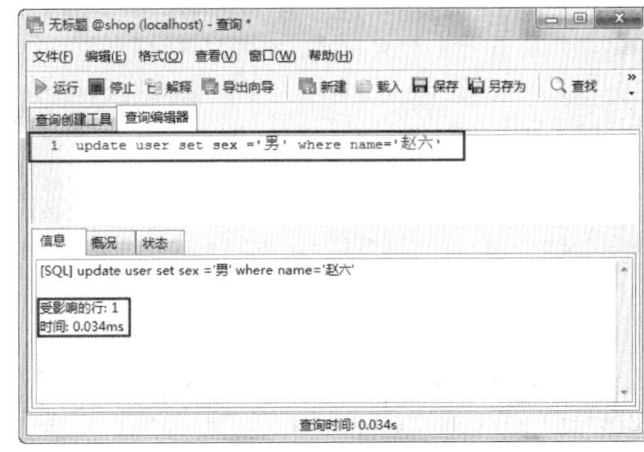

图 5-33　数据编辑

执行上面的 update 语句后，可以打开 user 表，检查数据是否修改成功。

4．数据删除

例如：将 shop 数据库 user 表中的用户“赵六”的信息删除。对应的 SQL 语句（见图 5-34）：

```
Delete from user where name='赵六'
```

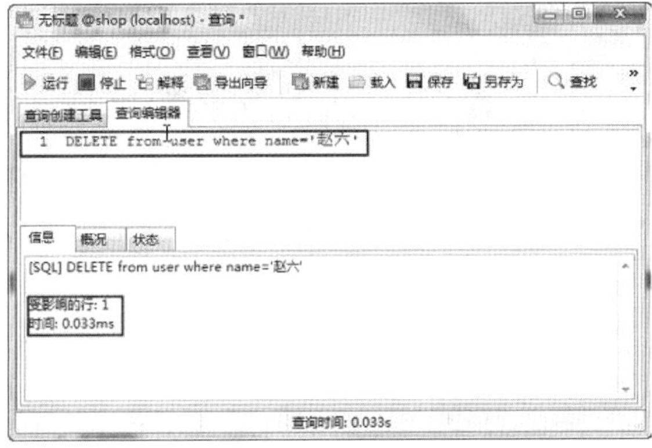

图 5-34　数据删除

执行上面的 delete 语句后，可以打开 user 表，检查数据是否删除成功。

小　　结

本章完成了安装和配置 MySQL 服务，并使用 Navicat for MySQL 来创建了数据库和数据表，并添加了样例数据。本章的创建过程也同时演示了在实际开发中该如何方便地操纵 MySQL 数据库。

习　　题

1. 新建一个工程 Ex5，单击“学生注册”按钮（见图 5-35）进入注册页面（见图 5-36），并将数据保存到数据库中（建议密码进行加密处理，可参照第 4 章习题中的字符串加密）。

图 5-35　登录页面

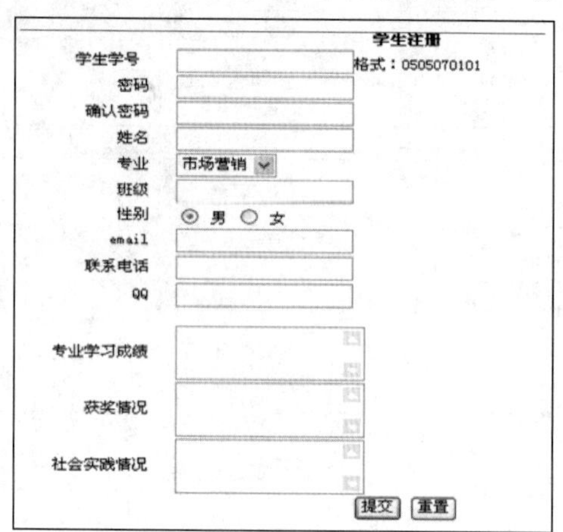

图 5-36　注册页面

2. 实现登录验证，如果输入数据库中的用户名和密码正确则提示密码正确，否则提示用户名或密码不正确。

第 6 章 JDBC 技术详解

学习目标

- JDBC 技术和数据库驱动程序介绍。
- 使用 JDBC 连接各种数据库。
- JDBC 常用接口使用介绍。
- JDBC 操作数据库实例。

JSP 开发中离不开 JDBC 数据库编程，绝大多数的 JSP 项目均使用到数据库，所以掌握 JDBC 数据库编程技术非常重要。本章开始，将系统地介绍 JDBC 数据库编程技术。

6.1 JDBC 概述

JDBC 是一种用于执行 SQL 的 Java API，它是一组访问数据库的 API 集合，通过加载由数据库厂商所提供的驱动程序，可以与数据库建立连接。这样，就不必为访问不同的数据库而编写不同的程序了，只需用一个 JDBC API 编写一个程序就够了。而且 JDBC 技术对开发者屏蔽了一些细节问题，这样，程序员就不必去关心底层的实现技术。另外，与 Java 一样，JDBC 对数据库的访问也具有平台无关性。

JDBC 访问数据库的步骤：

第一步：注册并加载驱动程序。驱动程序是数据厂商所提供的一个对外的接口来分辨所访问的是哪一种数据库。可以调用 Class.forName()显式地加载驱动程序。方法如下（以 MySQL 为例）：

```
Class.forName("org.mysql.jdbc.Driver");
```

Class.forName()是一个静态方法，用于指示 Java 虚拟机动态地查找、加载和超链接指定类（如果尚未加载）。如果无法找到这个类，则抛出 ClassNotFountException。

第二步：创建连接。数据库连接是使用 DriverManager 对象的静态方法 getConnection()建立的，方法如下：

```
String url= "jdbc:mysql://127.0.0.1:3306/qq";    //127.0.0.1为连接地址,3306
为数据库端口,qq 为数据库名
```

```
Connection conn=DriverManager.getConnection(url, "root", "123456");
// "root", "root"为数据库用户名, 123456 为数据库密码
```

第三步：创建 SQL 语句对象。SQL 语句对象主要是用来执行 SQL 语句的，当建立了连接以后，便可以由 Statement 对象将 SQL 语句发送到 DBMS。对于 SELECT 语句，可以使用 executeQuery()；对于创建或修改表的语句，使用 executeUpdate()。方法如下：

```
Statement st=conn.createStatement();
```

第四步：提交 SQL 语句。得到创建 SQL 语句对象后，就可以提交 SQL 语句了，方法如下：

```
ResultSet rs=st.executeQuery("select * from login"); //返回查询 SQL 语句所得到的 ResultSet 对象格式的结果集
int i = st.executeUpdate( "insert into login values('zhang','123')"); //这个方法返回值是一个整数,代表的是影响数据的行数
```

第五步：显示结果。当执行查询语句时，SQL 语句的执行结果存储在 ResultSet 对象中。可以使用 Getxxx()方法来检索数据。方法如下：

```
while(rs.next()){
    String name=set.getString("name");
    String password=set.getString("password");
}
```

如果发送的 SQL 语句不是查询语句，则这一步将省略。

第六步：关闭连接。当完成数据库操作后，需要将连接关闭。因为数据库连接需要消耗系统资源。一旦不需要使用的时候，就应该释放出来。这是程序员必须养成的良好的习惯。在关闭连接时，正确的顺序是：Result、Statement、Connection。语法如下：

```
rs.close();
st.cloe();
conn.close();
```

为确保所有的连接能够被关闭，应该把关闭语句写在 finally 块中，这样，不管操作数据库过程中是否发生异常，都能够将资源释放出来。连接其他的数据库步骤均相同，只需更改驱动程序即可。

6.2 JDBC 数据库连接

6.2.1 连接 MySQL 数据库

第一步：新建一个 Web Project，如图 6-1 所示。

第二步：把 MySQL 的 JDBC 驱动程序复制到项目的 WEB-INF\lib 目录下，这个驱动的 JAR 包为 mysql-connector-java-5.1.6-bin.jar，如图 6-2～图 6-9 所示。

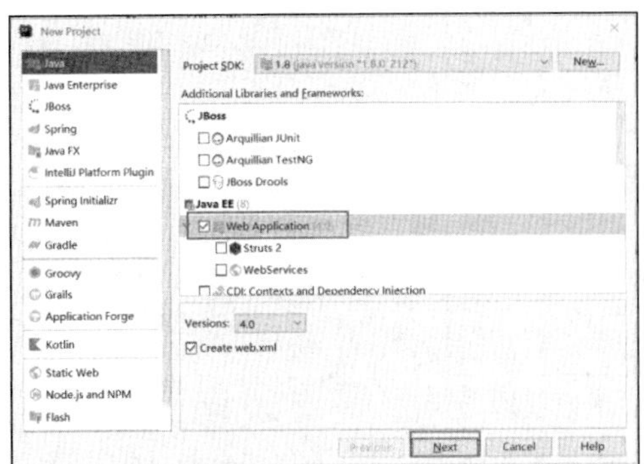

图 6-1　新建 Web Project

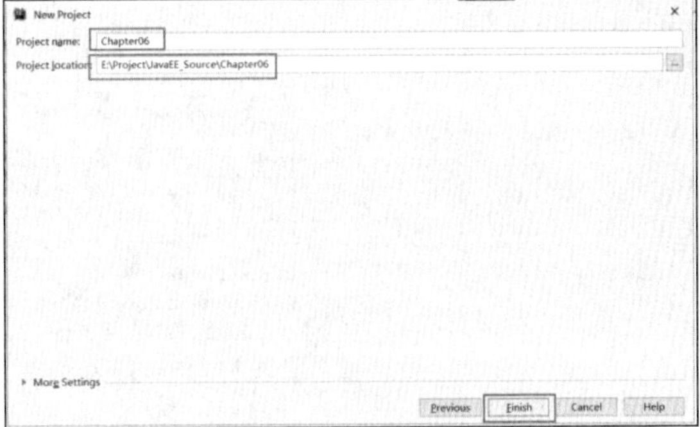

图 6-2　选择“粘贴”命令

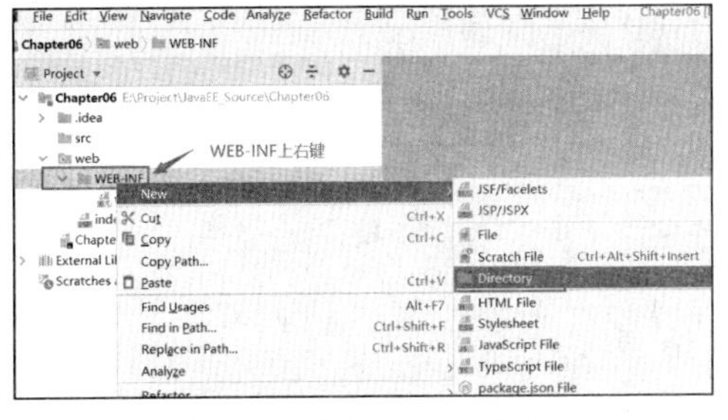

图 6-3　新建“lib”目录

图 6-4　输入目录名称

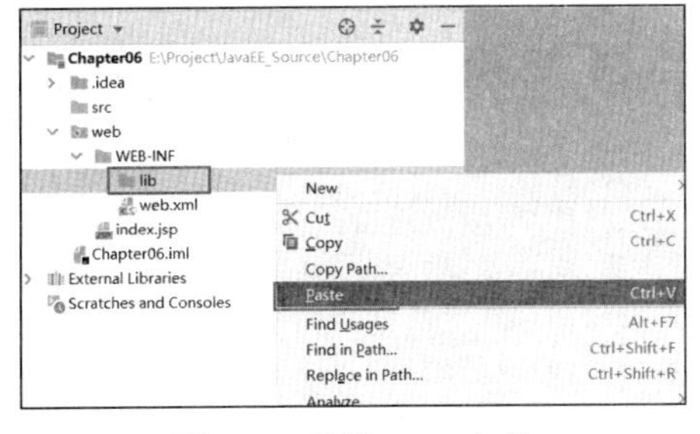

图 6-5　粘贴 JAR 文件

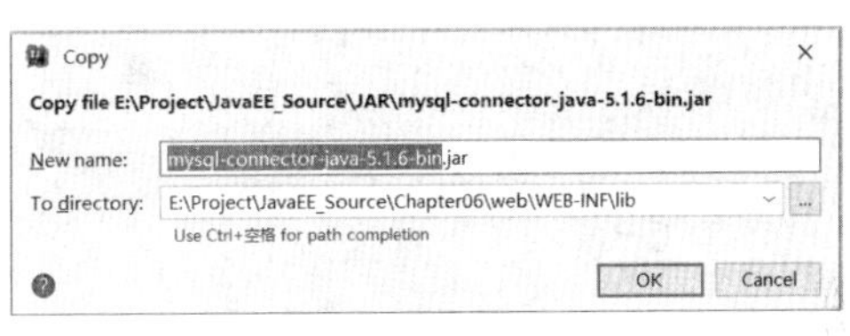

图 6-6　确认粘贴

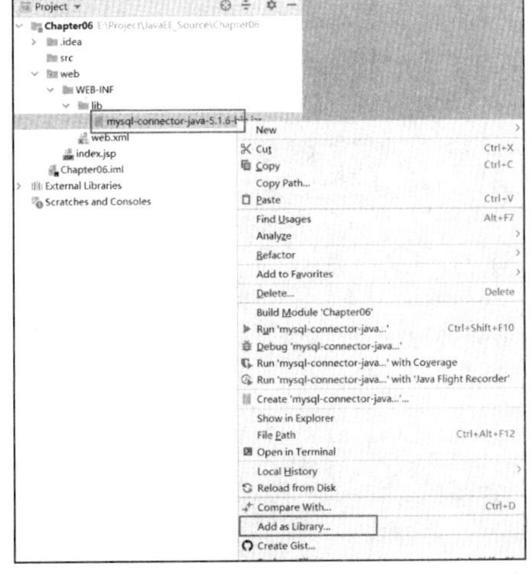

图 6-7　添加到类库中

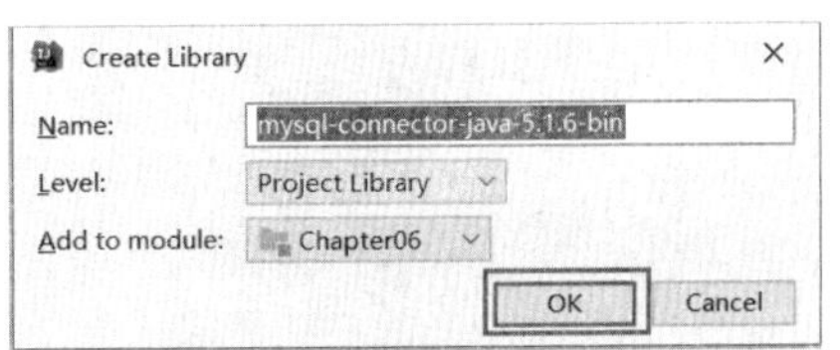

图 6-8　添加到类库中提示

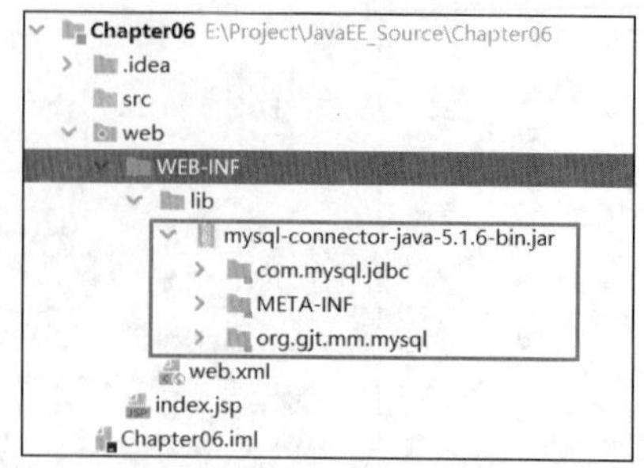

图 6-9　添加到类库成功后工程目录结构

第三步：创建连接到 MySQL 数据库的 Java 类。在工程中的 SRC 目录上右击，选择“New”→“Java Class”命令，如图 6-10 所示。设置 Java 类，如图 6-11 所示。新建连接数据库类后的工程结构如图 6-12 所示。

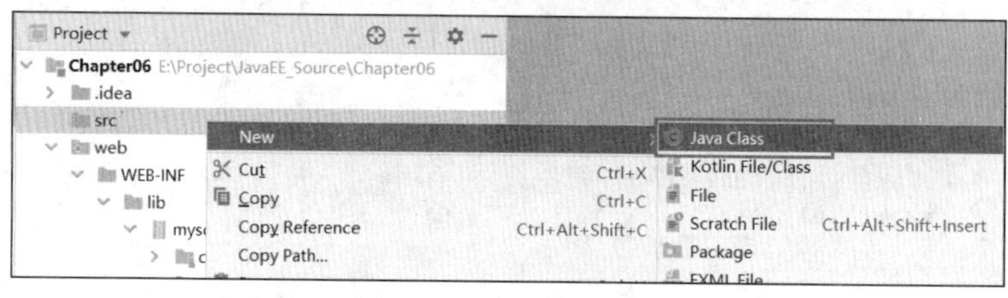

图 6-10　新建 Java 类

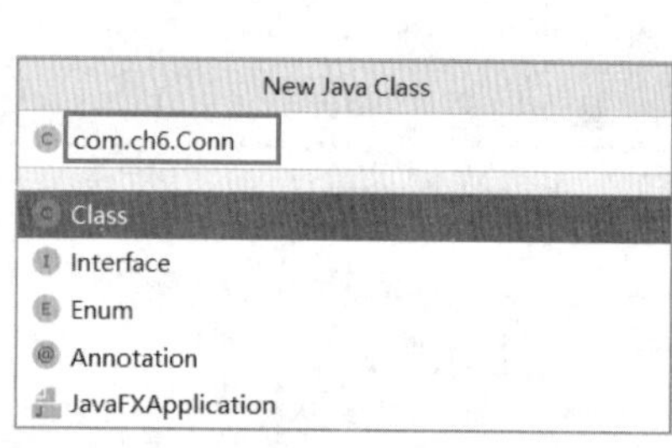

图 6-11　设置 Java 类

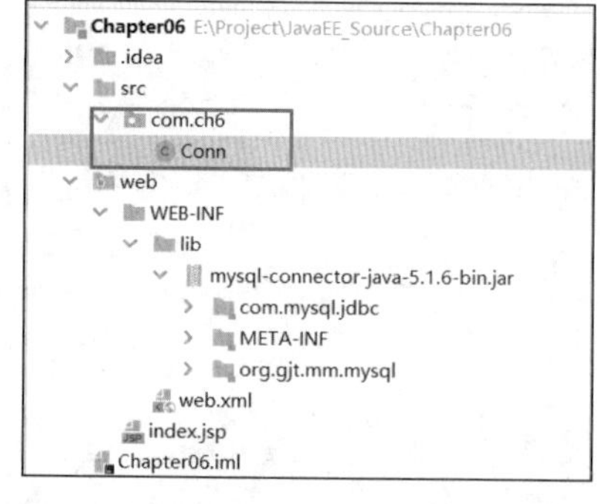

图 6-12　新建连接数据库类后的工程结构

第四步：在 com.ch6.Conn.java 中输入代码，实现连接 MySQL 数据库。代码如下：

```
package com.ch6;
import java.sql.*;
public class Conn {
    Connection conn=null;
    Statement stmt=null;
    ResultSet rs=null;
    /**
     * 加载驱动程序
     * */
    public Conn() {
        try {
            Class.forName("com.mysql.jdbc.Driver");
```

```
    } catch (java.lang.ClassNotFoundException e) {
        System.err.println(e.getMessage());
    }
}
/**
 * 执行查询操作: select
 * */
public ResultSet executeQuery(String sql) {
    try {
        conn=DriverManager
                .getConnection(
                    "jdbc:mysql://localhost:3306/testDB?useUnicode=
                        true&characterEncoding=UTF-8","root", null);
        stmt=conn.createStatement();
        rs=stmt.executeQuery(sql);
    } catch (SQLException ex) {
        System.err.println(ex.getMessage());
    }
    return rs;
}
/**
 * 执行更新操作: insert、update、delete
 * */
public int executeUpdate(String sql) {
    int result=0;
    try {
        conn=DriverManager
                .getConnection(
                    "jdbc:mysql://localhost:3306/testDB?useUnicode=
                        true&characterEncoding=UTF-8","root", null);
        stmt=conn.createStatement(ResultSet.TYPE_SCROLL_INSENSITIVE,
                ResultSet.CONCUR_READ_ONLY);
        result=stmt.executeUpdate(sql);
    } catch (SQLException ex) {
        result=0;
    }
    return result;
}

/**
 * 关闭数据库连接
 * */
public void close() {
    try {
        if(rs !=null)
            rs.close();
    } catch (Exception e) {
        e.printStackTrace(System.err);
    }
    try {
```

```
            if(stmt !=null)
                stmt.close();
        } catch (Exception e) {
            e.printStackTrace(System.err);
        }
        try {
            if(conn !=null) {
                conn.close();
            }
        } catch (Exception e) {
            e.printStackTrace(System.err);
        }
    }
}
```

分析连接数据库代码如下：

```
jdbc:mysql://localhost:3306/testDB?useUnicode=true&characterEncoding=
UTF-8","root", null
```

可知：端口号为 3306，数据库名称为 testDB，数据库登录用户名为 root，密码为空。

第五步：新建待连接测试的数据库及数据表，并在数据表中添加若干初始数据，如图 6-13～图 6-16 所示。

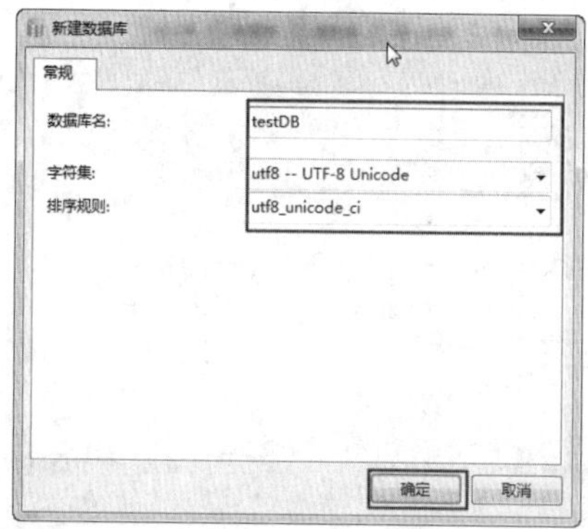

图 6-13　新建待连接的数据库 testDB

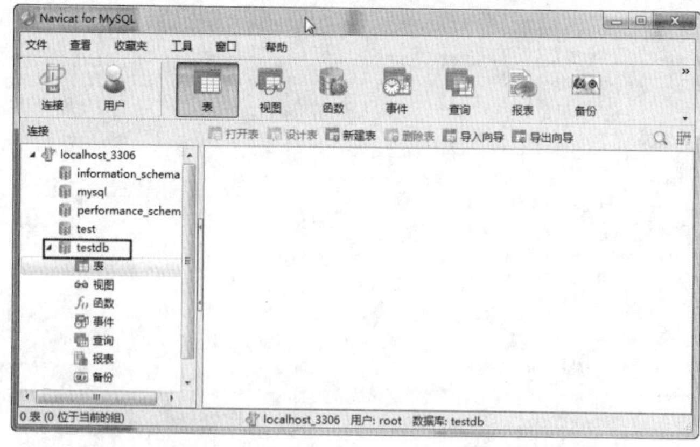

图 6-14　数据库 testDB 创建成功

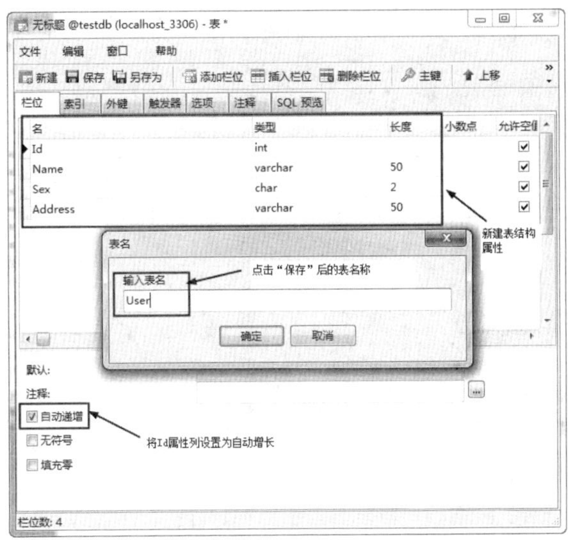

图 6-15　新建表 User

图 6-16　在表 User 中添加若干初始信息

第六步：测试是否连接成功。新建一个 testConnMysql.jsp 页面。

testConnMysql.jsp 页面代码如下：

```
<!--凡是涉及数据的操作请一定要导入 java.sql.*-->
<%@ page language="java" import="java.util.*,java.sql.*"
pageEncoding="utf-8"%>
<!--导入连接 Mysql 数据库的 javabean-->
<jsp:useBean id="c" scope="page" class="com.ch6.Conn"/>
<!--实现数据查询, 如果有数据显示在此网页中, 证明连接成功, 否则连接不成功。前提条件:
数据库 testDB 中的 user 表有记录-->
<%
String SQLSTR="SELECT  * FROM USER ORDER  BY id DESC";
ResultSet  RS=c. executeQuery(SQLSTR); //执行查询
while(RS.next())
{
   //输出 USER 表中的各属性列中的内容
   out.print(RS.getString("name")+"\t");
   out.print(RS.getString("sex")+"\t");
   out.print(RS.getString("address")+"\t");
```

```
    out.print("<br>");
  }
  c.close(); //释放连接
  %>
```

在 IDEA 中部署启动该项目，如果能将数据库 testDB 中的 User 表中的数据输出到 testConnMysql.jsp 文件中，则说明使用 JDBC 连接 MySQL 数据库成功。显示结果如图 6-17 所示。

图 6-17　测试是否连接成功

6.2.2　连接 SQL Server 2000 数据库

第一步：安装 SQL Server 2000 的 JDBC 驱动，驱动压缩包名称如图 6-18 所示。假设安装路径为 C:\Program Files\Microsoft SQL Server 2000 Driver for JDBC。

第二步：修改环境变量 Classpath。在变量值添加以下代码：

```
; C:\Program Files\Microsoft SQL Server 2000 Driver for
JDBC\lib\msbase.jar; C:\Program Files\Microsoft SQL Server 2000 Driver for
JDBC\lib\mssqlserver.jar; C:\Program Files\Microsoft SQL Server 2000 Driver
for JDBC\lib\msutil.jar
```

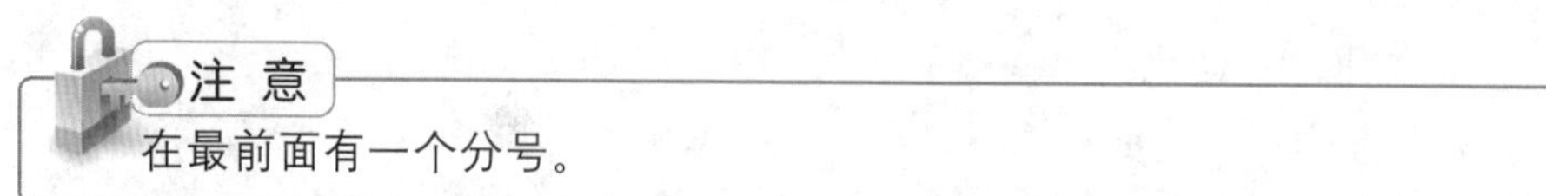

第三步：复制 msbase.jar、mssqlserver.jar、msutil.jar 包到项目的 WEB-INF\lib 目录下，这个驱动的 JAR 包如图 6-19 所示。

图 6-18　SQL Serveer 2000 驱动压缩包　　图 6-19　SQL Server 2000 JAR 文件

以上驱动位于安装目录 C:\Program Files\Microsoft SQL Server 2000 Driver for JDBC\lib 下。

第四步：新建 SQL Server 2000 数据库的 JavaBean 代码如下所示。

```
package com.ch6;
import java.sql.*;
public class connSqlserver2000 {
    Connection conn=null;
    Statement stmt=null;
    ResultSet rs=null;
    /**
     * 装载连接 SQL Server 2000 的连接驱动
     */
    public connSqlserver2000() {
        try {
            Class.forName("com.microsoft.jdbc.sqlserver.SQLServerDriver");
        } catch (java.lang.ClassNotFoundException e) {
            System.err.println(e.getMessage());
        }
    }
    /**
     * 执行查询
     * @param sql
     * @return
     */
    public ResultSet executeQuery(String sql) {
        try {
            conn=DriverManager
                    .getConnection("jdbc:microsoft:sqlserver://localhost:1
433;DatabaseName=testDB;user=sa;password=1234");
            stmt=conn.createStatement(ResultSet.TYPE_SCROLL_INSENSITIVE,
                    ResultSet.CONCUR_READ_ONLY);
            rs=stmt.executeQuery(sql);
        } catch (SQLException ex) {
            System.err.println(ex.getMessage());
        }
        return rs;
    }
    /**
     * 执行更新
     * @param sql
     * @return
     */
    public int executeUpdate(String sql) {
        int result=0;
        try {
            conn=DriverManager
                    .getConnection("jdbc:microsoft:sqlserver://localhost:1
433;DatabaseName=testDB;user=sa;password=1234");
            stmt=conn.createStatement(ResultSet.TYPE_SCROLL_INSENSITIVE,
                    ResultSet.CONCUR_READ_ONLY);
            result=stmt.executeUpdate(sql);
        } catch (SQLException ex) {
            result=0;
```

```
        }
        return result;
    }
    /**
     * 关闭数据库连接
     */
    public void close() {
        try {
            if(rs != null)
                rs.close();
        } catch (Exception e) {
            e.printStackTrace(System.err);
        }
        try {
            if(stmt != null)
                stmt.close();
        } catch (Exception e) {
            e.printStackTrace(System.err);
        }
        try {
            if(conn != null) {
                conn.close();
            }
        } catch (Exception e) {
            e.printStackTrace(System.err);
        }
    }
}
```

测试连接 SQL Server 2000 数据库的方式与第 6.2.1 节中连接测试 MySQL 一致，此处不再详细解释。

6.2.3 连接 SQL Server 2005 数据库

第一步：解压 SQL Server 2005 的 JDBC 驱动，安装包名称如图 6-20 所示。

第二步：复制 sqljdbc.jar 到项目的 WEB-INF\lib 目录下，这个驱动的 JAR 包如图 6-21 所示。

图 6-20 SQL Server 2005 驱动安装包

图 6-21 SQL Server 2005 JAR 文件

第三步：连接到 SQL Server 2005 数据库的 JavaBean。代码如下：

```
package com.ch6;
import java.sql.*;
public class connSqlserver2005 {
    Connection conn = null;
```

```
    Statement stmt = null;
    ResultSet rs = null;
    /**
     * 装载连接 SQL Server 2005 驱动
     */
    public connSqlserver2005() {
        try {
            Class.forName("com.microsoft.sqlserver.jdbc.SQLServerDriver");
        } catch (java.lang.ClassNotFoundException e) {
            System.err.println(e.getMessage());
        }
    }
    /**
     * 执行查询
     *
     * @param sql
     * @return
     */
    public ResultSet executeQuery(String sql) {
        try {
            conn = DriverManager.getConnection(
                    "jdbc:sqlserver://localhost:1951;DatabaseName=testDB",
                    "sa", "1234");
            stmt = conn.createStatement(ResultSet.TYPE_SCROLL_INSENSITIVE,
                    ResultSet.CONCUR_READ_ONLY);
            rs = stmt.executeQuery(sql);
        } catch (SQLException ex) {
            System.err.println(ex.getMessage());
        }
        return rs;
    }
    /**
     * 执行更新
     *
     * @param sql
     * @return
     */
    public int executeUpdate(String sql) {
        int result = 0;
        try {
            conn = DriverManager.getConnection(
                    "jdbc:sqlserver://localhost:1951;DatabaseName=testDB",
                    "sa", "1234");
            stmt = conn.createStatement(ResultSet.TYPE_SCROLL_INSENSITIVE,
                    ResultSet.CONCUR_READ_ONLY);
            result = stmt.executeUpdate(sql);
        } catch (SQLException ex) {
            result = 0;
        }
        return result;
```

```
    }
    /**
     * 关闭数据库连接
     */
    public void close() {
        try {
            if(rs != null)
                rs.close();
        } catch (Exception e) {
            e.printStackTrace(System.err);
        }
        try {
            if(stmt != null)
                stmt.close();
        } catch (Exception e) {
            e.printStackTrace(System.err);
        }
        try {
            if(conn != null) {
                conn.close();
            }
        } catch (Exception e) {
            e.printStackTrace(System.err);
        }
    }
}
```

连接 SQL Server 2005 时，注意要将 SQL Server 2005 的端口开启。依次选择“开始”→Microsoft SQL Server 2005→“配置工具”→SQL Server Configuration Manager 命令，如图 6-22 所示。单击进入图 6-23 所示界面。在图 6-23 中的 TCP/IP 上右击，在弹出的快捷菜单中选择“属性”命令，弹出如图 6-24 所示对话框。输入 SQL Server 2005 的 TCP/IP 端口。

图 6-22　选择 SQL Server Configuration Manager 命令

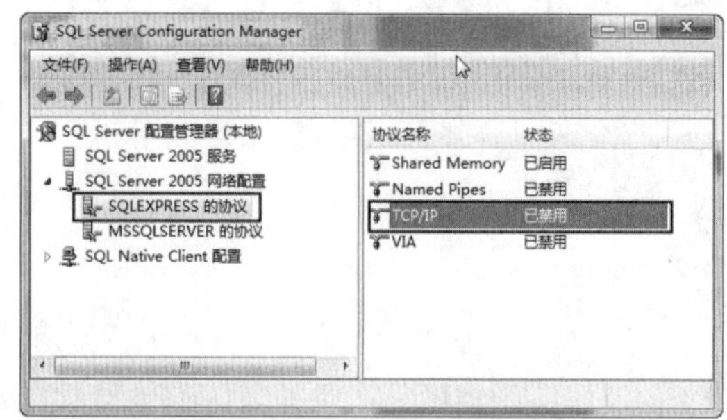

图 6-23　SQL Server Configuration Manager 窗口

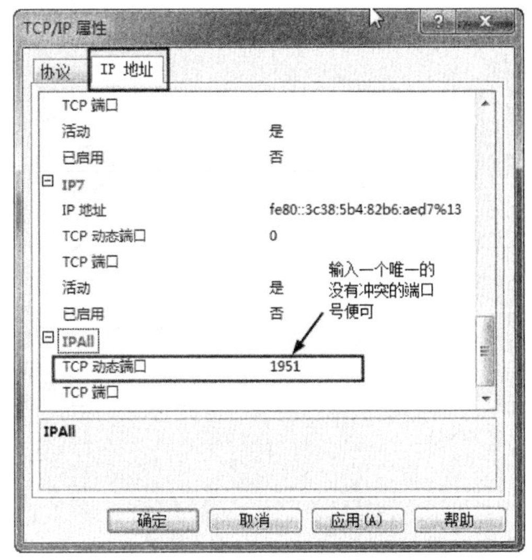

图 6-24　配置 TCP/IP 端口

6.3　JSP 操作 MySQL 数据库

本小节主要讲解 JSP 实现对 MySQL 数据库的四个基本操作，为保证实例的整体性，将以一个简单的学生信息管理为实例，实现数据库的查询、修改、添加、删除功能，如图 6-25 所示。

数据库设计是项目开发中非常重要的一个环节，它就像高楼大厦的根基一样，如果建设不好，在后来的系统维护、变更和功能扩充时，甚至在系统开发过程中，将会引起比较大的问题，会遇到非常大的困难。在此小节中，为让初学者更容易理解 JSP 操作数据库的过程，所以只选择一个数据关系表进行操作，学生信息表的描述如表 6-1 所示。在 Navicat 中创建 student 表，如图 6-26 所示。

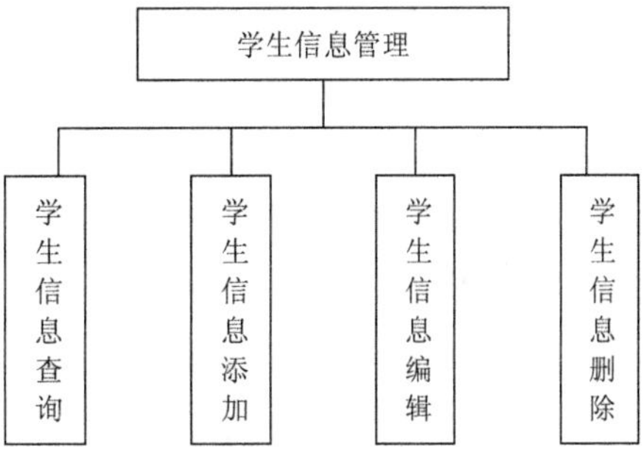

学生信息管理

学生信息查询　学生信息添加　学生信息编辑　学生信息删除

图 6-25　功能模块

表 6-1　学生信息描述表 student

字 段 名	类 型	长 度	是否允许为空	是 否 主 键	描 述
Id	int	4	否	是	自动增长编号
Number	varchar	16	否	否	学号
Name	varchar	25	是	否	姓名
Sex	char	2	是	否	性别
Address	varchar	50	是	否	住址
Phone	varchar	25	是	否	联系电话
E-mail	varchar	25	是	否	邮箱地址

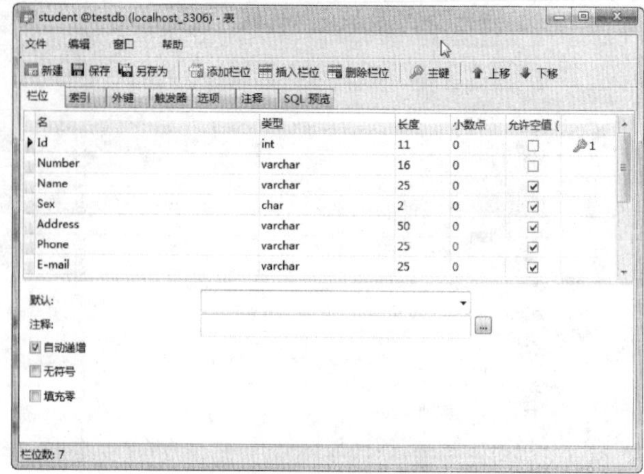

图 6-26　学生信息表 student

6.3.1　数据查询

第一步：新建 Web Project，如图 6-27 所示。

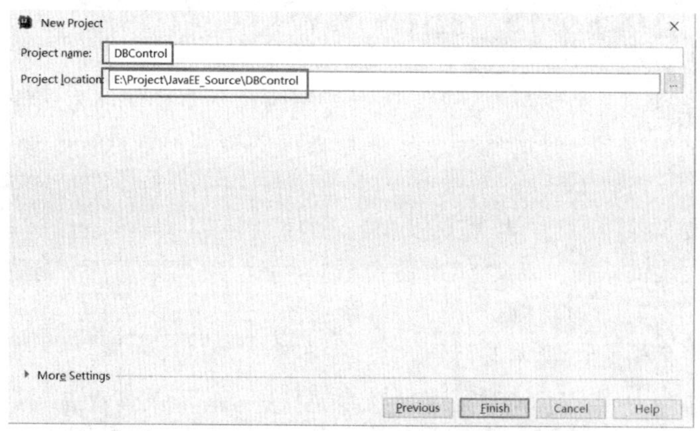

图 6-27　新建工程 DBControl

第二步：把 MySQL 的 JDBC 驱动程序复制到项目的 WEB-INF\lib 目录下，这个驱动的 JAR 包为 mysql-connector-java-5.1.6-bin.jar 。驱动复制成功并添加到类库后，工程目录结构如图 6-28 所示。

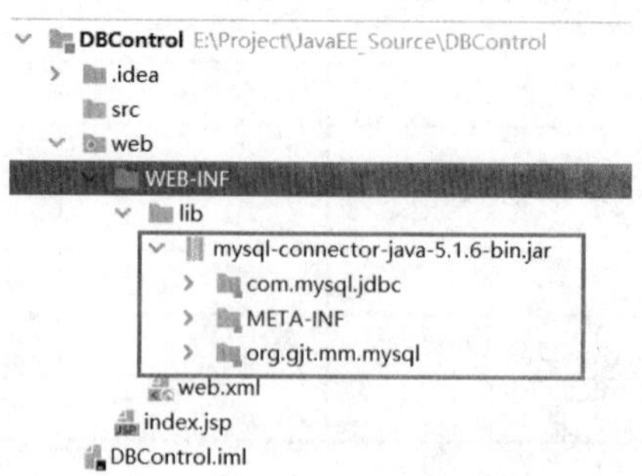

图 6-28　粘贴 mysql-connector-java-5.1.6-bin.jar 并添加类库后工程目录结构

第三步：创建连接到 MySQL 数据库的 JavaBean。在工程中的 src 目录上右击，选择 New→Java Class 命令，如图 6-29 所示，在 New Java Class 对话框中进行设置，如图 6-30 所示。

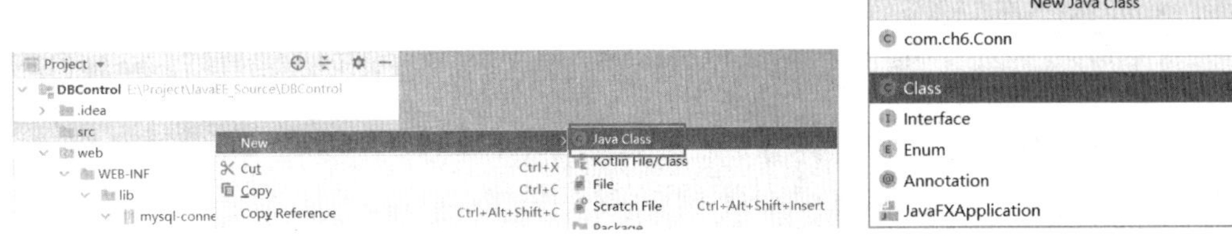

图 6-29　选择 New→Java Class 命令　　　图 6-30　New Java Class 对话框

第四步：在工程 DBControl 的 com.ch6.Conn.java 中输入代码，实现连接 MySQL 数据库。代码如下：

```
package com.ch6;
import java.sql.*;
public class Conn {
    Connection conn=null;
    Statement stmt=null;
    ResultSet rs=null;
    /**
     * 加载驱动程序
     * */
    public Conn() {
        try {
            Class.forName("com.mysql.jdbc.Driver");
        } catch (java.lang.ClassNotFoundException e) {
            System.err.println(e.getMessage());
        }
    }
    /**
     * 执行查询操作: select
     * */
    public ResultSet executeQuery(String sql) {
        try {
            conn=DriverManager
                    .getConnection(
                        "jdbc:mysql://localhost:3306/testDB?useUnicode=
true&characterEncoding=UTF-8","root", "123456");
            stmt=conn.createStatement();
            rs=stmt.executeQuery(sql);
        } catch (SQLException ex) {
            System.err.println(ex.getMessage());
        }
        return rs;
    }
```

```
        /**
         * 执行更新操作：insert、update、delete
         * */
        public int executeUpdate(String sql) {
            int result=0;
            try {
                conn=DriverManager
                        .getConnection(
                            "jdbc:mysql://localhost:3306/testDB?useUnicode=
true&characterEncoding=UTF-8","root", "123456");
                stmt=conn.createStatement(ResultSet.TYPE_SCROLL_INSENSITIVE,
                        ResultSet.CONCUR_READ_ONLY);
                result=stmt.executeUpdate(sql);
            } catch (SQLException ex) {
                result=0;
            }
            return result;
        }
        /**
         * 关闭数据库连接
         * */
        public void close() {
            try {
                if(rs !=null)
                    rs.close();
            } catch (Exception e) {
                e.printStackTrace(System.err);
            }
            try {
                if(stmt !=null)
                    stmt.close();
            } catch (Exception e) {
                e.printStackTrace(System.err);
            }
            try {
                if(conn !=null) {
                    conn.close();
                }
            } catch (Exception e) {
                e.printStackTrace(System.err);
            }
        }
    }
```

分析 com.ch6.Conn.java 代码可知：连接的数据库为 MySQL，数据库名称为 testDB，数据库登录用户名为 root，密码为空。

第五步：创建一个模型 com.ch6.model.StudentInfo.java，该模型只有一些属性及其

Getter()与 Setter()方法的类，此类没有业务逻辑。代码如下：

```
package com.ch6.model;

public class StudentInfo {
    private int id;
    private String number;
    private String name;
    private String sex;
    private String address;
    private String phone;
    private String email;

    public int getId() {
        return id;
    }
    public void setId(int id) {
        this.id=id;
    }
    public String getNumber() {
        return number;
    }
    public void setNumber(String number) {
        this.number=number;
    }
    public String getName() {
        return name;
    }
    public void setName(String name) {
        this.name=name;
    }
    public String getSex() {
        return sex;
    }
    public void setSex(String sex) {
        this.sex=sex;
    }
    public String getAddress() {
        return address;
    }
    public void setAddress(String address) {
        this.address=address;
    }
    public String getPhone() {
        return phone;
    }
    public void setPhone(String phone) {
        this.phone=phone;
```

```
    }
    public String getEmail() {
        return email;
    }
    public void setEmail(String email) {
        this.email=email;
    }

}
```

第六步：新建一个进行数据库操作的类 com.ch6.dal.Student.java。代码如下：

```
package com.ch6.dal;
import java.sql.ResultSet;
import java.sql.SQLException;
import java.util.ArrayList;
import java.util.List;
import com.ch6.Conn;
import com.ch6.model.StudentInfo;

public class Student {
    Conn conn=new Conn();
    /**
     * 获取学生列表
     * @return
     * @throws SQLException
     */
    public List<StudentInfo> getList() throws SQLException {
        List<StudentInfo> list=new ArrayList<StudentInfo>();
        String sql= "select* * from student order by number asc";
        ResultSet rs=conn.executeQuery(sql);
        while (rs.next()) {
            StudentInfo info=new StudentInfo();
            info.setId(rs.getInt("Id"));
            info.setNumber(rs.getString("Number"));
            info.setName(rs.getString("Name"));
            info.setAddress(rs.getString("Address"));
            info.setPhone(rs.getString("Phone"));
            info.setSex(rs.getString("Sex"));
            info.setEmail(rs.getString("Email"));
            list.add(info);
        }
        conn.close();
        return list;
    }
}
```

第七步：在 EB-INF 目录下新建一个 select.jsp 页面，如图 6-31 所示。实现数据查询（列表显示）。

```
DBControl E:\Project\JavaEE_Source\DBControl
  .idea
  src
    com.ch6
      dal
        Student
      model
        StudentInfo
      Conn
  web
    WEB-INF
    index.jsp
    select.jsp
  DBControl.iml
```

图 6-31　新建 select.jsp 页面

select.jsp 页面代码如下：

```
<%@ page language="java" import="java.util.*" pageEncoding="utf-8"%>
<%@page import="com.ch6.model.StudentInfo,com.ch6.dal.Student"%>


<!DOCTYPE HTML PUBLIC "-//W3C//DTD HTML 4.01 Transitional//EN">
<html>
  <head>
   <title>数据查询</title>
  </head>
  <body>
   <table width="539" border="1">
  <tr>
    <td>学号</td>
    <td>姓名</td>
    <td>性别</td>
    <td>住址</td>
    <td>电话</td>
    <td>邮箱</td>
    <td>操作</td>
  </tr>
  <%
     Student student=new Student(); //创建 com.ch6.dal.Student 的对象,命名为 student
     List<StudentInfo> list=student.getList();//通过 student 对象调用方法 getList()获取学生列表信息,该方法返回一个 List 集合
     for(StudentInfo info:list) {  //遍历输出 list 集合中的数据
  %>
  <tr>
    <td><%out.print(info.getNumber());//调用对象的属性值 %></td>
    <td><%out.print(info.getName()); %></td>
    <td><%out.print(info.getSex()); %></td>
```

```
    <td><%out.print(info.getAddress()); %></td>
    <td><%out.print(info.getPhone()); %></td>
    <td><%out.print(info.getEmail()); %></td>
    <td><a href=" ">编辑</a> | <a href=" ">删除</a></td>
  </tr>
  <%} %>
</table>
  </body>
</html>
```

第八步：在 IDEA 中部署该工程，预览效果如图 6-32 所示。测试 URL：http://localhost:8080/DBControl/select.jsp。

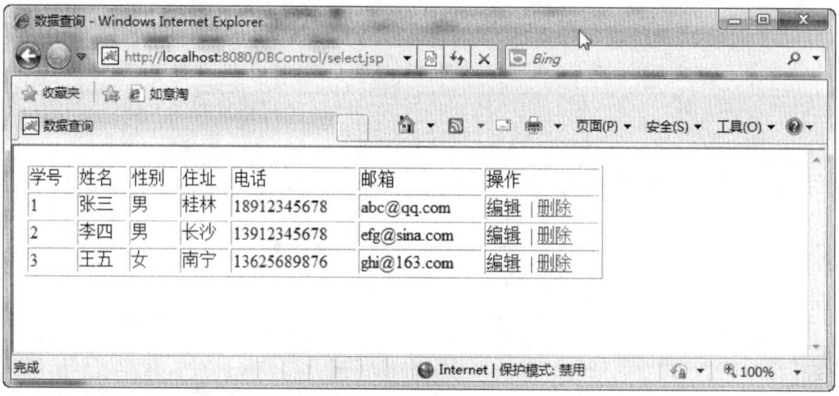

数据查询 - Windows Internet Explorer
http://localhost:8080/DBControl/select.jsp
收藏夹
如意淘
数据查询
页面(P) 安全(S) 工具(O)
学号 姓名 性别 住址 电话 邮箱 操作
1 张三 男 桂林 18912345678 abc@qq.com 编辑 | 删除
2 李四 男 长沙 13912345678 efg@sina.com 编辑 | 删除
3 王五 女 南宁 13625689876 ghi@163.com 编辑 | 删除
完成
Internet | 保护模式: 禁用
100%

图 6-32　浏览查询结果

第九步：设计一个导航页 menu.jsp，页面布局如图 6-33 所示。

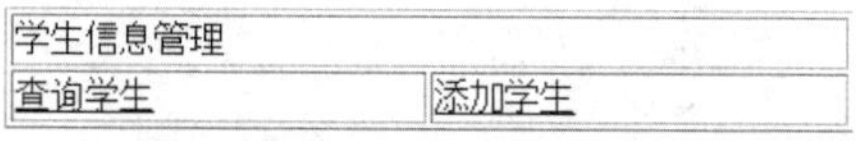

学生信息管理
查询学生
添加学生

图 6-33　menu.jsp 页面布局

```
<%@ page language="java" import="java.util.*" pageEncoding="utf-8"%>
<table width="386" border="1">
  <tr>
    <td colspan="4">学生信息管理</td>
  </tr>
  <tr>
    <td><a href="select.jsp">查询学生</a></td>
    <td><a href="insert.jsp">添加学生</a></td>
  </tr>
</table>
```

为提高该实例的界面友好性，设计一个框架，将添加、编辑、删除、查询连接起来。

第十步：使用 Dreamweaver 软件创建一个上下结构的框架，如图 6-34～图 6-38 所示。

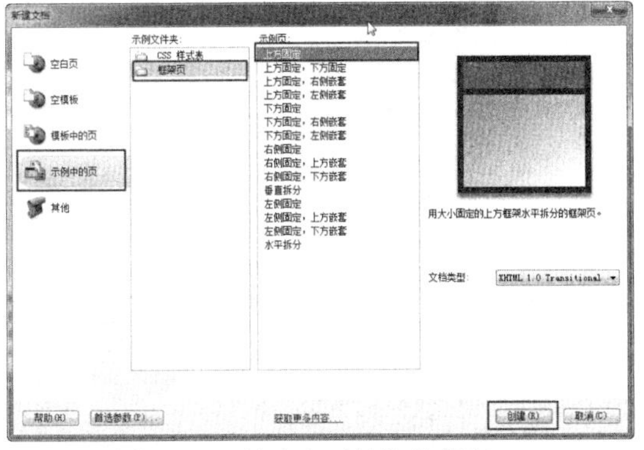

图 6-34　创建上下结构的框架

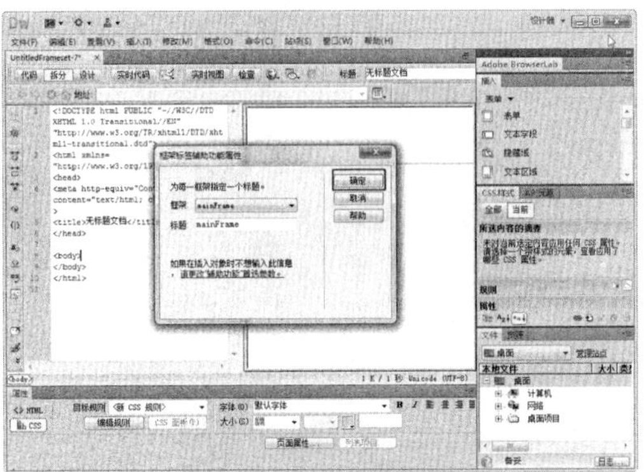

图 6-35　指定框架标题

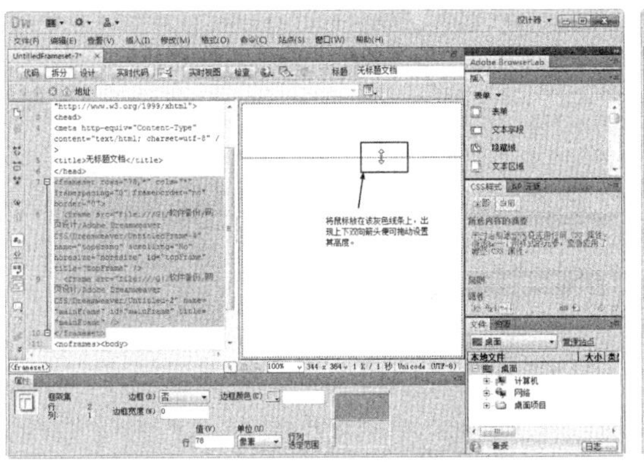

图 6-36　设置框架页高度

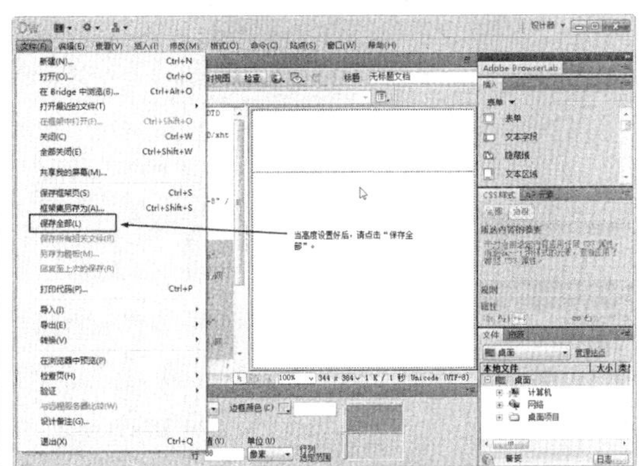

图 6-37　保存框架集

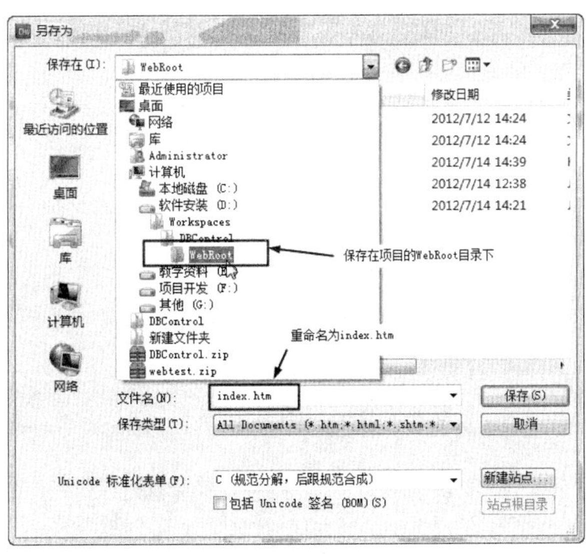

图 6-38　保存框架集到项目 WebRoot 目录

该框架集页面 index.htm 代码如下：

```
<!DOCTYPE html PUBLIC "-//W3C//DTD XHTML 1.0 Frameset//EN"
```

```
"http://www.w3.org/TR/xhtml1/DTD/xhtml1-frameset.dtd">
  <html xmlns="http://www.w3.org/1999/xhtml">
  <head>
  <meta http-equiv="Content-Type" content="text/html; charset=utf-8" />
  <title>学生管理系统</title>
  </head>
  <frameset rows="97,*" cols="*" framespacing="0" frameborder="no"
  border="0">
  <!--上半部分默认命名为 topFrame-->
    <frame src="menu.jsp" name="topFrame" scrolling="no"
    noresize="noresize" id="topFrame" title="topFrame" />
    <!--下半部分默认命名为 mainFrame-->
    <frame src="select.jsp" name="mainFrame" id="mainFrame"
    title="mainFrame" />
  </frameset>
  <noframes><body>
  </body></noframes>
  </html>
```

第十一步：在 index.htm 框架集页面，默认执行 menu.jsp 与 select.jsp 两个文件。当单击 menu.jsp 文件中的“查询学生”超链接时，应当在框架集合的下半部分显示（在创建 index.htm 时，下半部分框架页命名为 mainFrame），如图 6-39 所示。为此要修改 menu.jsp 文件中的两行代码，增加一个跳转目录属性，即 target="mainFrame"，修改后的 menu.jsp 代码如下所示。

图 6-39　浏览整个框架页面

```
<%@ page language="java" import="java.util.*" pageEncoding="utf-8"%>
<table width="386" border="1">
  <tr>
    <td colspan="4">学生信息管理</td>
  </tr>
  <tr>
    <td><a href="select.jsp" target="mainframe">查询学生</a></td>
    <td><a href="insert.jsp" target="mainFrame">添加学生</a></td>
  </tr>
</table>
```

6.3.2　数据添加

第一步：新建 insert.jsp 保存为工程目录 WebRoot 下。页面布局如图 6-40 所示，代码如下所示。

学号	
姓名	
性别	◉ 男 ○ 女
住址	
电话	
邮箱	
提交 重置	

图 6-40　insert.jsp 页面布局

```
<%@ page language="java" import="java.util.*" pageEncoding="utf-8"%>
<!DOCTYPE HTML PUBLIC "-//W3C//DTD HTML 4.01 Transitional//EN">
<html>
  <head>
    <title>数据添加</title>
  </head>
  <body>
    <form id="form1" name="form1" method="post" action="">
   <table width="384" height="289" border="1">
    <tr>
      <td>学号</td>
      <td><input type="text" name="number" id="number" /></td>
    </tr>
    <tr>
      <td>姓名</td>
      <td><input type="text" name="name" id="name" /></td>
    </tr>
    <tr>
      <td>性别</td>
      <td>
        <input type="radio" name="sex" id="sex" value="男" checked/>  男
        <input type="radio" name="sex" id="sex" value="女" /> 女
      </td>
    </tr>
    <tr>
      <td>住址</td>
      <td><input type="text" name="address" id="address"/></td>
    </tr>
    <tr>
      <td>电话</td>
      <td><input type="text" name="phone" id="phone" /></td>
    </tr>
```

```
    <tr>
      <td>邮箱</td>
      <td><input type="text" name="email" id="email" /></td>
    </tr>
    <tr>
      <td colspan="2"><input type="submit" name="button" id="button"
      value="提交" />
      <input type="reset" name="button2" id="button2" value="重置" />
      </td>
    </tr>
  </table>
</form>
  </body>
</html>
```

第二步：当单击 insert.jsp 中的“提交”按钮时，要实现数据的保存。下面在 insert.jsp 文件中实现表间数据处理，将数据保存在数据库中。修改 insert.jsp 文件，修改后代码如下所示。

```
<%@ page language="java" import="java.util.*" pageEncoding="utf-8"%>
<%@page import="com.ch6.model.StudentInfo,com.ch6.dal.Student"%>
<%
request.setCharacterEncoding("utf-8"); //设置编辑，中文数据保存不会出现乱码
StudentInfo info=new StudentInfo(); //创建 com.ch6.model.StudentInfo 的对象 info
Student student=new Student(); //创建 com.ch6.dal.Student 的对象 student
//如果获得参数 action 的值为 add ，则表示，操作者已经单击了"提交"按钮，那么将执行下面代码实现数据保存
if("add".equals(request.getParameter("action"))  )
{
    info.setNumber(request.getParameter("number"));
    info.setName(request.getParameter("name"));
    info.setSex(request.getParameter("sex"));
    info.setAddress(request.getParameter("address"));
    info.setPhone(request.getParameter("phone"));
    info.setEmail(request.getParameter("email"));
    student.insert(info); //通过 student 对象调用 insert()方法，实现数据保存
}
%>
<!DOCTYPE HTML PUBLIC "-//W3C//DTD HTML 4.01 Transitional//EN">
<html>
<head>
    <title>数据添加</title>
</head>
  <body>
   <!-- 注意 form 标签的 action 属性值  -->
    <form id="form1" name="form1" method="post"
    action="insert.jsp?action=add">
   <table width="384" height="289" border="1">
    <tr>
      <td>学号</td>
      <td><input type="text" name="number" id="number" /></td>
    </tr>
    <tr>
```

```
        <td>姓名</td>
        <td><input type="text" name="name" id="name" /></td>
      </tr>
      <tr>
        <td>性别</td>
        <td>
          <input type="radio" name="sex" id="sex" value="男" checked/> 男
          <input type="radio" name="sex" id="sex" value="女" /> 女
        </td>
      </tr>
      <tr>
        <td>住址</td>
        <td><input type="text" name="address" id="address"/></td>
      </tr>
      <tr>
        <td>电话</td>
        <td><input type="text" name="phone" id="phone" /></td>
      </tr>
      <tr>
        <td>邮箱</td>
        <td><input type="text" name="email" id="email" /></td>
      </tr>
      <tr>
        <td colspan="2"><input type="submit" name="button" id="button"
        value="提交" />
        <input type="reset" name="button2" id="button2" value="重置" />
        </td>
      </tr>
    </table>
    </form>
    </body>
  </html>
```

第三步：在 com.ch6.dal.Student.java 中新增一个方法，实现数据保存。代码如下：

```
…
/**
     * 添加
     * @param info
     * @return
     */
    public int insert(StudentInfo info)
    {
        String sql = "insert into student(number,name,address,phone,sex,email)
        values ";
        sql = sql + " ('"+info.getNumber()+"','"+info.getName()+"','"+info.
        getAddress()+"','"+info.getPhone()+"','"+info.getSex()+"','"+info.
        getEmail()+"')";
        int result = 0;
        System.out.println(sql);
        result = conn.executeUpdate(sql);
        conn.close();
        return result;
    }
…
```

第四步：刷新工程或者重新启动 Tomcat。在浏览器地址栏中输入 http://localhost:8080/DBControl/index.htm，如图 6-41 和图 6-42 所示。

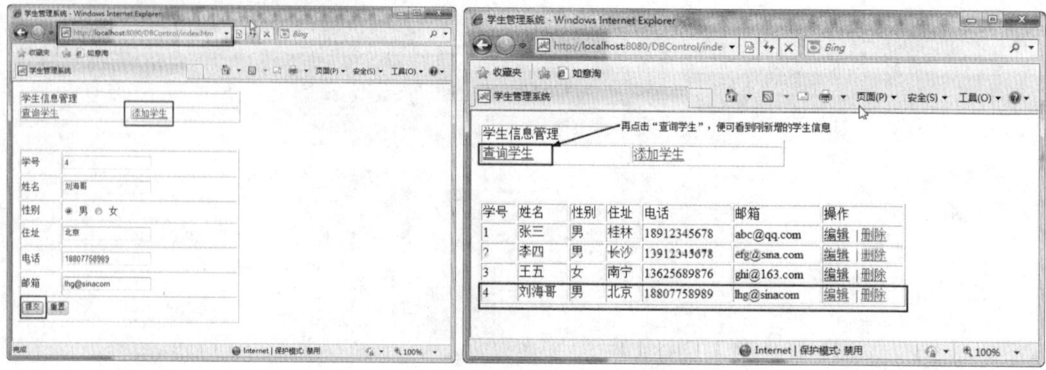

图 6-41　测试添加学生　　　　　　　图 6-42　添加学生成功

打开 Navicat for MySQL，刷新数据表 student，检查数据是否保存在关系表中，如图 6-43 所示。

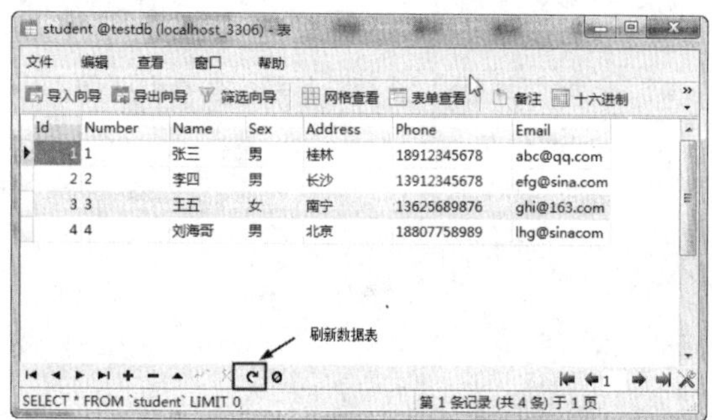

图 6-43　检查关系表中数据是否保存

6.3.3　数据编辑

数据的编辑思路：先找到数据，将数据显示在可编辑的文本框中，当数据修改好后，单击按钮，实现数据保存。

第一步：在 com.ch6.dal.Student.java 中新增两个方法：一个用于实现数据编辑；另一个用于查找当前编辑的学生信息。代码如下：

```
/**
	 * 编辑
	 * @param info
	 * @return
	 */
	public int update(StudentInfo info) {
		String sql= "update student set"
		+ " number='"+info.getNumber()+"',name='"+info.getName()+"', address
		='"+info.getAddress()+"',phone='"+info.getPhone()+"',sex='"+info.
		getSex() +"',email='"+info.getEmail()+"' where id='"+info.getId()+"'";
		int result=0;
```

```
        System.out.println(sql);
        result=conn.executeUpdate(sql);
        conn.close();
        return result;
    }
/**
    * 获取单个学生信息
    * @param id
    * @return
    * @throws SQLException
    */
    public StudentInfo getStudent(String id) throws SQLException{
        StudentInfo info=new StudentInfo();
        String sql="select * from student s where id='"+id+"'";
        ResultSet rs=conn.executeQuery(sql);
        if(rs.next())
        {
            info.setId(rs.getInt("Id"));
            info.setNumber(rs.getString("Number"));
            info.setName(rs.getString("Name"));
            info.setAddress(rs.getString("Address"));
            info.setPhone(rs.getString("Phone"));
            info.setSex(rs.getString("Sex"));
            info.setEmail(rs.getString("Email"));
        }
        conn.close();
        return info;
    }
```

第二步：修改 select.jsp 页面的编辑按钮链接，传递一个唯一编号作为修改的条件（在设计 student 表时，将 id 字段设置成自动增长编号，此属性列是主键）。修改后代码如下：

```
<a href="update.jsp?id=<%=info.getId()%>">编辑</a>
```

第三步：新建 update.jsp 页面（温馨提示：可将 insert.jsp 文件中的代码复制到 update.jsp 文件中，只需做简单的修改），代码如下所示。

```
<%@ page language="java" import="java.util.*" pageEncoding="utf-8"%>
<%@page import="com.ch6.model.StudentInfo,com.ch6.dal.Student"%>
<%
request.setCharacterEncoding("utf-8"); //设置编辑，中文数据保存不会出现乱码
StudentInfo info=new StudentInfo(); //创建 com.ch6.model.StudentInfo 的对
                                    //象 info
Student student = new Student(); //创建 com.ch6.dal.Student 的对象 student
//如果获得参数 action 的值为 add ，则表示，操作者已经单击了"提交"按钮，那么将执行下
//面代码实现数据保存
    if("edit".equals(request.getParameter("action"))  )
    {
        info= student.getStudent(request.getParameter("id"));
        if(info==null)
```

```
        {
            out.print("找不到该学生信息");
        }
        info.setId(Integer.parseInt(request.getParameter("id")));
        info.setNumber(request.getParameter("number"));
        info.setName(request.getParameter("name"));
        info.setSex(request.getParameter("sex"));
        info.setAddress(request.getParameter("address"));
        info.setPhone(request.getParameter("phone"));
        info.setEmail(request.getParameter("email"));
        student.update(info);
    }
%>
<!DOCTYPE HTML PUBLIC "-//W3C//DTD HTML 4.01 Transitional//EN">
<html>
  <head>
    <title>数据编辑</title>
  </head>
  <body>
  <%
  StudentInfo sinfo = student.getStudent(request.getParameter("id"));
                                                      //先找到该编号的学生信息
  if(sinfo==null){
        out.print("找不到该学生信息");
        return;
  }
  %>
    <form id="form1" name="form1" method="post" action="update.jsp?action=
edit">
     <table width="384" height="289" border="1">
    <tr>
      <td>学号</td>
      <td><input type="text" name="number" id="number"
      value="<%=sinfo.getNumber() %>"/></td>
    </tr>
    <tr>
      <td>姓名</td>
      <td><input type="text" name="name" id="name"
      value="<%=sinfo.getName() %>"/></td>
    </tr>
    <tr>
      <td>性别</td>
      <td><input type="radio" name="sex" id="sex" value="男" <%if("男".
      equals(sinfo.getSex())) out.print("checked"); %>/>
        男
      <input type="radio" name="sex" id="sex" value="女" <%if("女".
      equals(sinfo.getSex())) out.print("checked"); %>/>
      女</td>
    </tr>
    <tr>
```

```
        <td>住址</td>
        <td><input type="text" name="address" id="address"
        value="<%=sinfo.getAddress() %>"/></td>
      </tr>
      <tr>
        <td>电话</td>
        <td>
        <input type="text" name="phone" id="phone" value="<%=sinfo.getPhone() %>"
        /></td>
      </tr>
      <tr>
        <td>邮箱</td>
        <td>
        <input type="text" name="email" id="email" value="<%=sinfo.getEmail() %>"
        /></td>
      </tr>
      <tr>
        <td colspan="2">
        <input type="submit" name="button" id="button" value="提交" />
        <input type="reset" name="button2" id="button2" value="重置" />
        <!—此处传递一当前要编辑的学生信息 id 值，此 id 值不允许修改，设置为隐藏域 -->
        <input type="hidden" name="id" value="<%= sinfo.getId() %>" />
        </td>
      </tr>
    </table>
  </form>
    </body>
  </html>
```

第四步：刷新工程或者重新启动 Tomcat，在浏览器地址栏中输入 http://localhost:8080/DBControl/index.htm，进行修改操作，如图 6-44～图 6-46 所示。

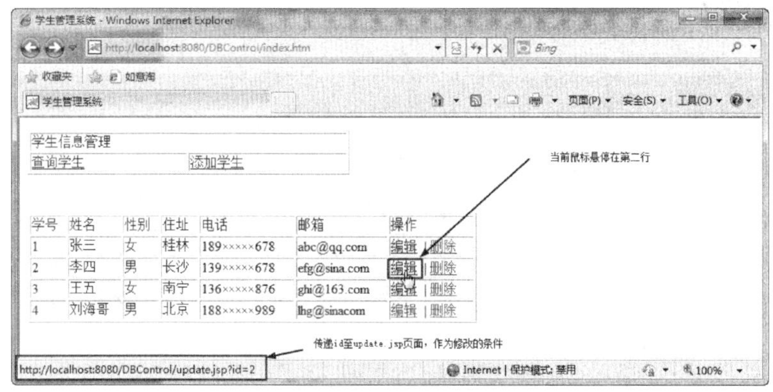

图 6-44　测试数据编辑

图 6-45　修改若干项

图 6-46　修改成功

6.3.4　数据删除

第一步：在 com.ch6.dal.Student.java 中新增一个方法，实现数据编辑。代码如下：

```
/**
    * 删除
    * @param id
    * @return
    */
   public int delete(String id)
   {
      String sql = "delete from student where id ='"+id+"'";
      int result = 0;
      System.out.println(sql);
      result = conn.executeUpdate(sql);
      conn.close();
      return result;
   }
```

第二步：修改 select.jsp 页面的编辑按钮链接，传递一个唯一编号作为修改的条件（在设计 student 表时，将 id 字段设置成自动增长编号，此属性列是主键）。修改后代码如下：

```
<a href="delete.jsp?id=<%=info.getId()%>">删除</a>
```

第三步：新建 delete.jsp 页面，代码如下所示。

```
<%@ page language="java" import="java.util.*" pageEncoding="utf-8"%>
<%@page import="com.ch6.dal.Student"%>

<%
```

```
    Student student= new Student(); //创建对象
    int result = 0;
    result = student.delete(request.getParameter("id"));
    if(result==1)
    {
      out.print("删除成功");
    }else
    {
      out.print("删除失败");
    }
%>
```

第四步：刷新工程或者重新启动 Tomcat。在浏览器地址栏中输入 http://localhost:8080/DBControl/index.htm，进行删除操作，如图 6-47～图 6-49 所示。

图 6-47　测试删除数据

图 6-48　删除数据成功

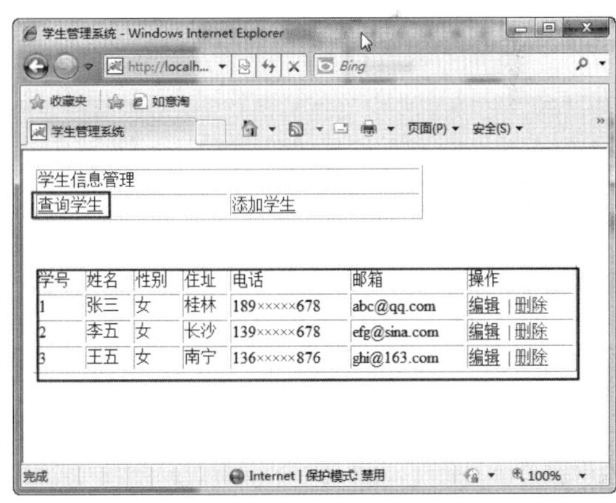

图 6-49　查询学生找不到刚删除的学生信息

小　结

数据库编程是 JSP 学习的难点，也是重点。只有掌握了数据库编程知识，JSP 知识才有用武之地。几乎所有的 JSP 项目均使用到数据库，可见数据库编程的重要性。

在 Java 中，数据库编程通过 JDBC 实现。通过 JDBC 操作数据库的大致过程如下：第一步：注册并加载驱动程序。第二步：创建连接。第三步：创建 SQL 语句对象。第四步：提交 SQL 语句。第五步：显示结果。第六步：关闭连接。

习　题

新建一个工程 Ex6，在工程中实现如图 6-50 所示的功能。

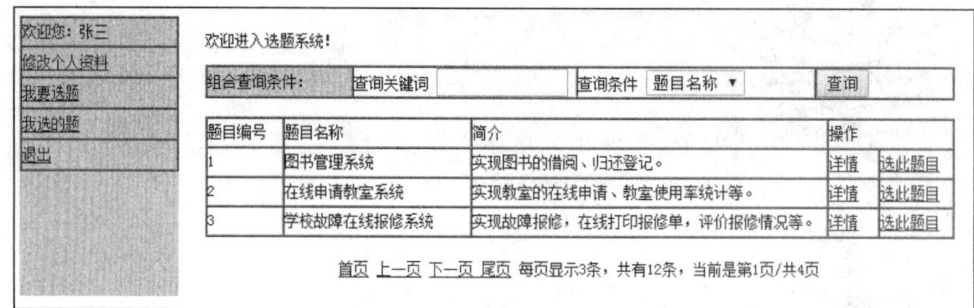

图 6-50　Ex6 功能界面

第 7 章 EL 编 程

学习目标

- EL 基本语法和运算符。
- 掌握 EL 隐含对象。
- 掌握如何使用 EL 访问 Java 的方法。

本章主要讲述表达式语言（Expression Language，EL），EL 可执行算术、关系、逻辑等运算，以简洁的方式访问各种 JSP 内置对象，并可读取请求参数、Cookie、JavaBean 属性。

7.1 EL 简 介

以 MVC 模式设计程序，JSP 只是视图，视图的任务就是显示响应，而不是在 JSP 中做任何关于程序控制和业务逻辑的事情。所以在 JSP 页面中应该尽可能少的或者是完全不出现 Java 代码。

在使用 JSP 标准动作操作 JavaBean 时，如果 JavaBean 的属性是 String 类型或者基本类型，则能够实现类型的自动转换,如 JavaBean 的属性从 String 类型可自动转换成 int 类型。如果 Javabean 中的属性不是 String 类型和基本类型,而是一个 Object 类型，并且属性还有自己的属性，如何获得此 Object 类型的属性呢？JSP 标准动作中没有提供这种嵌套式访问机制，所以要想实现这个功能,就只能在 JSP 页面中通过 Java 代码来读取 Object 类型的属性。从 JSP 2.0 之后,可以使用 EL 表达式来处理这样的问题。

因此，EL 是 JSP 2.0 增加的技术规范，其全称是表达式语言（Expression Language）。EL 语言的灵感来自于 ECMAScript 和 XPath 表达式语言。EL 表达式语言是一种简单的语言，提供了在 JSP 中简化表达式的方法，目的是为了尽量减少 JSP 页面中的 Java 代码，使得 JSP 页面的处理程序编写起来更加简洁，便于开发和维护。

7.2 EL 基本语法

1. EL 表达式

在 JSP 中访问模型对象是通过 EL 表达式的语法来表达。所有 EL 表达式的格式都是以“${}”表示。例如，${userinfo}代表获取变量 userinfo 的值。当 EL 表达式中的变量不给定范围时，则默认在 page 范围查找，然后依次在 request、session、application 范围查找。也可以用范围作为前缀表示属于哪个范围的变量，如${pageScope. userinfo}表示访问 page 范围中的 userinfo 变量。

注 意

EL 表达式不能在 JSP 脚本中使用。

2. 阻止解析 EL 表达式

EL 表达式在服务器中解析，可使用下面的几种方法阻止解析 EL 表达式。

（1）使用转义字符“\”阻止解析 EL 表达式。例如：

```
\${1+2}=${1+2}
```

转义字符“\”后的$符号原样输出，第二个“$”符号才作为 EL 表达式开始符号，该表达式处理结果为“\${1+2}=3”。

（2）使用 JSP page 指令阻止解析 EL 表达式。

当将 JSP 的 page 指令的 isELIgnored 属性设置为 true 时，服务器不解析 EL 表达式。例如：

```
<%@page isELIgnored="true"%>
```

可在 Web.xml 文件中加入<el-ignored>元素配置是否阻止 JSP 页面中的 EL 表达式。例如：

```
<?xml version="1.0" encoding="UTF-8"?>
<web-app xmlns="http://xmlns.jcp.org/xml/ns/javaee"
        xmlns:xsi="http://www.w3.org/2001/XMLSchema-instance"
        xsi:schemaLocation="http://xmlns.jcp.org/xml/ns/javaee
        http://xmlns.jcp.org/xml/ns/javaee/web-app_4_0.xsd"
        version="4.0">
    <jsp-config>
        <jsp-property-group>
            <description>阻止 JSPEL 表达式</description>
            <display-name>ELConfig</display-name>
            <url-pattern>*.jsp</url-pattern>
            <el-ignored>true</el-ignored>
        </jsp-property-group>
    </jsp-config>
</web-app>
```

其中，<url-pattern>元素配置 URL 模板为*.jsp，即对所有 JSP 文档应用该设置。<el-ignored>元素内容为 true，表示不解析 EL 表达式。

7.3 EL 运算符

EL 运算符包括对象属性运算符、算术运算符、关系运算符、逻辑运算符和条件运算符。

1. 对象属性运算符

EL 提供“.”和“[ ]”两种运算符来访问对象属性。例如，访问 book 对象的 price 属性，代码如下：

```
${book.price}
${book["price"]}
```

当要存取的属性名称中包含一些特殊字符，如 . 或 - 等并非字母或数字的符号，就一定要使用“[ ]”。例如：

```
${book.price}
${book["price"]}
${user. My-Name}应当改为${user["My-Name"]}]}
```

2. 算术运算符（见表 7-1）

表 7-1　算术运算符

EL 算术运算符	说　明	范　例	结　果
+	加	${15+2}	17
-	减	${15-2}	13
*	乘	${15*2}	30
/ 或 div	除	${15/2} 或 ${15 div 2}	7
% 或 mod	求余	${15%2} 或 ${15 mod 2}	1

例如：

```
<%@ page contentType="text/html;charset=UTF-8" language="java" %>
<html>
<head>
   <title>算术运算符操作演示</title>
</head>
<body>
<h1>EL 算术运算符操作演示 </h1>
<hr/>
<h3>加法操作: ${num1+num2}</h3>
<h3>减法操作: ${num1-num2}</h3>
<h3>乘法操作: ${num1*num2}</h3>
<h3>除法操作: ${num1/num2}和${num1 div num2}</h3>
<h3>取模操作: ${num1%num2}和${num1 mod num2}</h3>
</body>
</html>
```

运行结果如图 7-1 所示。

图 7-1　EL 算术运算符

3. 关系运算符（见表 7-2）

表 7-2 关系运算符

EL 关系运算符	说明	范例	结果
== 或 eq	等于	${6==6} 或 ${6 eq 6} ${"A"="a"} 或 ${"A" eq "a"}	true false
!= 或 ne	不等于	${6!=6} 或 ${6 ne 6} ${ “A"!= “a” } 或 ${ “A” ne “a” }	false true
< 或 lt	小于	${3<8} 或 ${3 lt 8} ${"A"<"a"} 或 ${"A" lt "a"}	true true
> 或 gt	大于	${3>8} 或 ${3 gt 8} ${"A">"a"} 或 ${"A" gt "a"}	false false
<= 或 le	小于等于	${3<=8} 或 ${3 le 8} ${"A"<="a"} 或 ${"A" le "a"}	true true
>= 或 ge	大于等于	${3>=8} 或 ${3 ge 8} ${"A">="a"} 或 ${"A" ge "a"}	false false

例如：

```
<%@ page contentType="text/html;charset=UTF-8" language="java" %>
<html>
<head>
    <title>关系运算符操作演示</title>
</head>
<body>
    <h1> EL 关系运算符操作演示 </h1>
    <hr>
    <h3>\${6==6}结果为${6==6}</h3>
    <h3>\${6!=6}结果为${6!=6}</h3>
    <h3>\${2<6}结果为${2<6}</h3>
    <h3>\${2>6}结果为${2>6}</h3>
    <h3>\${2<=6}结果为${2<=6}</h3>
    <h3>\${2>=6}结果为${2>=6}</h3>
</body>
</html>
```

运行结果如图 7-2 所示。

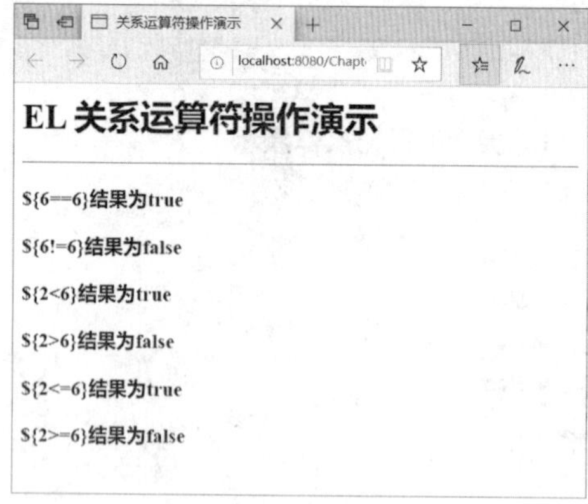

图 7-2 EL 关系运算符

4．逻辑运算符（见表 7-3）

表 7-3　逻辑运算符

EL 逻辑运算符	范例(A、B 为逻辑型表达式）	结　　果
&& 或 and	${A && B} 或 ${A and B}	true/false
|| 或 or	${A || B} 或 ${A or B}	true/false
! 或 not	${!A} 或 ${not A}	true/false

例如：

```
<%@ page contentType="text/html;charset=UTF-8" language="java" %>
<html>
<head>
    <title>逻辑运算符操作演示</title>
</head>
<body>
    <h1> EL 逻辑运算符操作演示</h1>
    <hr>
    <h3>\${(10<14)&&(10<14)} 结果为 ${(10<14)&&(10<14)}</h3>
    <h3>\${(10>14)&&(10>14)} 结果为 ${(10>14)&&(10>14)}</h3>
    <h3>\${!(10==14)} 结果为 ${!(10==14)}</h3>
</body>
</html>
```

运行结果如图 7-3 所示。

图 7-3　EL 逻辑运算符

5．条件运算符

在 EL 表达式中，条件运算符的用法与 Java 语言的语法完全一致。格式如下：

```
${条件表达式?表达式 1:表达式 2}
```

其中，条件表达式用于指定一个判定条件，该表达式的结果为 Boolean 型值。可以由关系运算、逻辑运算、判空运算等运算得到。如果该表达式的运算结果为真，则返回表达式 1 的值；如果运算结果为假，则返回表达式 2 的值。

例如：

```
<%@ page contentType="text/html;charset=UTF-8" language="java" %>
<html>
```

```
<head>
    <title>条件运算符操作演示</title>
</head>
<body>
    <h1>EL 条件运算符操作演示</h1>
    <hr>
    <h3>\${(6==8)?(9==9):(9!=9)} 结果为 ${(6==8)?(9==9):(9!=9)}</h3>
    <h3>\${(6!=8)?(9==9):(9!=9)} 结果为 ${(6!=8)?(9==9):(9!=9)}</h3>
</body>
</html>
```

运行结果如图 7-4 所示。

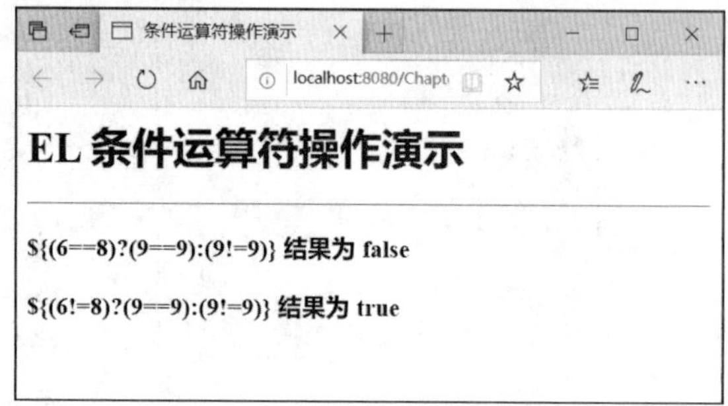

图 7-4　EL 条件运算符

7.4　EL 隐含对象

EL 表达式的主要功能是进行内容显示。为了显示方便，在表达式语言中，提供了许多内置对象，通过不同的内置对象的设置，表达式语言可以输出不同的内容，这些内置对象如表 7-4 所示。

表 7-4　EL 内置对象

内置对象	类　型	说　明
pageContext	javax.servlet.ServletContext	表示 JSP 的 pageContext
pageScope	java.util.Map	取得 page 范围的属性名称所对应的值
requestScope	java.util.Map	取得 request 范围的属性名称所对应的值
sessionScope	java.util.Map	取得 session 范围的属性名称所对应的值
applicationScope	java.util.Map	取得 application 范围的属性名称所对应的值
param	java.util.Map	如同 ServletRequest.getParameter(String name)，返回 Slring[] 类型的值
param Values	java.util.Map	如同 ServletRequest.getParameter Values(String name)， 返回 string[] 类型的值
header	java.util.Map	如同 ServletRequest.getHeader(String name)，返回 string[] 类型的值
header Values	java.util.Map	如同 ServletRequest.getHeaders(String name)， 返回 string[] 类型的值

续表

内置对象	类　　型	说　　明
cookie	java.util.Map	如同 HttpServletRequest.getCookies()
initParam	java.util.Map	如同 ServletContext.getInitParameter(String name)，返回 string[] 类型的值

1. pageContext 对象

javax.servlet.jsp.PageContext 类对象，可用于访问 JSP 隐含对象：exception、out、page、request、response、servletConfig 和 session 等。例如：

```
${pageContext.request.remoteAddr}
```

可以获取客户端 IP 地址，等价于：

```
<%=request.getRemoteAddr()%>
```

打开 IDEA，创建 C07_pageContext.jsp，如图 7-5 所示。

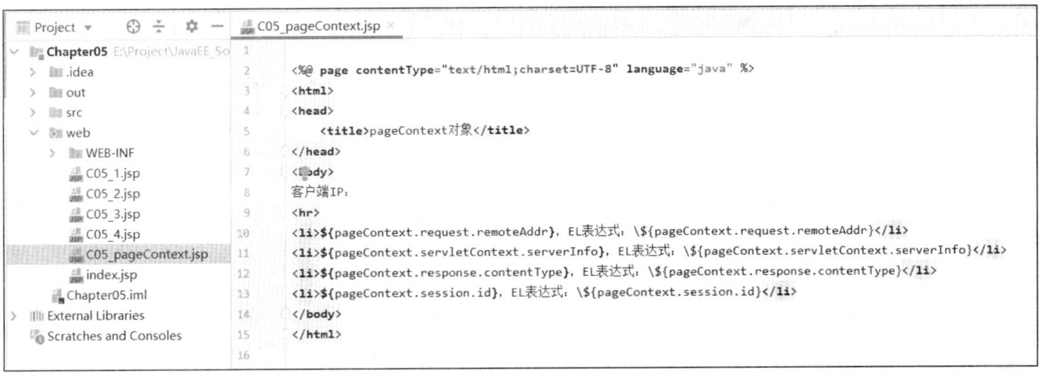

图 7-5　pageContext 的使用

代码如下：

```
<%@ page contentType="text/html;charset=UTF-8" language="java" %>
<html>
<head>
    <title>pageContext 对象</title>
</head>
<body>
    客户端 IP:
    <hr>
    <li>${pageContext.request.remoteAddr}，EL 表达式: \${pageContext.
    request. remoteAddr}</li>
    <li>${pageContext.servletContext.serverInfo},EL 表达式:\${pageContext.
    servletContext.serverInfo}</li>
    <li>${pageContext.response.contentType}，EL 表达式: \${pageContext.
    response. contentType}</li>
    <li>${pageContext.session.id}，EL 表达式: \${pageContext.session.id}
    </li>
</body>
</html>
```

运行效果如图 7-6 所示。

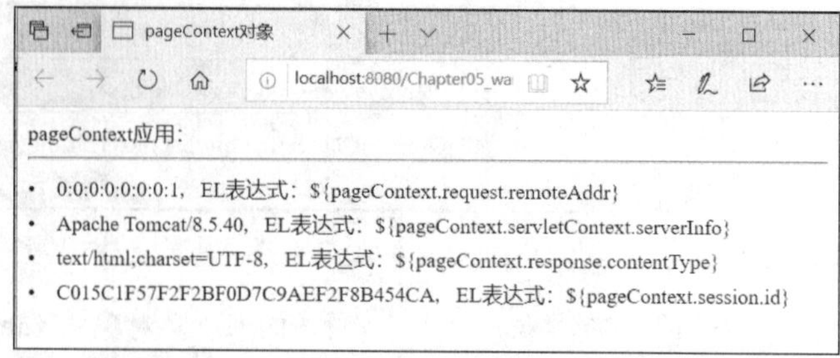

图 7-6　pageContext 运行结果

2. pageScope 对象

java.util.Map 类对象，用于访问页面范围内对象的属性。例如：

```
<jsp:userBean id="lucy" scope="page" class="ch4.Friends"/>
<jsp:setProperty name="lucy" property="name" value="Lucy"/>
姓名是: ${pageScope.lucy.name}
```

其中，lucy 是页面范围内的一个 JavaBean 对象，${pageScope.lucy.name}获得 lucy 对象的 name 值，等价于:

```
<jsp:getProperty name="lucy" property="name"/>
```

第一步：新建类文件 Friend.java，如图 7-7 所示。

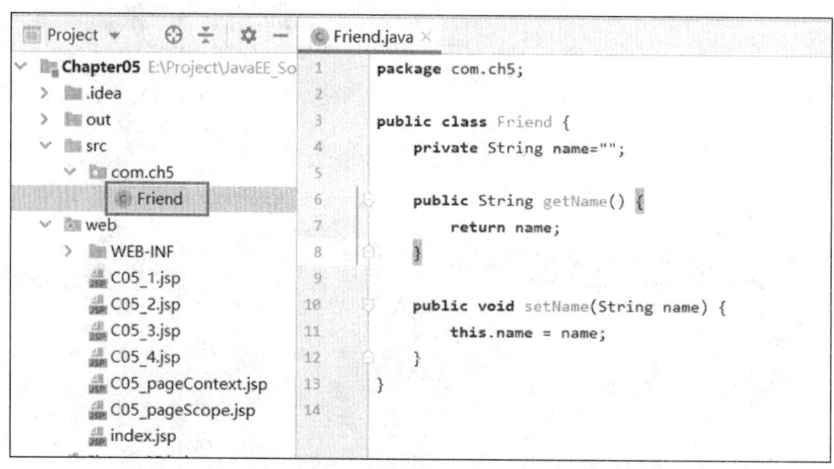

图 7-7　新建 Friend.java 文件

第二步：新建 C07_pageScope.jsp 文件。代码如下：

```
<%@ page contentType="text/html;charset=UTF-8" language="java" %>
<jsp:useBean id="f" scope="page" class="com.ch5.Friend"></jsp:useBean>
<jsp:setProperty name="f" property="name" value="Lucy"></jsp:setProperty>
<html>
<head>
    <title>pageScope</title>
</head>
```

```
<body>
    pageScope 应用:
    <ul>
        <li>${pageScope.f.name}</li>
    </ul>
    <hr>
</body>
</html>
```

运行结果如图 7-8 所示。

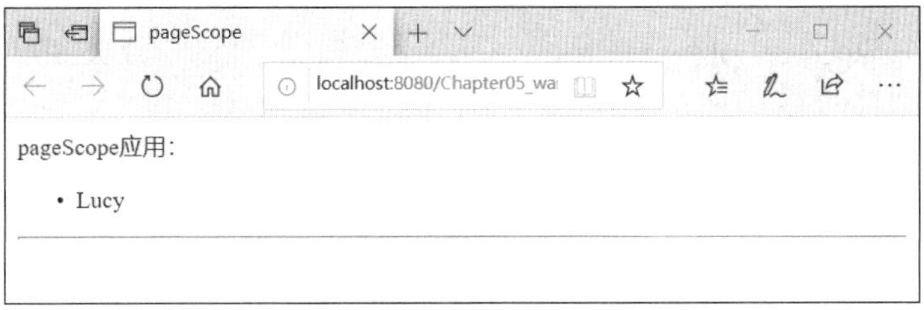

图 7-8　pageScope 运行结果

3．requestScope 对象

java.util.Map 类对象，用于访问页面范围内对象的属性。例如：

```
<jsp:userBean id="lucy" scope="request" class="ch4.Friends"/>
<jsp:setProperty name="lucy" property="name" value="Lucy"/>
姓名是: ${requestScope.lucy.name}
```

4．sessionScope 对象

java.util.Map 类对象，用于访问页面范围内对象的属性。例如：

```
<jsp:userBean id="lucy" scope="session" class="ch4.Friends"/>
<jsp:setProperty name="lucy" property="name" value="Lucy"/>
姓名是: ${sessionScope.lucy.name}
```

5．applicationScope 对象

java.util.Map 类对象，用于访问页面范围内对象的属性。例如：

```
<jsp:userBean id="lucy" scope="application" class="ch4.Friends"/>
<jsp:setProperty name="lucy" property="name" value="Lucy"/>
姓名是: ${applicationScope.lucy.name}
```

6．param 对象

java.util.Map 类对象，用于访问页面请求参数值等价于 request 的 getParameter()方法。例如：

```
${param.Username}
```

等价于：

```
<%=request.getParameter("Username")%>
```

7．paramValues 对象

java.util.Map 类对象，用于访问页面请求参数值等价于 request 的 getParameterValues()

方法。

8．initParam 对象

java.util.Map 类对象，用于访问 Web 应用程序初始化参数。Web 应用程序初始化参数在配置文件 web.xml 定义，例如:

```
<web-app version="2.5" xmlns=http://java.sun.com/xml/ns/javaee
xmlns:xsi=http://www.w3.org/2001/XMLSchema-instance
xsi:schemaLocation=http://java.sun.com/xml/ns/javaee
http://java.sun.com/xml/ns/javaee/web-app_2_5.xsd />
<context-param>
    <param-name>encoding</param-name >
    <param-value>utf-8</param-value >
</context-param>
</web-app>
```

其中：

```
${initParam.encoding}
```

返回参数值，等价于：

```
<%=application.getInitParameter("encoding")%>
```

9．cookie 对象

java.util.Map 类对象，用于访问 Cookie 对象。例如：

```
${cookie.CURRENT.value}
```

表示返回名称为 CURRENT 的 Cookie 对象的值。

10．header 对象

java.util.Map 类对象，用于访问请求头。例如，${header["accept-encoding"]}返回请求头 accept-encoding 的值，等价于：

```
<%=request.getHeader("accept-encoding")%>
```

11．headerValues 对象

java.util.Map 类对象，用于访问多个名称相同的请求头，等价于：

```
<%=request.getHeaders()%>
```

7.5 EL 访问 Java 方法

EL 可以访问调用 Java 类中的公共静态方法，语法格式如下：

```
${mf:方法名(参数)}
```

下面通过一个例子来讲解。项目工程目录结构如图 7-9 所示。

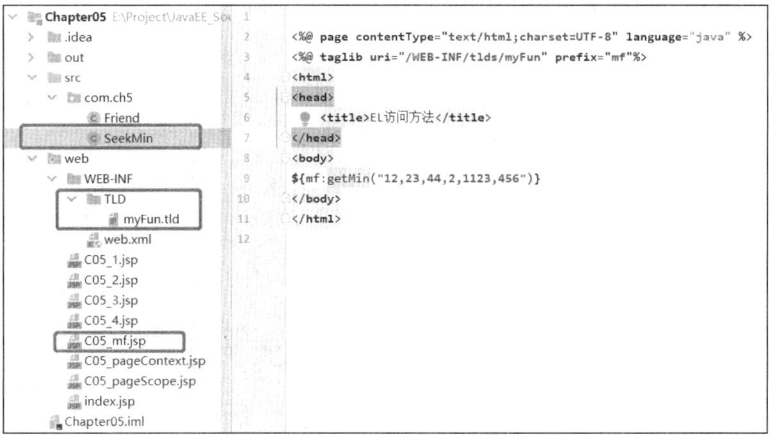

```
Chapter05 E:\Project\JavaEE_So
  .idea
  out
  src
    com.ch5
      Friend
      SeekMin
  web
    WEB-INF
      TLD
        myFun.tld
      web.xml
    C05_1.jsp
    C05_2.jsp
    C05_3.jsp
    C05_4.jsp
    C05_mf.jsp
    C05_pageContext.jsp
    C05_pageScope.jsp
    index.jsp
  Chapter05.iml
```

```
<%@ page contentType="text/html;charset=UTF-8" language="java" %>
<%@ taglib uri="/WEB-INF/tlds/myFun" prefix="mf"%>
<html>
<head>
    <title>EL访问方法</title>
</head>
<body>
${mf:getMin("12,23,44,2,1123,456")}
</body>
</html>
```

图 7-9　项目工程目录结构

第一步：新建类文件 SeekMin.java，代码如下所示。

```
package com.ch5;

public class SeekMin {
    public static String getMin(String input) {
        String[] data=input.split(",");
        if (data.length==0)
            return "请提交用逗号分隔的整数数字串。";
        int minIndex=Integer.parseInt(data[0]);//定义最小值为数组的第一个数
        for (int i=0; i < data.length; i++) {
            if(minIndex > Integer.parseInt(data[i])){
                minIndex=Integer.parseInt(data[i]);
            }
        }
        return "最小值" + String.valueOf(minIndex);
    }
}
```

第二步：在 WEB-INF 结点下新建 TLD 文件夹，在 TLD 文件夹下新建文件 myFun.tld，代码如下所示。

```
<?xml version="1.0" encoding="UTF-8"?>
<taglib version="2.0" xmlns="http://java.sun.com/xml/ns/j2ee"
        xmlns:xsi="http://www.w3.org/2001/XMLSchema-instance"
        xsi:schemaLocation="http://java.sun.com/xml/ns/j2ee
        http://java.sun.com/xml/ns/j2ee/web-jsptaglibrary_2_0.xsd">
    <tlib-version>1.0</tlib-version>
    <short-name>myFunction</short-name>
    <uri>/WEB-INF/tlds/myFun</uri>
    <function>
        <name>getMin</name>
        <function-class>com.ch5.SeekMin</function-class>
        <function-signature>java.lang.String getMin(java.lang.String)
```

```
    </function-signature>
    </function>
</taglib>
```

第三步：新建 jsp 文件 C07_mf.jsp，代码如下所示。

```
<%@ page contentType="text/html;charset=UTF-8" language="java" %>
<%@ taglib uri="/WEB-INF/tlds/myFun" prefix="mf"%>
<html>
<head>
    <title>EL 访问方法</title>
</head>
<body>
    ${mf:getMin("12,23,44,2,1123,456")}
</body>
</html>
```

运行结果如图 7-10 所示。

图 7-10　运行结果

小　　结

本章主要围绕 EL 表达式的使用进行讲解，介绍了 EL 基本语法、EL 隐含对象、访问 Java 方法，通过实际案例介绍了相关的概念。

通过实际案例要求掌握 EL 标签的使用。在实际项目开发中，为了尽量减少 JSP 页面中的 Java 代码出现，使得 JSP 页面的处理程序编写起来更加简洁，便于开发和维护，可以使用 EL 编程。

习　　题

新建一个 Ex7 工程，实现统计一段字符串中相同字符的个数。要求使用 EL 调用 Java 方法的形式完成。

第 8 章 JSTL 编 程

学习目标

- 掌握 JSTL 核心标签库。
- 掌握 JSTL SQL 标签库。
- 掌握 JSTL XML 标签库。
- 掌握 JSTL 函数标签库。

本章主要讲述 JSTL 将 JSP 脚本功能封装为标签，使不懂 Java 编程的用户也可以轻松实现 JSP 页面的设计与开发，实现功能代码与前端设计相分离。

8.1 JSTL 简 介

JSTL（JavaServer Pages Standard Tag Library，JSP 标准标识库），其技术标准由 JCP（Java Community Process）组织的 JSR052 专家组发布，Apache 组织将其列入 Jakarta 项目，Sun 公司将 JSTL 的程序包加入互联网服务开发工具包内（Web Services Developer Pack，WSDP），作为 JSP 技术应用的一个标准。

JSTL 标签是基于 JSP 页面的，这些标签可以插入 JSP 代码中，本质上 JSTL 也是提前定义好的一组标签，这些标签封装了不同的功能，在页面上调用标签时，就等于调用了封装起来的功能。JSTL 的目标是简化 JSP 页面的设计。对于页面设计人员来说，使用脚本语言操作动态数据是比较困难的，而采用标签和表达式语言则相对容易，JSTL 的使用为页面设计人员和程序开发人员的分工协作提供了便利。

JSTL 标识库的作用是减少 JSP 文件的 Java 代码，使 Java 代码与 HTML 代码分离，所以 JSTL 标识库符合 MVC 设计理念。MVC 设计理念的优势是将动作控制、数据处理、结果显示三者分离。

1. JSTL 标签库的主要组成

（1）核心标签：核心标签库是整个 JSTL 中最常用的部分。主要由以下几部分组成：基本输入输出、流程控制、迭代操作和 URL 操作。负责 Web 应用的常见工作，如循环、表达式赋值、基本输入输出等。

（2）I18N 格式标签库：用来格式化显示数据的工作，如对不同区域的日期格式化等。

（3）XML 标签库：用来访问 XML 文件的工作，支持 JSP 对 XML 文档的处理。

（4）数据库标签库：SQL 标签库包括大部分访问数据库的逻辑操作，包括查询、更新、事务处理、设置数据源等。可以做访问数据库的工作。

（5）函数标签库：用来读取已经定义的某个函数。

2. 优点

JSTL 的优点如下：

第一，简化了 JSP 和 Web 应用程序的开发。

第二，在应用程序服务器之间提供了一致的接口，最大限度地提高了 Web 应用在各应用服务器之间的移植。

第三，允许 JSP 设计工具与 Web 应用程序开发的进一步集成。相信不久就会有支持 JSTL 的 IDE 开发工具出现。

第四，以一种统一的方式减少了 JSP 中的 Scriptlets 代码数量，可以使程序中没有任何 Scriptlest 代码。

JSTL 封装了 JSP 开发中的常用功能。比如说，在没有 JSTL 时，通过 Scriptlets 来迭代输出某个 List（Set），有了 JSTL，就可以使用它的一系列的 Tag 进行迭代输出。由于 JSTL 是 JSP 2.0 规范的一部分，所以较新的 Web 容器都会支持它。

3. 在 JSP 中使用 JSTL 标签

在 JSP 文件中要使用 JSTL 标签需要具备如下条件。

第一：要使用 taglib 指令引用标签库。

例如：

```
<%@taglib prefix="c" uri="http://java.sun.com/jsp/jstl/core" %>
<%@taglib prefix="fmt" uri="http://java.sun.com/jsp/jstl/fmt" %>
<%@taglib prefix="sql" uri="http://java.sun.com/jsp/jstl/sql" %>
<%@taglib prefix="x" uri="http://java.sun.com/jsp/jstl/xml" %>
<%@taglib prefix="fn" uri="http://java.sun.com/jsp/jstl/functions" %>
```

推荐使用标签库标准前缀，JSP 也允许用户自定义前缀，例如：

```
<%@taglib prefix="smartc" uri="http://java.sun.com/jsp/jstl/core" %>
```

第二：要在 JSP 中使用 JSTL 标签，还需要下载安装 JSTL 实现。下载地址为：http://archive.apache.org/dist/jakarta/taglibs/standard/binaries/。

第三，下载 jakarta-taglibs-standard-1.1.2.zip 包并解压，将 jakarta-taglibs-standard-1.1.2/lib/下的两个 JAR 文件：standard.jar 和 jstl.jar 文件复制到/WEB-INF/lib/下。

具体应用将通过实际案例讲解。

8.2 JSTL 核心标签库

JSTL 核心标签库主要包括通用标签、条件标签、迭代标签和 URL 处理标签，下面详细介绍这些标签的使用方法。

格式 1：无标签体。

```
<c:out value="值" [escapeXml="{true|false}"] [default="默认值"]></c:out>
```

```
格式 2：有标签体
<c:out value="值" [escapeXml="{true|false}"]>
默认值
</c:out>
```

8.2.1　输出标签<c:out>

第一步：在项目 WEB-INF 目录下新建一个 lib 目录，如图 8-1 所示。将 jstl.jar 与 standard.jar 文件复制到 lib 目录下，如图 8-2 所示。

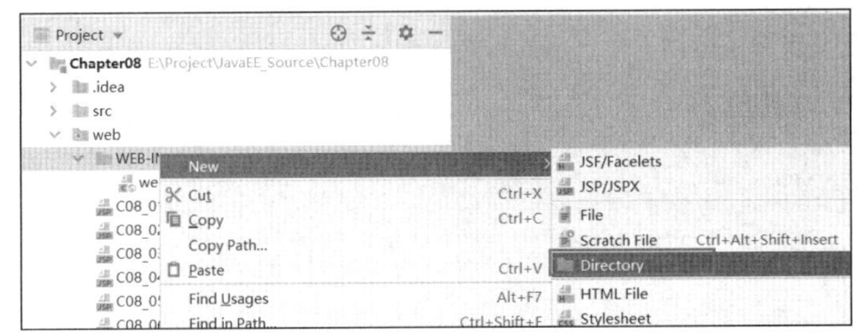

图 8-1　新建目录

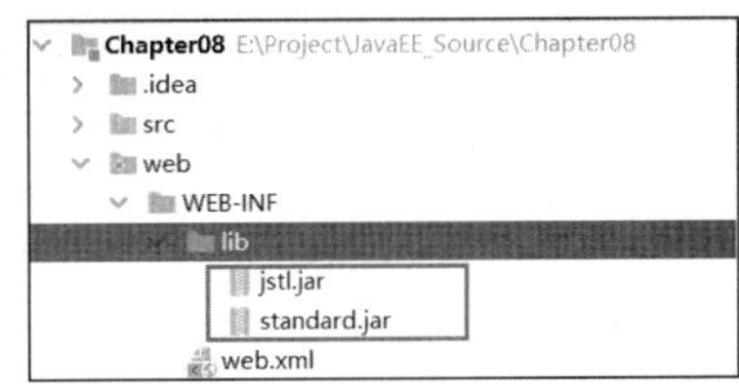

图 8-2　复制 JAR 插件到工程中

第二步：将 jstl.jar 与 standard.jar 文件添加到库文件夹，如图 8-3 所示，添加成功后项目目录结构如图 8-4 所示。

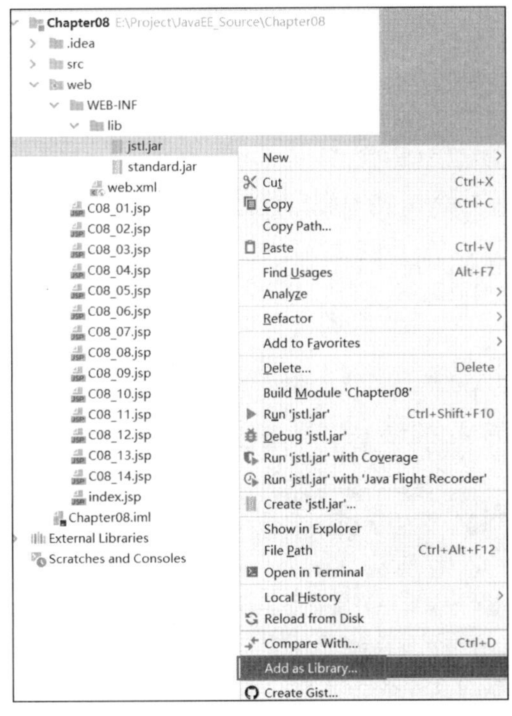

图 8-3　JAR 文件添加到库文件夹中

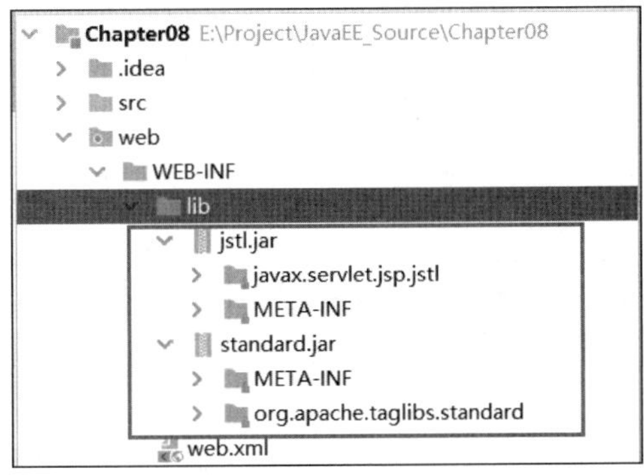

图 8-4　添加成功后项目目录结构

第三步：在 IDEA 中使用 JSTL 标签会报错，因为它不认识这个标签，需要在设置里进行添加。选择 File→Setting 命令，在弹出对话框中找到 languages&Frameworks→Schemas and DTDs，在右边的 External Schemas and DTDs 框下单击+按钮，然后在 URI 中填入 http://java.sun.com/jsp/jstl/core，在 explorer 中找到解压文件的 tld 目录下的 c.tld 文件，并选择，如图 8-5～图 8-8 所示。

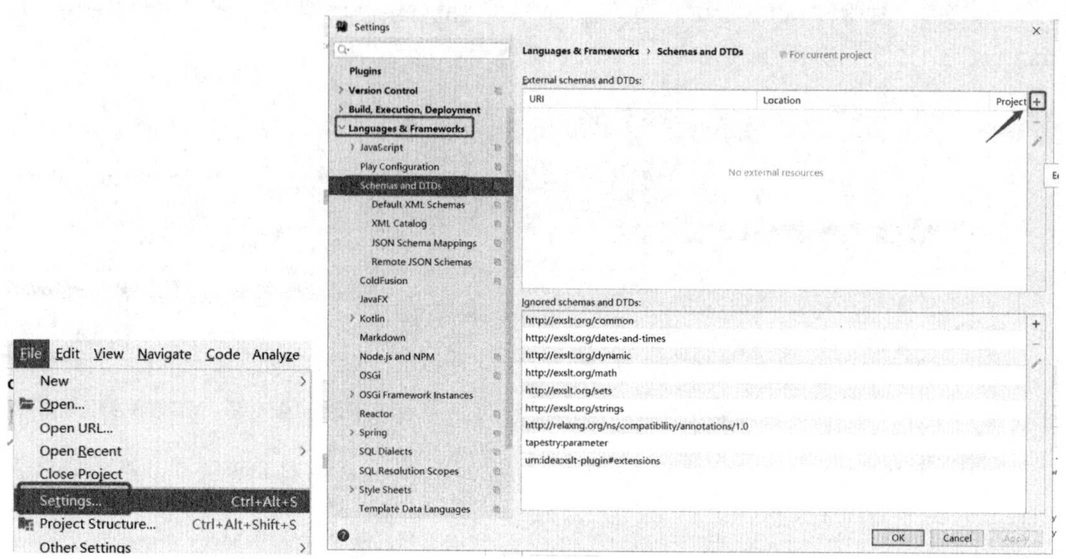

图 8-5　配置 IDEA　　　　图 8-6　配置 IDEA

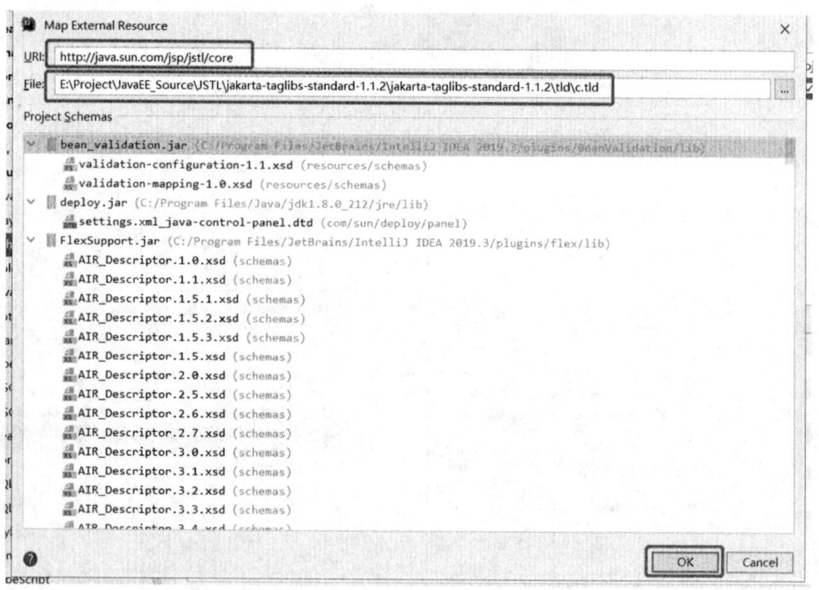

图 8-7　添加 URI 与 tld 文件路径

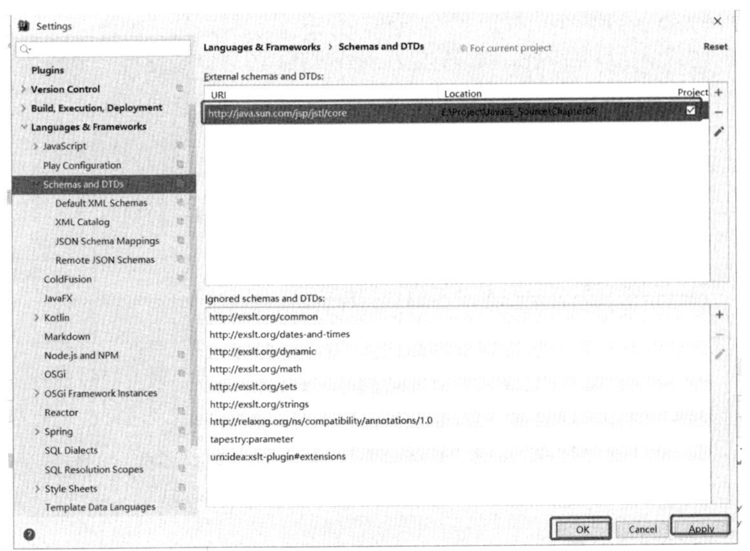

图 8-8　添加完 URI 后

第四步：新建一个 C08_01.jsp 文件，在文件中添加如下代码。

```
<%@taglib prefix="c" uri="http://java.sun.com/jsp/jstl/core" %>
```

第五步：在此 JSP 文件中使用<c:out>标签输出表达式的值，具体代码如下所示。

```
<%@ page contentType="text/html;charset=UTF-8" language="java" %>
<%@taglib prefix="c" uri="http://java.sun.com/jsp/jstl/core" %>
<html>
<head>
   <title>jstl 的 JSP 页面中使用</title>
</head>
<body>
   <c:out value="hello JSTL"></c:out>
</body>
</html>
```

第六步：部署运行此工程文件，运行结果如图 8-9 所示。

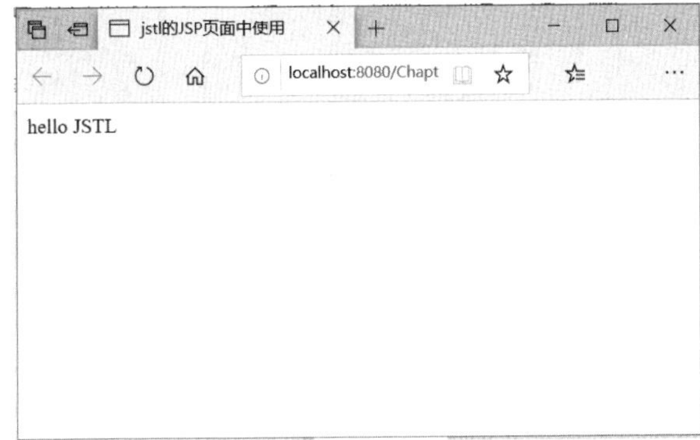

图 8-9　运行结果 1

value 属性：设置为要输出的常量或者表达式，其类型为 object。

escapeXml 属性：可以省略，默认值为 true。当值为 true 时，value 属性中包含的特殊字符（见表 8-1）会被转换为对应的实体编码。

表 8-1　特殊字符编码

特殊字符	实体编码	特殊字符	实体编码
<	<	“	"
>	>	‘	'
&	&		

注 意

（1）<c:out value="1+2"></c:out>输出结果为“1+2”，说明 value 属性值作为字符串输出。

（2）<c:out value="" default="默认值"></c:out>没有输出结果，当标签 value 属性值为空字符串时，没有输出。

（3）<c:out value="${null}" default="默认值"></c:out>标签 value 属性值为 null，所以输出 default 属性值为默认值。

代码如下：

```
<%@ page contentType="text/html;charset=UTF-8" language="java" %>
<%@taglib prefix="c" uri="http://java.sun.com/jsp/jstl/core" %>
<html>
<head>
   <title>jstl 的 JSP 页面中使用</title>
</head>
<body>
   1. <c:out value="hello JSTL"></c:out><br>
   2. <c:out value="1+2"></c:out><br>
   3. <c:out value="" default="默认值"></c:out><br>
   4. <c:out value="${null}" default="默认值"></c:out><br>
</body>
</html>
```

运行结果如图 8-10 所示。

图 8-10　运行结果 2

8.2.2　赋值标签<c:set>

<c:set>标签用于给变量或对象属性赋值，语法格式如下：

格式 1：

```
<c:set value="变量值" var="变量名" [scope="page|request|session|
application"]></c:set>
```

格式 2：

```
<c:set  var="变量名" [scope="page|request|session|application"]>
变量值
</c:set>
```

格式 3：

```
<c:set value="属性值" target="对象名" property="属性名"></c:set>
```

格式 4：

```
<c:set target="对象名" property="属性名">
属性值
</c:set>
```

其中：

（1）value 属性：表示赋值给变量或者对象属性。

（2）var 属性：表示指定变量名称。

（3）scope 属性：指定变量范围，默认值为 page。

（4）target 属性：指定对象名称。

（5）property 属性：指定对象属性名称。

例如：使用 JSTL <c:set>标签为变量赋值，其操作步骤如下所示。

第一步：新建类文件 Person.java 文件，如图 8-11 所示。

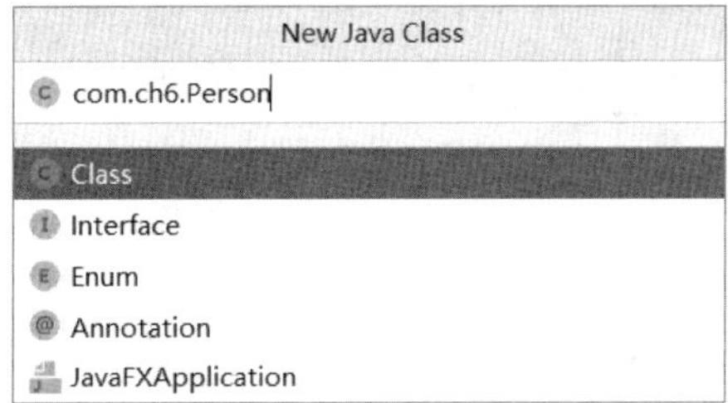

图 8-11　新建 Person 类

代码如下：

```
package com.ch6;
public class Person {
    private  String name="Lucy";
    public String getName() {
        return name;
    }
    public void setName(String name) {
        this.name=name;
    }
}
```

第二步：新建 C08_02.jsp 文件，代码如下所示。

```
<%@ page contentType="text/html;charset=UTF-8" language="java" %>
```

```
<%@taglib prefix="c" uri="http://java.sun.com/jsp/jstl/core" %>
<jsp:useBean id="p" scope="page" class="com.ch6.Person"></jsp:useBean>
<html>
<head>
    <title>JSTL 标签</title>
</head>
<body>
    使用 JSTL 标签给变量赋值<hr>
    <c:set var="name" value="Jack"></c:set>
    <c:out value="${name}"></c:out>
    以下为调取 javabean 内容<hr>
    <c:out value="${p.name}"></c:out><br>
    <c:set target="${p}" property="name" value="Lilei"></c:set>
    <c:out value="${p.name}"></c:out>
</body>
</html>
```

运行结果如图 8-12 所示。

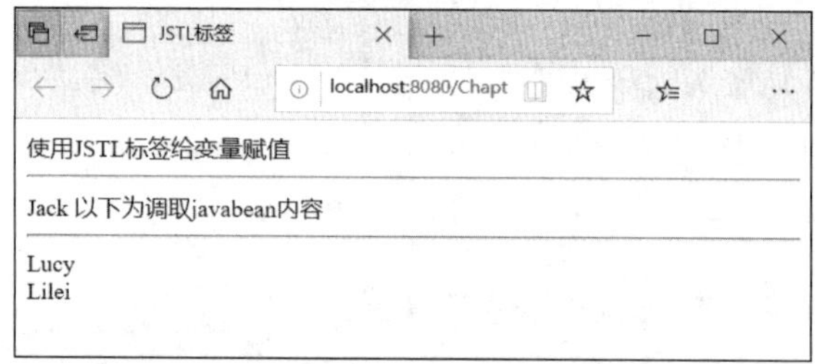

图 8-12　<c:set>运行结果

8.2.3　删除标签<c:remove>

<c:remove>标签用于删除变量或者对象，语法格式如下：

```
<c:remove var="变量名" [scope="{page|request|session|application}"]>
</c:remove>
```

其中：

（1）var 属性：变量名称。

（2）scope 属性：指定变量范围，默认值为 page。

下面代码表示删除 request 访问内的变量 keyword：

```
<c:remove var="keyword" scope="request"></c:remove>
```

8.2.4　异常处理标签<c:catch>

<c:catch>异常处理标签用于捕获代码中发生的异常，语法格式如下：

```
<c:catch [var="变量名"]>
    嵌套代码
</c:catch>
```

其中，var 为指定保存异常对象的变量名。如果省略 var 属性，则只捕获异常，不保存。例如：使用<c:catch>标签捕获异常，代码如下所示。

```
<%@ page contentType="text/html;charset=UTF-8" language="java" %>
<%@taglib prefix="c" uri="http://java.sun.com/jsp/jstl/core" %>
<html>
<head>
    <title>JSTL 标签-捕获异常</title>
</head>
<body>
    <c:catch var="ex">
        <%=10/0%>
    </c:catch>
    <c:out value="异常: ${ex.message}"></c:out>
</body>
</html>
```

运行结果如图 8-13 所示。

图 8-13　<c:catch>运行结果

8.2.5　条件标签<c:if>

<c:if>用于实现条件判断，语法格式如下：

格式 1：

```
<c:if test="测试条件" var="变量名" [scope="{page|request|session|application}"]>
</c:if>
```

格式 2：

```
<c:if test="测试条件" [var="变量名"] [scope="{page|request|session|
application}"]>
嵌套代码
</c:if>
```

其中：

（1）test 为指定测试条件。

（2）var 为保存测试条件计算结果。

（3）scope 属性：指定变量范围，默认值为 page。

例如：使用<c:if>标签判断，代码如下所示。

```
<%@ page contentType="text/html;charset=UTF-8" language="java" %>
<%@taglib prefix="c" uri="http://java.sun.com/jsp/jstl/core" %>
<html>
<head>
```

```
    <title>JSTL-if 判断</title>
</head>
<body>
    使用 JSTL 标签进行条件判断<hr>
    <c:if test="${param.keyword mod 2 == 0}" var="result">
        <c:out value="${param.keyword}是偶数"></c:out>
    </c:if>
    <c:if test="${result==false}">
        <c:out value="${param.keyword}是奇数"></c:out>
    </c:if>
</body>
</html>
```

运行结果如图 8-14 所示。

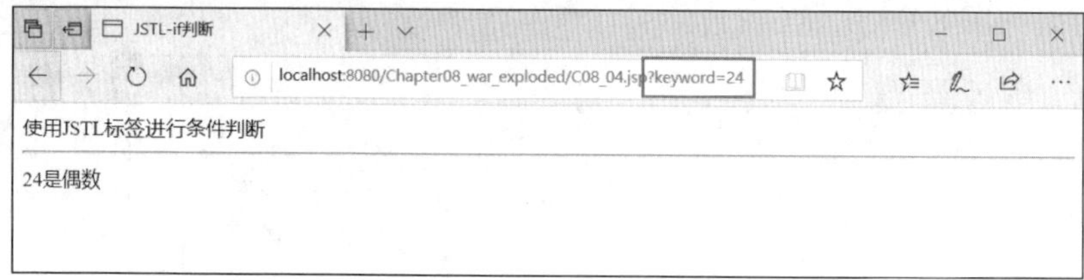

图 8-14　<c:if>运行结果

8.2.6　选择标签<c:choose><c:when><c:otherwise>

<c:choose><c:when><c:otherwise>用于实现条分支条件判断，语法格式如下：

```
<c:choose>
    <c:when test="条件 1">
        嵌套代码
    </c:when>
    <c:when  test="条件 1">
        嵌套代码
    </c:when>
    ...
    <c:otherwise>
        嵌套代码
    </c:otherwise>
</c:choose>
```

例如：使用<c:choose><c:when><c:otherwise>标签判断，代码如下所示。

```
<%@ page contentType="text/html;charset=UTF-8" language="java" %>
<%@ page contentType="text/html;charset=UTF-8" language="java" %>
<%@taglib prefix="c" uri="http://java.sun.com/jsp/jstl/core" %>
<html>
<head>
    <title>JSTL 选择标签</title>
</head>
<body>
    使用 JSTL 多条件测试标签实例
    <hr>
    <c:set var="a" value="${param.a}"></c:set>
```

```
    <c:set var="b" value="${param.b}"></c:set>
    <c:set var="c" value="${param.c}"></c:set>
    <c:out value="三条边的长分别是: ${a}、${b}、${c}"></c:out><br>
    <c:choose>
        <c:when test="${a>0 and b>0 and c>0 and (a+b>c) and (a+c>b) and
        (c+b>a)}">
        <c:choose>
            <c:when test="${a==b  and  b==c}">
                <c:out value="可以构成等边三角形"></c:out>
            </c:when>
            <c:when test="${a==b  or   a==c  or  b==c}">
                <c:when test="${a*a+b*b==c*c}">
                    <c:out value="可以构成等腰直角三角形"></c:out>
                </c:when>
                <c:otherwise>
                    <c:out value="可以构成等腰三角形"></c:out>
                </c:otherwise>
            </c:when>
            <c:when test="${a*a+b*b==c*c}">
                <c:out value="可以构成直角三角形"></c:out>
            </c:when>
            <c:otherwise>
                <c:out value="普通三角形"></c:out>
            </c:otherwise>
        </c:choose>
        </c:when>
        <c:otherwise>
            <c:out value="不构成三角形"></c:out>
        </c:otherwise>
    </c:choose>
</body>
</html>
```

运行结果如图 8-15 所示。

图 8-15　选择标签的运行结果

8.2.7　迭代标签<c:foreach>

<c:foreach>迭代标签用于实现集合和数组迭代，语法格式如下：

```
<c:forEach var="变量名"  items="要迭代的 list"  varStatus="每个对象的状态"
begin="循环开始"   end="循环结束"   step="循环的步长">
   循环体
```

```
</c:forEach>
```

其中：

（1）var：迭代参数的名称。在迭代体中可以使用的变量的名称，用来表示每一个迭代变量。类型为 String。

（2）items：要进行迭代的集合。对于它所支持的类型将在下面进行讲解。

（3）varStatus：迭代变量的名称，用来表示迭代的状态，可以访问到迭代自身的信息。

（4）begin：如果指定了 items，那么就从 items[begin]开始进行迭代；如果没有指定 items，那么就从 begin 开始迭代。它的类型为整数。

（5）end：如果指定了 items，那么就在 items[end]结束迭代；如果没有指定 items，那么就在 end 结束迭代。它的类型也为整数。

（6）step：迭代的步长。

例如：使用<c:foreach>标签实现数组迭代，代码如下所示。

```
<%@ page contentType="text/html;charset=UTF-8" language="java" %>
<%@taglib prefix="c" uri="http://java.sun.com/jsp/jstl/core" %>
<html>
<head>
   <title>JSTL 标签</title>
</head>
<body>
   <%
   int a[]=new int[10];
   for (int i=0;i<10;i++)
      a[i]=(int)Math.floor(90*Math.random())+10;
   session.setAttribute("data",a);
   %>
   数组中的数有:
   <hr>
   <c:forEach var="item" items="${data}" varStatus="status">
      <c:out value="${item}"></c:out>
   </c:forEach>
   <br>
   第 5~8 个数是:
   <hr>
   <ul>
   <c:forEach var="item" items="${data}" varStatus="status" begin="5"
   end="8">
     <li><c:out value="${item}"></c:out></li>
   </c:forEach>
   </ul>
</body>
</html>
```

运行结果如图 8-16 所示。

数组中的数有：

17 51 67 23 32 26 52 74 88 51
第5至第8个数是：

- 26
- 52
- 74
- 88

图 8-16　<c:foreach>运行结果

8.2.8　迭代标签<c:forTokens>

<c:forTokens>用于迭代字符串由分隔符分隔的子字符串，语法格式如下：

```
<c:forTokens items="字符串" delims="分隔符" begin="迭代索引初始值"
end="结束值" step="步长" var="变量名" varStatus="状态变量名">
</c:forTokens>
```

其中：

（1）items：要被循环的信息。

（2）begin：开始的元素（0=第一个元素，1=第二个元素）。

（3）end：最后一个元素（0=第一个元素，1=第二个元素）。

（4）step：每一次迭代的步长。

（5）var：代表当前条目的变量名称。

（6）varStatus：代表循环状态的变量名称。

例如：使用<c:forTokens>标签将输入字符串遍历输出，代码如下所示。

```
<%@ page contentType="text/html;charset=UTF-8" language="java" %>
<%@taglib prefix="c" uri="http://java.sun.com/jsp/jstl/core" %>
<html>
<head>
    <title>Title</title>
</head>
<body>
    <c:forTokens items="${param.input}" delims="," var="str">
        <c:out value="${str}"></c:out>
    </c:forTokens>
</body>
</html>
```

运行结果如图 8-17 所示。

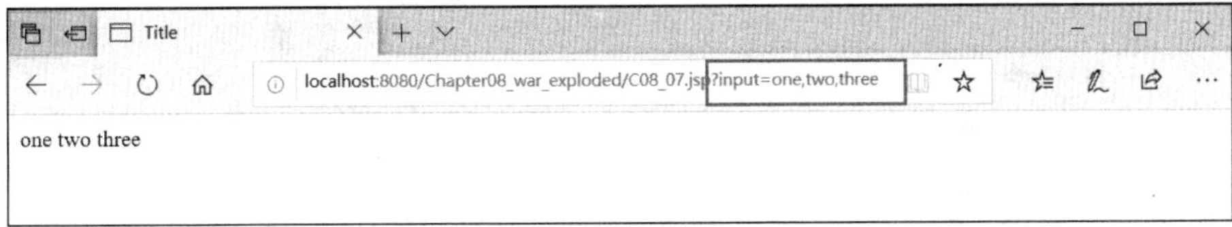

图 8-17　<c:forTokens>运行结果

8.2.9 导入 URL 标签<c:import>

<c:import>用于导入指定 URL 的资源，语法格式如下：

格式 1：

```
<c:import  url="URL 地址"  var="变量名"
scope="{page|request|session|application}" context="上下文路径"
charEncoding="字符编码">
   嵌套的<c:param>标签
</c:import>
```

格式 2：

```
<c:import  url="URL 地址"  context="上下文路径"  varReader="Reader 变量名"
charEncoding="字符编码">
   嵌套代码
</c:import>
```

其中：

（1）url：待导入资源的 URL，可以是相对路径和绝对路径，并且可以导入其他主机资源。

（2）context：当使用相对路径访问外部 context 资源时，context 指定了这个资源的名字。

（3）charEncoding：所引入的数据的字符编码集。

（4）var：用于存储所引入的文本的变量。

（5）scope：var 属性的作用域。

（6）varReader：可选的用于提供 java.io.Reader 对象的变量。

例如：用<c:import>标签打印 URL 的资源，代码如下所示。

```
<%@ page contentType="text/html;charset=UTF-8" language="java" %>
<%@taglib prefix="c" uri="http://java.sun.com/jsp/jstl/core" %>
<html>
<head>
   <title>JSTL 标签</title>
</head>
<body>
   <c:import var="data" url="http://www.baidu.com"/>
   <c:out value="${data}"/>
</body>
</html>
```

以上程序将会打印 http://www.baidu.com 页面的源代码，运行结果如图 8-18 所示。

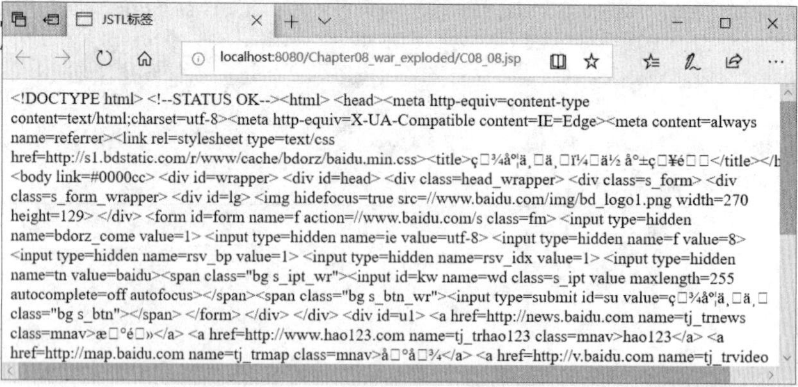

图 8-18 <c:import>运行结果

8.2.10　URL 编码标签<c:url>

<c:url>用于对 URL 进行编码，语法格式如下：

格式 1：

```
<c:url value="编码 URL" context="上下文路径" var="变量名"
scope="{page|request|session|application}">
</c:url>
```

格式 2：

```
<c:url value="编码 URL" context="上下文路径" var="变量名"
scope="{page|request|session|application}">
    <c:param>子标签
</c:url>
```

其中：

（1）value：基础 URL。

（2）context：本地网络应用程序的名称。

（3）var：代表 URL 的变量名。

（4）scope：var 属性的作用域。

例如：使用<c:url>进行编码，代码如下所示。

```
<%@ page contentType="text/html;charset=UTF-8" language="java" %>
<%@taglib prefix="c" uri="http://java.sun.com/jsp/jstl/core" %>
<html>
<head>
   <title>JSTL 标签</title>
</head>
<body>
   编码得到的 URL 为:
   <c:url value="C08_07.jsp">
      <c:param name="input" value="aa,bb,cc"></c:param>
   </c:url>
</body>
</html>
```

运行结果如图 8-19 所示。

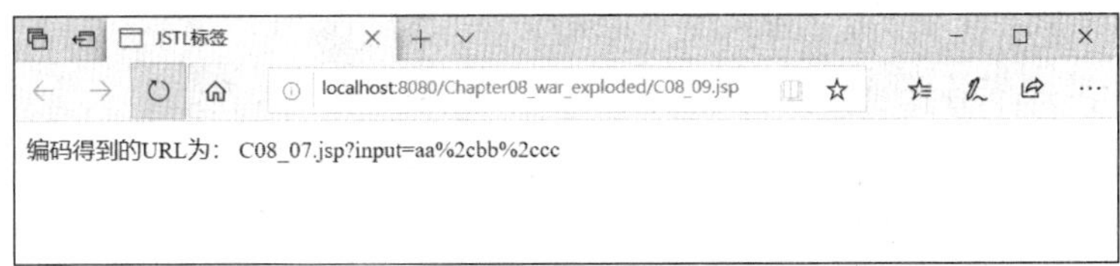

图 8-19　<c:url>运行结果

8.2.11　重定向标签<c:redirect>

<c:redirect>用于对 URL 进行重定向，语法格式如下：

格式 1：

```
<c:redirect url="URL" context="上下文路径"></c:redirect>
```

格式 2：

```
<c:redirect url="URL" context="上下文路径">
    <c:param>子标签
</c:redirect>
```

其中：

（1）url：重定向 URL。

（2）context：本地网络应用程序的名称。

例如：使用<c:redirect>进行重定向，代码如下所示。

```
<%@ page contentType="text/html;charset=UTF-8" language="java" %>
<%@taglib prefix="c" uri="http://java.sun.com/jsp/jstl/core" %>
<html>
<head>
   <title>JSTL 标签</title>
</head>
<body>
    JSTL 重定向
    <br>
    <c:redirect url="C08_07.jsp">
       <c:param name="input" value="aa,bb,cc"></c:param>
    </c:redirect>
</body>
</html>
```

运行结果如图 8-20 所示。

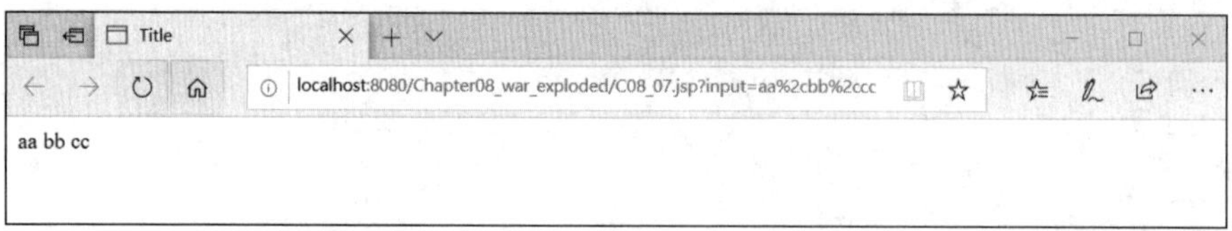

图 8-20　<c:redirect>运行结果

8.3　SQL 标签库

SQL 标签库提供在 JSP 页面中完成关系数据库访问的标签，用于实现数据库的查询、添加、修改、删除和事务管理等功能。要使用 SQL 标签库，需要在 JSP 页中加入以下代码：

```
<%@taglib prefix="sql" uri="http://java.sun.com/jsp/jstl/sql" %>
```

本节中的实例将使用 chapter08db 数据库下数据表结构进行操作。表结构如图 8-21 所示。

名	类型	长度	小数点	不是 null	键
Id	int	11	0	☑	1
Username	varchar	255	0	☐	
Password	varchar	255	0	☐	
CreatedTime	datetime	0	0	☐	

图 8-21　数据表结构

表中数据如图 8-22 所示。

项目中需要进行 MySQL 数据的访问，需要将连接 MySQL 数据库的驱动复制到项目 WEB-INF/lib 文件夹中，同时添加到库文件夹中，最终工程目录结构如图 8-23 所示。

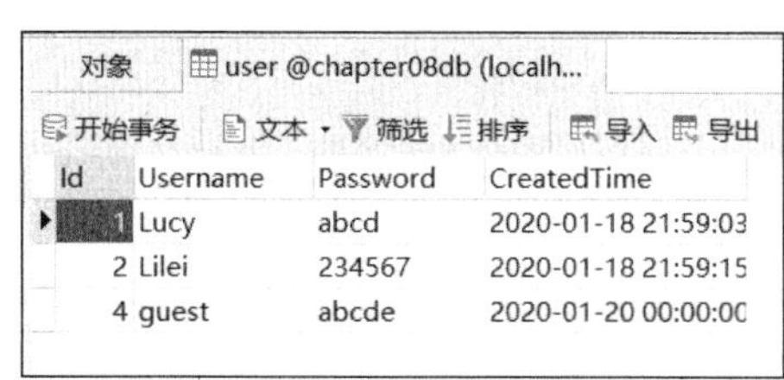

Id	Username	Password	CreatedTime
1	Lucy	abcd	2020-01-18 21:59:03
2	Lilei	234567	2020-01-18 21:59:15
4	guest	abcde	2020-01-20 00:00:00

图 8-22　user 表中数据

图 8-23　工程目录结构

8.3.1　数据源标签<sql:setDataSource>

<sql:setDataSource>标签用于要访问数据源，语法格式如下：

```
<sql:setDataSource var="变量名" driver="驱动程序类" url="数据源 URL"
user="连接数据库用户名"  password="连接数据库密码"/>
```

其中：

（1）driver：要注册的 JDBC 驱动。

（2）url：数据库连接的 JDBC URL。

（3）user：数据库用户名。

（4）password：数据库密码。

（5）dataSource：事先准备好的数据库。

（6）var：代表数据库的变量。

（7）scope：var 属性的作用域。

例如：连接数据库 Chapter06 的代码如下所示。

```
<sql:setDataSource var="snapshot" driver="com.mysql.cj.jdbc.Driver"
url="jdbc:mysql://localhost:3306/Chapter06?useUnicode=true&character
Encoding=utf-8"  user="root"  password="123456"/>
```

第一步：找到项目，步骤如图 8-24～图 8-27 所示。

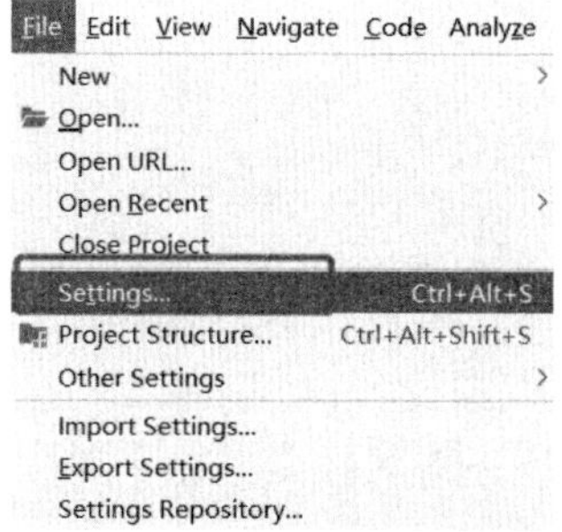

图 8-24　选择 File→Settings 命令

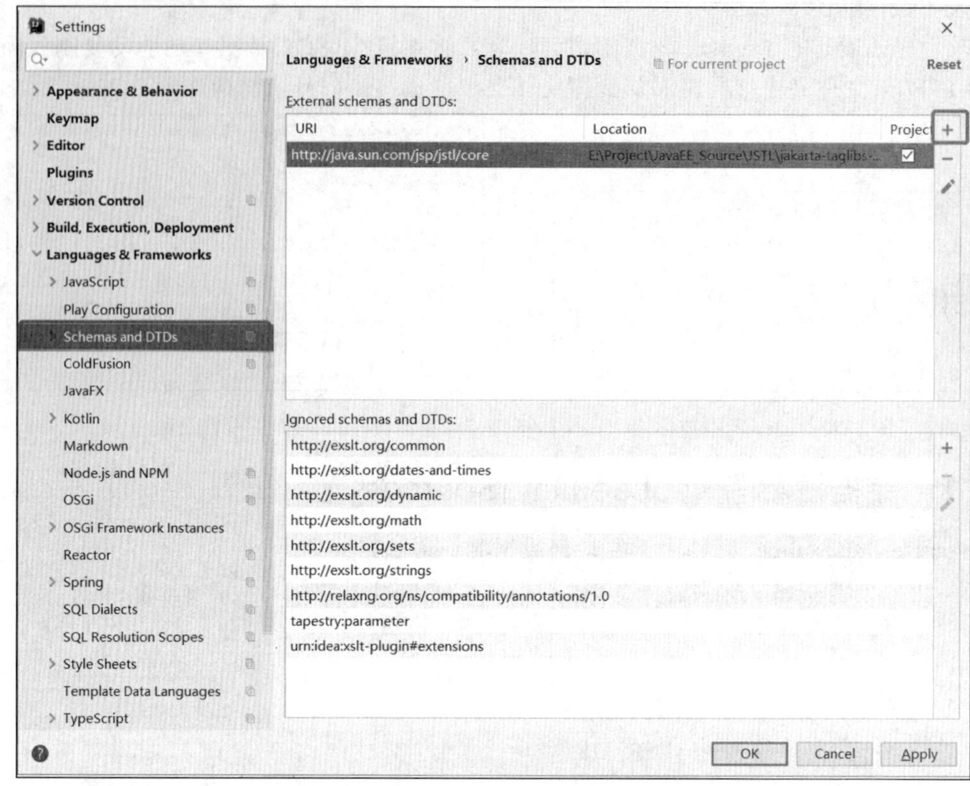

图 8-25　添加 DTDs

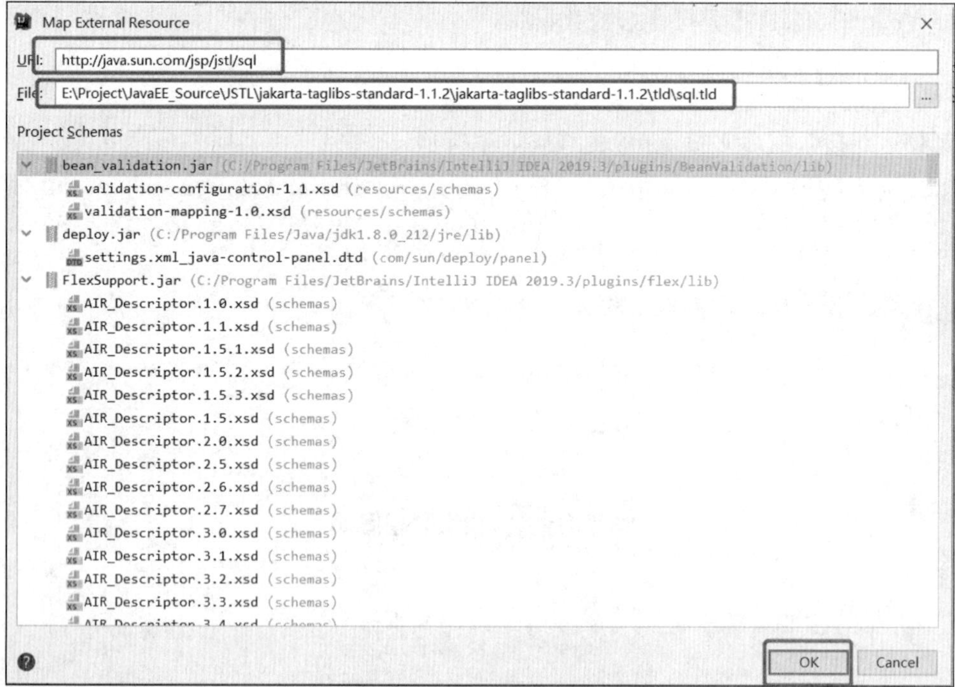

图 8-26　工程目录结构 1

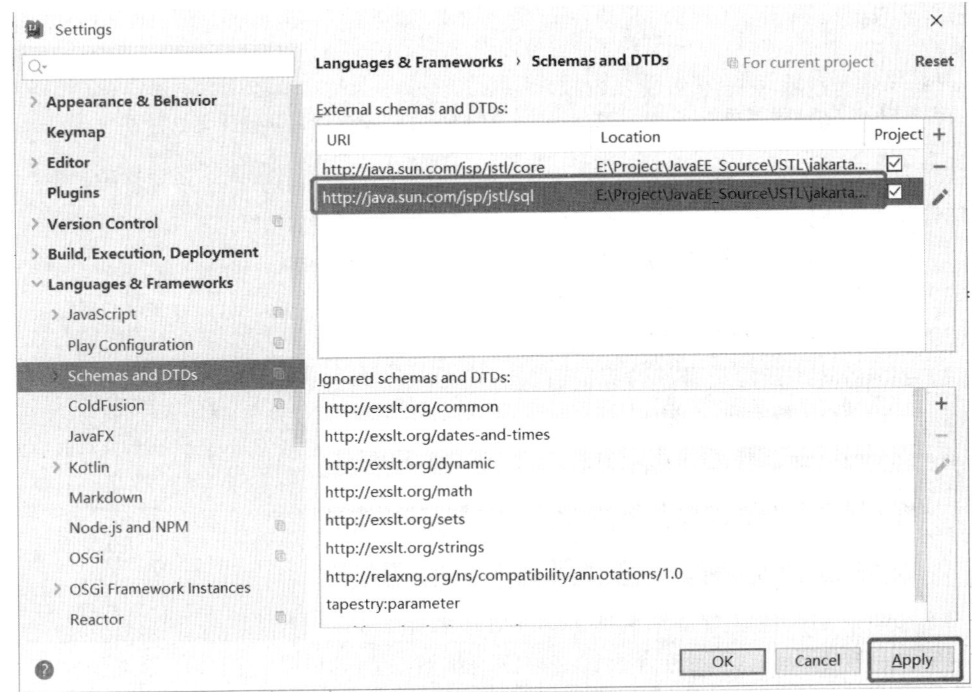

图 8-27　工程目录结构 2

第二步：新建 C08_11.jsp 文件。代码如下：

```
<%@ page contentType="text/html;charset=UTF-8" language="java" %>
<%@taglib prefix="sql" uri="http://java.sun.com/jsp/jstl/sql" %>
<html>
<head>
    <title>JSTL 连接数据库</title>
</head>
<body>
<sql:setDataSource var="snapshot" driver="com.mysql.cj.jdbc.Driver"
url="jdbc:mysql://localhost:3306/Chapter06?useUnicode=true&character
Encoding=utf-8" user="root"  password="123456"/>
</body>
</html>
```

8.3.2　执行查询标签<sql:query>

<sql:query>标签用于执行查询，语法格式如下：

格式 1：

```
<sql:query sql="SQL 查询命令" var="变量名" [scope="{page|request|session|
application}"] [datasource="数据源"] [maxRows="最大行数"] [startRow="开始行号"]>
</sql:query>
```

格式 2：

```
<sql:query sql="SQL 查询命令" var="变量名" [scope="{page|request|session|
application}"] [datasource="数据源"] [maxRows="最大行数"] [startRow="开始行号"]>
    <sql:param>标签
```

```
</sql:query>
格式 3:
<sql:query var="变量名" [scope="{page|request|session|application}"]
[datasource="数据源"] [maxRows="最大行数"] [startRow="开始行号"]>
    SQL 查询命令
    <sql:param>标签
</sql:query>
```

（1）sql：需要执行的 SQL 命令（返回一个 ResultSet 对象）。
（2）dataSource：所使用的数据库连接（覆盖默认值）。
（3）maxRows：存储在变量中的最大结果数。
（4）startRow：开始记录的结果的行数。
（5）var：代表数据库的变量。
（6）scope：var 属性的作用域。

在 EL 表达式中，可以使用下面的属性访问查询结果：
（1）columnNames：返回查询结果集中的列名称。
（2）rowCount：返回查询结果集中的总行数。
（3）rows：返回包含查询结构的 SortedMap 数组。
（4）rowsByIndex：返回包含查询结果的二维数组，第一维对应行，第二维对应列。
（5）limitedByMaxRows：返回查询是否受最大行数限制设置的限制。

在 C08_11.jsp 文件中添加如下加粗代码，具体代码如下所示。

```
<%@ page contentType="text/html;charset=UTF-8" language="java" %>
<%@taglib prefix="c" uri="http://java.sun.com/jsp/jstl/core" %>
<%@taglib prefix="sql" uri="http://java.sun.com/jsp/jstl/sql" %>
<html>
<head>
    <title>JSTL 连接数据库</title>
</head>
<body>
    <sql:setDataSource var="ds" driver="com.mysql.jdbc.Driver"
    url="jdbc:mysql://localhost:3306/Chapter06db?useUnicode=true&character
    Encoding=utf-8" user="root"  password="123456"/>
    <sql:query var="rs" sql="select * from user " dataSource="${ds}">
    </sql:query>
    user 表中数据列表:
    <hr>
    <table width="100%" border="1" cellpadding="0" cellspacing="0">
        <tbody>
        <tr>
            <td>用户名</td>
            <td>密码</td>
            <td>创建时间</td>
            <td colspan="2">操作</td>
        </tr>
        <c:forEach var="row" items="${rs.rows}">
        <tr>
            <td>${row.username}</td>
```

```
            <td>${row.password}</td>
            <td>${row.createdtime}</td>
            <td>编辑 | 删除 </td>
         </tr>
         </c:forEach>
         </tbody>
      </table>
   </body>
   </html>
```

运行结果如图 8-28 所示。

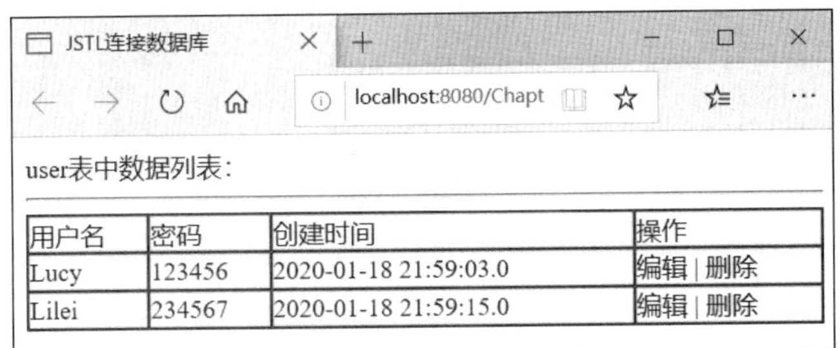

图 8-28　运行结果

8.3.3　执行查询参数标签<sql:param>

<sql:param>标签用于指定查询参数的值，语法格式如下：

格式 1：

```
<sql:param value="查询参数值">
```

格式 2：

```
<sql:param>
    查询参数值
</sql:param>
```

例如：查询用户名为“Lucy”的用户信息，代码如下所示。

```
<sql:query var="rs" dataSource="${ds}">
   select *from user where username=?
   <sql:param value="Lucy"></sql:param>
</sql:query>
```

如果有多个查询参数，则使用多个<sql:param>标签依次设置便可。

8.3.4　设置日期与时间值标签<sql:dateParam>

<sql:dateParam>标签用于设定日期与时间查询参数的值，语法格式如下：

```
<sql:dateParam value="查询参数值" type="{timestamp|time|date}">
</sql:dateParam>
```

其中，date 表示只有日期；time 表示只有时间；timestamp 表示日期和时间。

例如：查询创建日期在 2019 年 12 月 30 日之后创建的用户信息，代码如下所示。

```
<%@taglib prefix="fmt" uri="http://java.sun.com/jsp/jstl/fmt" %>
<fmt:parseDate value="2019 年 12 月 30 日" type="date" dateStyle="long"
```

```
var="thdDate"></fmt:parseDate>
<sql:query var="rs" dataSource="${ds}">
   select *from user where createdtime>?
   <sql:dateParam value="${thdDate}"></sql:dateParam>
</sql:query>
```

补充说明：<fmt:parseDate>标签用于按本地格式或者自定义格式从字符串中解析日期和时间，在使用时需要导入如下一行代码。

```
<%@taglib prefix="fmt" uri="http://java.sun.com/jsp/jstl/fmt" %>
```

8.3.5　执行 SQL 更新标签<sql:update>

<sql:update>标签用于执行 insert、update、delete 等 SQL 命令，语法格式如下：

格式 1：

```
<sql:update sql="SQL 命令" [dataSource="数据源"] [var="变量名"]
[scope="{page|request|session|application}"]>
</sql:update>
```

格式 2：

```
<sql:update sql="SQL 命令" [dataSource="数据源"] [var="变量名"]
[scope="{page|request|session|application}"]>
    <sql:param>标签
</sql:update>
```

格式 3：

```
<sql:update [dataSource="数据源"] [var="变量名"]
[scope="{page|request|session|application}"]>
    SQL 命令
    <sql:param>标签
</sql:update>
```

其中：

（1）sql：需要执行的 SQL 命令，如 insert、update、delete 等。

（2）dataSource：所使用的数据库连接（覆盖默认值）。

（3）var：用来存储所影响行数的变量。

（4）scope：var 属性的作用域。

例如：将用户 Lucy 的密码改为 abcd，代码如下所示。

```
<sql:update dataSource="${ds}">
   update user set password='abcd' where username='Lucy'
</sql:update>
```

例如：将一条记录添加到 user 表中，代码如下所示。

```
<sql:update dataSource="${ds}">
   insert into user(username,password,createdtime) values(?,?,?)
   <sql:param value="Jim"></sql:param>
   <sql:param value="123456"></sql:param>
   <sql:param value="2020-1-19"></sql:param>
</sql:update>
```

例如：删除用户名为 Jim 的信息，代码如下所示。

```
<sql:update dataSource="${ds}">
```

```
    delete from user where username='Jim'
</sql:update>
```

8.3.6　将子标签作为事务执行的标签<sql:transaction>

<sql:transaction>标签用于标签体内的<sql:query>和<sql:update>子标签作为事务执行，语法格式如下：

```
<sql:transaction [dataSource="数据源"] [isolation="隔离级别"]>
    <sql:query></sql:query>
    <sql:update></sql:update>
</sql:transaction>
```

其中：

（1）dataSource：使用的数据源对象，使用 java.util.DateSource 类型，可以引用 EL 表达式。

（2）isolation：事务的隔离属性，用来设置事务的安全级别。其属性值包括 read_committed、read_uncommitted、repeatable_read 和 serializable，可以引用 EL 表达式。

例如：下面代码在事务中完成记录的添加和修改，当后继操作中出现错误时，前面已经完成的操作被回滚（rollback），即将数据库恢复到事务执行前的状态。

```
<sql:transaction dataSource="${ds}">
    <sql:update>
        insert into user(username,password,createdtime) values(?,?,?)
        <sql:param value="guest"></sql:param>
        <sql:param value="abcde"></sql:param>
        <sql:param value="2020-1-20"></sql:param>
    </sql:update>
    <sql:update>
        update user set password=?,username=? where username='tom'
        <sql:param value="123456"></sql:param>
        <sql:param value="Tom"></sql:param>
    </sql:update>
</sql:transaction>
```

8.4　JSTL 函数标签库

JSTL 包含一系列标准函数。这些函数的使用需要引入代码如下：

```
<%@ taglib prefix="fn" uri="http://java.sun.com/jsp/jstl/functions" %>
```

包含函数如表 8-2 所示。

表 8-2　包含的函数

函　　数	描　　述
fn:contains()	测试输入的字符串是否包含指定的子串
fn:containsIgnoreCase()	测试输入的字符串是否包含指定的子串，大小写不敏感
fn:endsWith()	测试输入的字符串是否以指定的后缀结尾
fn:escapeXml()	跳过可以作为 XML 标记的字符

续表

函　　数	描　　述
fn:indexOf()	返回指定字符串在输入字符串中出现的位置
fn:join()	将数组中的元素合成一个字符串然后输出
fn:length()	返回字符串长度
fn:replace()	将输入字符串中指定的位置替换为指定的字符串然后返回
fn:split()	将字符串用指定的分隔符分隔然后组成一个子字符串数组并返回
fn:startsWith()	测试输入字符串是否以指定的前缀开始
fn:substring()	返回字符串的子集
fn:substringAfter()	返回字符串在指定子串之后的子集
fn:substringBefore()	返回字符串在指定子串之前的子集
fn:toLowerCase()	将字符串中的字符转为小写
fn:toUpperCase()	将字符串中的字符转为大写
fn:trim()	移除首位的空白符

示例代码如下：

```
<%@ page language="java" contentType="text/html; charset=utf-8"
pageEncoding="utf-8" %>
<%@ taglib prefix="c" uri="http://java.sun.com/jsp/jstl/core" %>
<%@ taglib prefix="fn" uri="http://java.sun.com/jsp/jstl/functions" %>
<!DOCTYPE html PUBLIC "-//W3C//DTD HTML 4.01 Transitional//EN"
"http://www.w3.org/TR/html4/loose.dtd">
<html>
<head>
   <meta http-equiv="Content-Type" content="text/html;
   charset=ISO-8859-1">
   <title>JSTL 函数标签库</title>
</head>
<body>
   <c:set var="text" value="I am a boy"/>
   <c:out value="${text}"/><br>
   <c:if test="${fn:contains(text,'girl')}">
      <p><c:out value="has 'girl' in it."/></p>
   </c:if>
   <c:if test="${fn:contains(text,'boy')}">
      <p><c:out value="has 'boy' in it."/></p>
   </c:if>
</body>
</html>
```

运行结果如图 8-29 所示。

图 8-29　运行结果

小　　结

本章主要围绕 JSTL 表达式的使用进行讲解，介绍了 JSTL 核心标签库、JSTL SQL 标签库、JSTL 函数标签库，通过实际案例介绍了相关的概念。

通过实际案例要求掌握 JSTL 相关标签的使用。JSTL 的作用是简化代码，使代码更易于维护。JSTL 的使用，需要两个 JAR 包：standard.jar 和 jstl.jar。

习　　题

1. 新建一个 Ex8 工程，使用 JSTL+JavaBean 实现用户登录功能，输入用户与密码，并验证用户信息是否正确。

2. 登录成功后进入管理主界面，可对用户进行数据添加和查询。

3. 可单击某条数据的“编辑”按钮进入编辑界面，在线编辑内容。

4. 可单击某条数据的“删除”按钮，系统提示“是否确定删除该数据”，当单击“是”按钮，则删除数据库中的记录。

第 9 章 综合实例——资讯信息管理系统开发

学习目标

- JSP 开发。
- JavaBean 开发。
- Servlet 开发。
- JSTL 标签使用。
- LayUI 框架的使用。

本章将采用 JSP+Servlet+JSTL+LayUI+MySQL 开发一个资讯信息管理系统。

9.1 功能要求

根据资讯信息管理系统的基本要求，本系统需要完成如下主要任务：

（1）系统分前台和后台，后台管理员登录成功后，可以发布文章，可以对文章、文章分类、管理员等进行管理。

（2）系统要求自适用不同终端。

（3）管理员可以对文章进行管理，包括组合查询、分页查询、批量删除、修改等操作。

（4）发在文章内容要求使用富文本编辑器，可以在线编辑文章内容，可以上图片，每一篇文章有一张缩略图。

（5）前台用户可以浏览所有文章。

（6）管理员密码要进行加密处理。

9.2 数据库设计

应用系统的开发离不开数据库，很多应用程序都包括对数据库数据的检索、更新、插入、删除等操作。因此，一个简单易用并且功能强大的数据库系统就成为应用软件开发不可或缺的一部分。

9.2.1　数据库的需求分析

资讯信息管理系统的数据库表设计如下：

（1）文章信息表（article）：存放管理员发布的文章，如标题、内容、发布时间、所属分类、缩略图等。

（2）文章分类信息表（category）：存放文章分类信息，如分类编号、分类名称、排序等。

（3）管理员信息表（user）：存放管理员信息，如用户账号、密码、E-mail。

9.2.2　数据库的逻辑设计

本系统采用 MySQL 作为后台数据库进行开发，数据库名称为 qilindb。

各关系表的字段描述信息如表 9-1～表 9-3 所示。

表 9-1　博文发布信息表 article

字 段 名	类　型	长　度	是否允许为空	是 否 主 键	描　述
Id	int	4	否	是	自动增长编号
Title	varchar	255	否	否	博文标题
Context	text		是	否	博文内容
CreatedTime	datetime	8	是	否	发布时间
ClassId	int	4	否	否	所属分类编号
Picture	Varchar	255	是	否	缩略图

表 9-2　博文分类信息表 category

字 段 名	类　型	长　度	是否允许为空	是 否 主 键	描　述
Id	int	4	否	是	自动增长编号（博文分类编号）
Name	varchar	50	否	否	分类名称
Sort	int	4	否	否	排序

表 9-3　用户信息表 user

字 段 名	类　型	长　度	是否允许为空	是 否 主 键	描　述
UserName	varchar	16	否	是	用户名
Password	varchar	16	否	否	密码
Email	varchar	50	是	否	邮箱
Power	varchar	50	否	否	身份：admin—表示管理员；user—表示一般注册用户

数据库和各关系表的具体实现如图 9-1～图 9-4 所示。

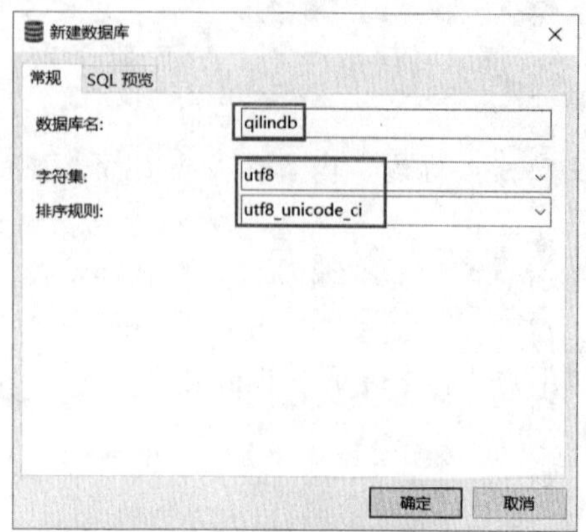

图 9-1 创建数据库 qilindb

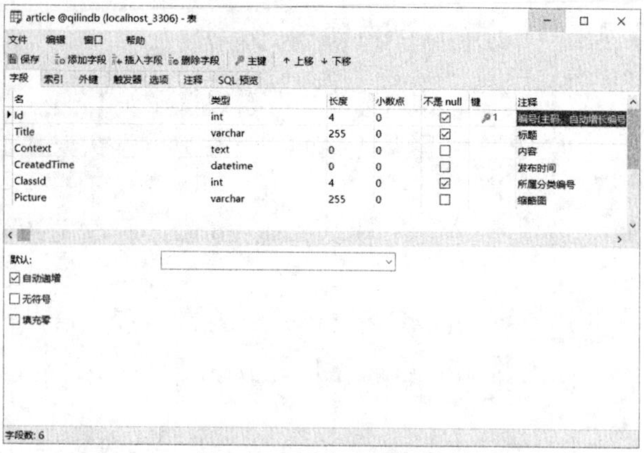

图 9-2 创建 article 表

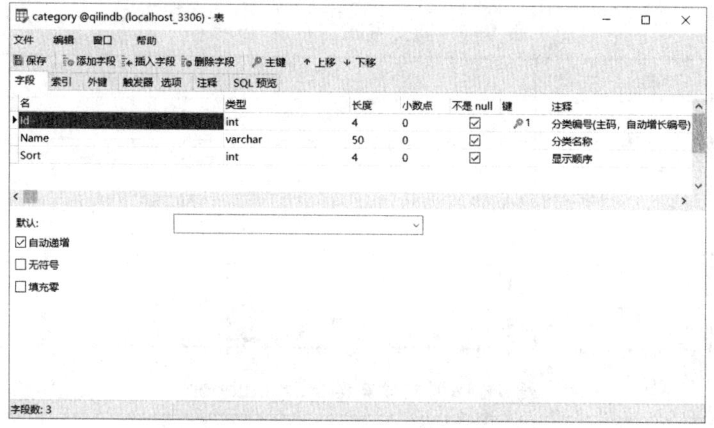

图 9-3 创建 category 表

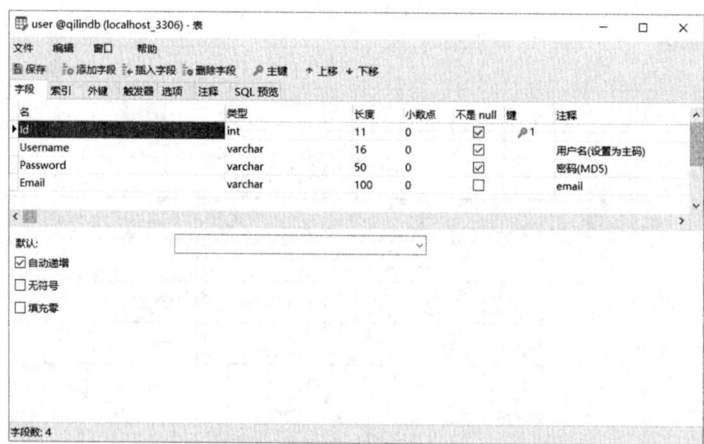

图 9-4 创建 user 表

9.3 框 架 搭 建

第一步：启动 IDEA，新建一个名称为 qilin 的 Web Project，如图 9-5 和图 9-6 所示。

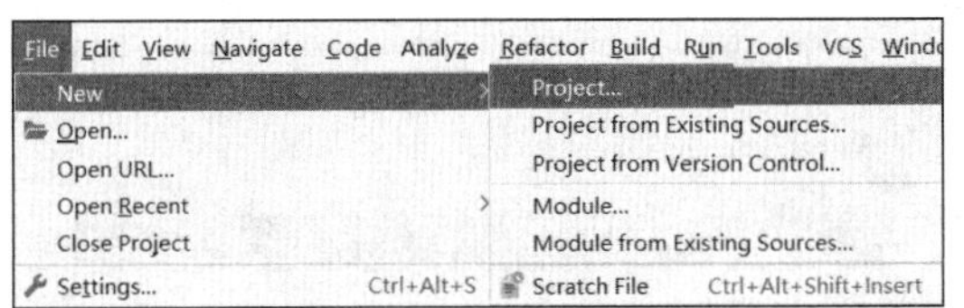

图 9-5　创建 Web Project

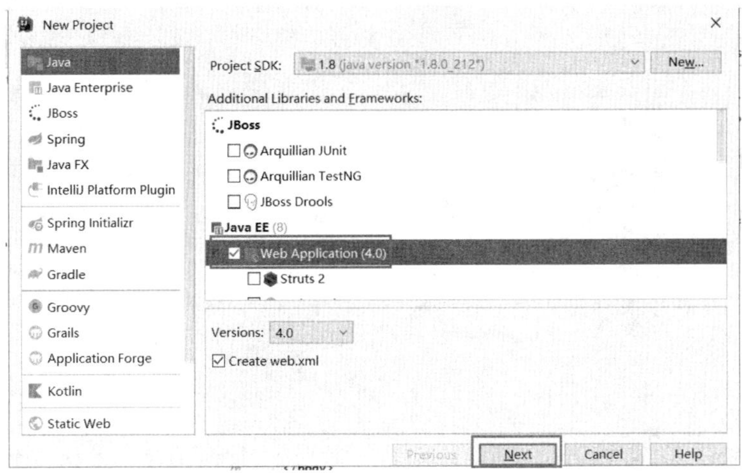

图 9-6　选择 Web Application (4.0)复选框

第二步：在工程目录中 WEB-INF 下新建 lib 文件夹下，将依赖的 JAR 包复制到目录下，如图 9-7 所示。

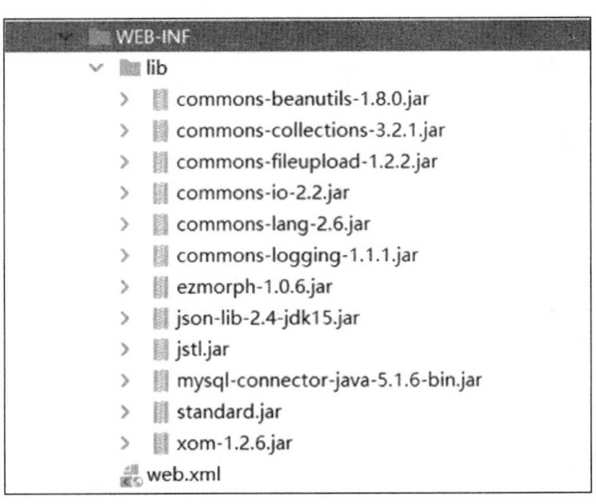

图 9-7　工程依赖的 JAR 包

第三步：在包 com.pch.model 下分别新建 ArticleInfo.java、CategoryInfo.java、UserInfo.java 四个只有 get()与 set()方法的 JavaBean，这四个 JavaBean 的主要作用是进行值对象在 Servlet 与 JSP 之间传递数据，如图 9-8 所示。

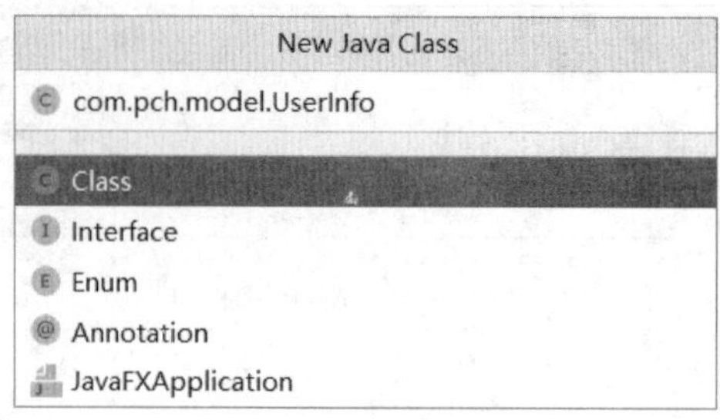

图 9-8　创建 UserInfo.java

UserInfo.java 的代码如下：

```
package com.pch.model;
public class UserInfo {
    private String username="";
    private String password="";
    private String email="";

    private int id;
    public String getUsername() {
        return username;
    }
    public void setUsername(String username) {
        this.username = username;
    }
    public String getPassword() {
        return password;
    }
    public void setPassword(String password) {
        this.password = password;
    }
    public String getEmail() {
        return email;
    }
    public void setEmail(String email) {
        this.email = email;
    }
    public int getId() {
        return id;
    }
    public void setId(int id) {
        this.id = id;
    }
}
```

ArticleInfo.java 的代码如下：

```
package com.pch.model;
import java.util.Date;
public class ArticleInfo {
    private int id;
```

```
    private String title = "";
    private String context = "";
    private Date createdtime;
    private int classid;
    private String className = "";
    private String picture = "";
    public String getClassName() {
        return className;
    }
    public void setClassName(String className) {
        this.className = className;
    }
    public int getId() {
        return id;
    }
    public void setId(int id) {
        this.id = id;
    }
    public String getTitle() {
        return title;
    }
    public void setTitle(String title) {
        this.title = title;
    }
    public String getContext() {
        return context;
    }
    public void setContext(String context) {
        this.context = context;
    }
    public Date getCreatedtime() {
        return createdtime;
    }
    public void setCreatedtime(Date createdtime) {
        this.createdtime = createdtime;
    }
    public int getClassid() {
        return classid;
    }
    public void setClassid(int classid) {
        this.classid = classid;
    }
    public String getPicture() {
        return picture;
    }
    public void setPicture(String picture) {
        this.picture = picture;
    }
}
```

CategoryInfo.java 的代码如下：

```
package com.pch.model;
public class CategoryInfo {
    private int id;
    private String name="";
    private int sort;
    public int getId() {
        return id;
    }
    public void setId(int id) {
        this.id = id;
    }
    public String getName() {
        return name;
    }
    public void setName(String name) {
        this.name = name;
    }
    public int getSort() {
        return sort;
    }
    public void setSort(int sort) {
        this.sort = sort;
    }
}
```

第四步：在包 com.pch.dal 目录下新建四个空的类 Article.java（见图 9-9）、Category.java、User.java 类。这四个类主要用于实现数据库的操作。

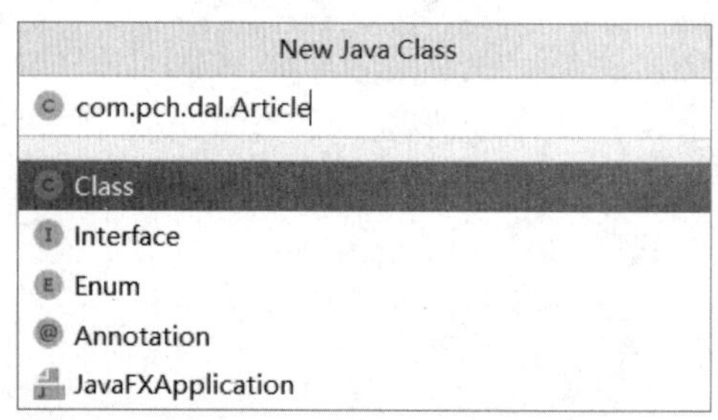

图 9-9 创建 Article.java

第五步：在包 com.pch.common 目录下新建几个通用的类：Utility.java（基类）、DataConverter.java（数据类型转换类）、DataValidator.java（数据验证类）、MD5.java（加密类）、DBManager.java（数据库操作类）、DBUtils.java（数据库连接类）。这些类主要用于一些通用基本方法的实现。

第六步：在包 com.pch.servlet 目录下新建几个 Servlet 类：ArticleServlet.java、CategoryServlet.java、UserServlet.java、LoginServlet.java、UploadServlet.java，如图 9-10 所示。

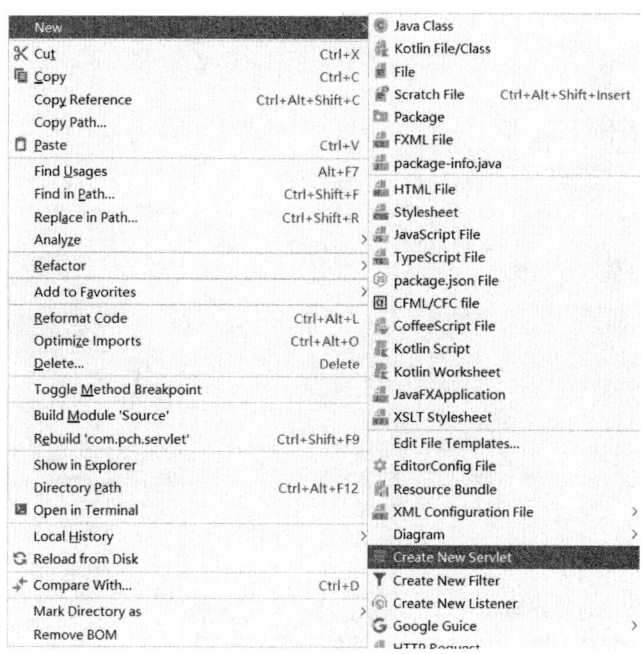

图 9-10　创建 Servlet 类

通过上面的几步操作，整个项目的工程目录结构如图 9-11 所示。

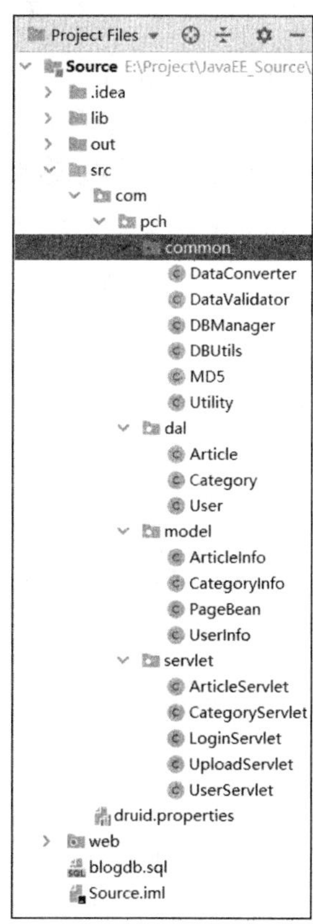

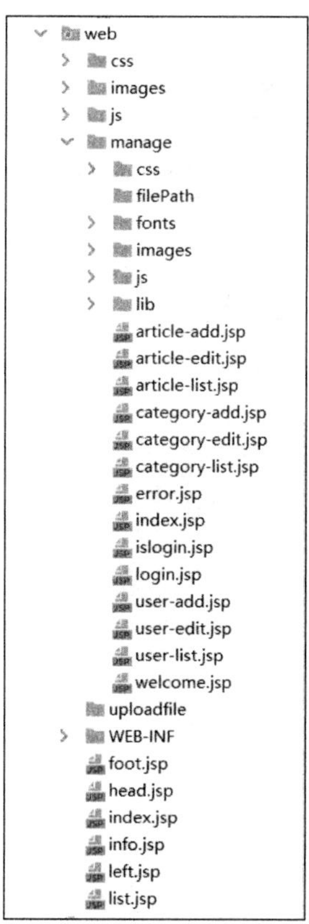

图 9-11　工程目录结构

9.4 功能实现

9.4.1 通用功能实现

1. DBUtils.java 实现

DBUtils.java 位于本工程的 com.pch.common 目录下，主要实现数据库连接。实现代码如下：

```
package com.pch.common;
import java.sql.*;

@SuppressWarnings("all")
public class DBUtils {
    private static final String DRIVER_NAME="com.mysql.jdbc.Driver";
    private static final String URL="jdbc:mysql://localhost:3306/qilindb";
    private static final String USERNAME="root";
    private static final String PASSWORD="123456";
    // 获取连接对象的方法
    public static Connection getConnection() {
        //没有使用数据库连接池
        try {
            Class.forName(DRIVER_NAME);
            try {
                return DriverManager.getConnection(URL, USERNAME, PASSWORD);
            } catch (SQLException e) {
                e.printStackTrace();
            }
        } catch (ClassNotFoundException e) {
            e.printStackTrace();
        }
        return null;
    }
    // 关闭资源的方法
    public static void close(Connection connection, PreparedStatement
    preparedStatement, ResultSet resultSet) {
        if (resultSet !=null) {
            try {
                resultSet.close();
            } catch (SQLException e) {
                e.printStackTrace();
            }
        }
        if (preparedStatement !=null) {
            try {
                preparedStatement.close();
            } catch (SQLException e) {
                e.printStackTrace();
            }
        }
```

```
        if (connection !=null) {
            try {
                connection.close();
            } catch (SQLException e) {
                e.printStackTrace();
            }
        }
    }
}
```

2. DBManager.java 实现

DBManager.java 位于本工程的 com.pch.common 目录下，主要实现数据库操作。DBManager.java 实现代码如下：

```
package com.pch.common;
import java.lang.reflect.Field;
import java.sql.Connection;
import java.sql.PreparedStatement;
import java.sql.ResultSet;
import java.sql.SQLException;
import java.util.ArrayList;
import java.util.List;
public class DBManager<T> {
    //公共的更新方法
    public static int commonUpdate(String sql,Object... objects ){
        //1.先获取连接对象
        Connection connection=DBUtils.getConnection();
        PreparedStatement prepareStatement =null;
        try {
            //2.得到预处理对象
            prepareStatement=connection.prepareStatement(sql);
            for(int i=0;i<objects.length;i++){
                //3.给占位符赋值(因为占位符是 1 开始的，所以要 i+1)
                prepareStatement.setObject(i+1, objects[i]);
            }
            //4.执行 sql
            return prepareStatement.executeUpdate();
        } catch (SQLException e) {
            e.printStackTrace();
        }finally{
            DBUtils.close(connection, prepareStatement, null);
        }
        return 0;
    }
    //公共的查询方法
    public static<T> List<T> commonQuery(String sql,Class<T> clas,Object...
    objects ) throws InstantiationException, IllegalAccessException{
        List<T>  list=new ArrayList<T>();
        Connection connection = DBUtils.getConnection();
        PreparedStatement prepareStatement =null;
```

```
        ResultSet resultSet =null;
        try {
            prepareStatement = connection.prepareStatement(sql);
            //判断参数是否为空
            if(objects!=null){
                for(int i=0;i<objects.length;i++){
                    prepareStatement.setObject(i+1, objects[i]);
                }
            }
             resultSet = prepareStatement.executeQuery();
            while (resultSet.next()) {
                //通过反射实例化一个对象
                T newInstance = clas.newInstance();
                //通过反射获取对象中的所有属性
                Field[] fields = clas.getDeclaredFields();
                for (Field field : fields) {
                    //操作私有属性,必须授权
                    field.setAccessible(true);
                    //获取属性名称
                    String name = field.getName();
                    //从结果集里面获取与属性名称相对应的value值
                    Object value = resultSet.getObject(name);
                    //给通过反射创建的实例对象的属性赋值
                    field.set(newInstance, value);
                }
                //将属性对象添加到list中
                list.add(newInstance);
            }
        } catch (SQLException e) {
            e.printStackTrace();
        }finally{
            DBUtils.close(connection, prepareStatement, resultSet);
        }
        return list;
    }
    //查询总条数
    public static int commonCount(String sql){
        Connection connection =null;
        PreparedStatement prepareStatement =null;
        ResultSet resultSet =null;
        try {
             connection = DBUtils.getConnection();
              prepareStatement = connection.prepareStatement(sql);
              resultSet = prepareStatement.executeQuery();
              while (resultSet.next()) {
                  return resultSet.getInt(1);
            }
        } catch (SQLException e) {
            e.printStackTrace();
        }finally{
```

```
            DBUtils.close(connection, prepareStatement, resultSet);
        }
        return 0;
    }
}
```

3. DataConverter.java 实现

DataConverter.java 位于本工程的 com.pch.common 目录下，主要实现一些常用数据类型的转换。DataConverter.java 实现代码如下：

```
package com.pch.common;
import java.text.ParseException;
import java.text.SimpleDateFormat;
import java.util.Date;
/**
 * 数据转换类
 */
public class DataConverter {
/**
     * 将日期格式化为字符串
     * @param date
     * @return
     */
    public static String dataToString(Date date){
        return dataToString(date, "yyyy-MM-dd HH:mm:ss");
    }
    /**
     * 将日期格式化为字符串
     * @param date - 日期
     * @param formatType - 格式化方式
     * @return - 字符串
     */
    public static String dataToString(Date date, String formatType){
        if(date==null){
            date=Utility.getNowDateTime();
        }
        SimpleDateFormat formatter=new SimpleDateFormat(formatType);
        return formatter.format(date);
    }
    /**
     * 将字符串转成日期(yyyy-MM-dd HH:mm:ss)
     * @param input - 日期字符串
     * @return
     */
    public static Date toDate(String input){
        return toDate(input, "yyyy-MM-dd HH:mm:ss");
    }
    /**
     * 将字符串转成日期
     * @param input - 日期字符串
```

```
     * @param formatType - 格式化类型，如：yyyy-MM-dd HH:mm:ss
     * @return 日期类型，当出现异常时返回当前日期
     */
    public static Date toDate(String input, String formatType){
        SimpleDateFormat format=new SimpleDateFormat(formatType);
        Date dt=new Date();
        if(DataValidator.isNullOrEmpty(input)){
            return dt;
        }
        try {
            dt=format.parse(input);
        } catch (ParseException e) {
        }
        return dt;
    }
    /**
     * 将字符串转成短日期格式 yyyy-MM-dd
     * @param input - 日期字符串
     * @return 日期类型，当出现异常时返回当前日期
     */
    public static java.util.Date toShortDate(String input){
        return toDate(input, "yyyy-MM-dd");
    }
    /**
     * 将字符串转成长日期格式 yyyy-MM-dd HH:mm:ss
     * @param input - 日期字符串
     * @return 日期类型，当出现异常时返回当前日期
     */
    public static java.util.Date toFullDate(String input){
        return toDate(input, "yyyy-MM-dd HH:mm:ss");
    }
    /**
     * 将字符串转成整型
     * @param input - 要转换的字符串
     * @return 整数，出现异常则返回 0
     */
    public static int toInt(String input){
        try{
            return Integer.parseInt(input);
        }catch(Exception e){
            return 0;
        }
    }
}
```

4. DataValidator.java 实现

DataValidator.java 位于本工程的 com.pch.common 目录下，主要实现数据检验。DataValidator.java 实现代码如下：

```
package com.pch.common;
```

```
import java.util.regex.Matcher;
import java.util.regex.Pattern;
/**
 * 数据验证类
 */
public class DataValidator {
    /**
     * 验证字符串是否为空= "" or = null
     * @param input - 需要验证的字符串
     * @return true/false
     */
    public static boolean isNullOrEmpty(String input){
        return "".equals(input) || input==null;
    }
    /**
     * 匹配正则表达式
     * @param input - 需要进行匹配的字符串
     * @param pattern - 正则表达式
     * @return  true/false
     */
    public static boolean regexMatch(String input, String pattern)
    {
        if(isNullOrEmpty(input))
        {
            return false;
        }
        return Pattern.compile(pattern).matcher(input).matches();
    }
    /**
     * TML 编码，支持换行符
     * @param input - 需要编码的字符串
     * @return 编码后的字符串
     */
    public static String htmlEncode(String input) {
        if(!DataValidator.isNullOrEmpty(input)) {
            input = input.replace("&", "&amp;");
            input = input.replace("<", "&lt;");
            input = input.replace(">", "&gt;");
            input = input.replace("'", "&#39;");
            input = input.replace("\"", "&quot;");
            input = input.replace("\r\n", "<br>");
            input=input.replace("\n", "<br>");
        }
        return input;
    }
    /**
     * HTML 反编码，支持换行符
     * @param input - 需要反编码的字符串
     * @return 编码前的原始字符串
     */
```

```
public static String htmlDecode(String input){
    if(!DataValidator.isNullOrEmpty(input)) {
        input=input.replace("<br>", "\n");
        input=input.replace("&gt;", ">");
        input=input.replace("&lt;", "<");
        input=input.replace("&#39;", "'");
        input=input.replace("&quot;", "\"");
        input=input.replace("&amp;", "&");
    }
    return input;
}
/**
 * HTML 编码，不支持换行符
 * @param input - 需要编码的字符串
 * @return 编码后的字符串
 */
public static String serverHtmlEncode(String input){
    if(DataValidator.isNullOrEmpty(input))
        return input;
    input=input.replace("&", "&amp;");
    input=input.replace("<", "&lt;");
    input=input.replace(">", "&gt;");
    input=input.replace("'", "&#39;");
    input=input.replace("\"", "&quot;");
    return input;
}
/**
 * HTML 反编码，不支持换行符
 * @param input - 需要反编码的字符串
 * @return  编码前的原始字符串
 */
public static String serverHtmlDecode(String input){
    if(DataValidator.isNullOrEmpty(input))
        return input;
    input=input.replace("&gt;", ">");
    input=input.replace("&lt;", "<");
    input=input.replace("&#39;", "'");
    input=input.replace("&quot;", "\"");
    input=input.replace("&amp;", "&");
    return input;
}
/**
 * 过滤所有 HTML 代码
 * @param input - 需要过滤的字符串
 * @return 过滤后的字符串
 */
public static String removeHtml(String input) {
    if(DataValidator.isNullOrEmpty(input))
        return input;
    Pattern p = Pattern.compile("<[^>]*>", Pattern.MULTILINE
```

```
                | Pattern.UNICODE_CASE);
        Matcher m = p.matcher(input);
        return m.replaceAll("");
    }
}
```

5. MD5.java 实现

MD5.java 位于本工程的 com.pch.common 目录下，主要实现密码加密。MD5.java 实现代码如下：

```
package com.pch.common;
import java.io.UnsupportedEncodingException;
import java.security.MessageDigest;
import java.security.NoSuchAlgorithmException;
/**
 * MD5 加密类
 */
public class MD5 {
    private static MessageDigest digest = null;
    /**
     * 加密类，此方法默认为 16 位加密
     * @param data
     * @return
     */
    public synchronized static final String Encrypt(String data){
        return Encrypt(data, 16);
    }
    /**
     * 加密类，此方法可以手动设置加密位数
     * @param data
     * @param len
     * @return
     */
    public synchronized static final String Encrypt(String data, int len){
        if(digest==null) {
            try {
                digest=MessageDigest.getInstance("MD5");
            }
            catch (NoSuchAlgorithmException e) {
                e.printStackTrace();
            }
        }
        if(len !=16 && len !=32) len=16;
        try {
            digest.update(data.getBytes("UTF-8"));
        } catch (UnsupportedEncodingException e) {
        }
        String s=encodeHex(digest.digest());
        if(len==16){
            return s.substring(8, 24);
```

```
        }
        return s;
    }
    private static final String encodeHex(byte[] bytes) {
        int i;
        StringBuffer buf=new StringBuffer(bytes.length * 2);
        for(i=0; i<bytes.length; i++) {
            if(((int) bytes[i] & 0xff)<0x10) {
                buf.append("0");
            }
            buf.append(Long.toString((int) bytes[i] & 0xff, 16));
        }
        return buf.toString();
    }
}
```

6. Utility.java 实现

Utility.java 位于本工程的 com.pch.common 目录下，主要实现一些常用通用方法。Utility.java 实现代码如下：

```
package com.pch.common;
import java.io.IOException;
import java.util.Calendar;
import java.util.Date;
import javax.servlet.ServletException;
import javax.servlet.http.Cookie;
import javax.servlet.http.HttpServletRequest;
import javax.servlet.http.HttpServletResponse;
import javax.servlet.jsp.PageContext;
/**
 * 基类
 */
public class Utility {
    /**
     * 截取字符串
     *
     * @param input
     * @param len
     * @return
     */
    public static String Substring(String input, int len) {
        if(DataValidator.isNullOrEmpty(input))
            return "";
        if(len>=input.length())
            return input;
        return input.substring(0, len);
    }
    /**
     * 获取当前时间
     *
```

```
     * @return
     */
    public static Date getNowDateTime() {
        Calendar cal=Calendar.getInstance();
        String now=cal.get(Calendar.YEAR) + "-"
                + (cal.get(Calendar.MONTH) + 1) + "-" + cal.get(Calendar.DATE)
                + " " + cal.get(Calendar.HOUR) + ":" + cal.get(Calendar.MINUTE)
                + ":" + cal.get(Calendar.SECOND);
        return DataConverter.toDate(now, "yyyy-MM-dd HH:mm:ss");
    }
    /**
     * 获得当前日期
     * @return
     */
    public static Date getNowDate() {
        Calendar cal=Calendar.getInstance();
        String now=cal.get(Calendar.YEAR) + "-"
                + (cal.get(Calendar.MONTH) + 1) + "-" + cal.get(Calendar.DATE);
        return DataConverter.toDate(now, "yyyy-MM-dd");
    }
    /**
     * 写入 cookie
     *
     * @param response
     * @param key
     * @param value
     */
    public static void writeCookie(HttpServletResponse response, String key,
            String value) {
        writeCookie(response, key, value, -1);
    }
    /**
     * 写入 cookie
     *
     * @param response
     * @param key
     * @param value
     * @param expirse
     */
    public static void writeCookie(HttpServletResponse response, String key,
            String value, int expirse) {
        Cookie newCookie=new Cookie(key, value);
        if(expirse>0)
           expirse=expirse * 60;
        newCookie.setPath("/");
        newCookie.setMaxAge(expirse);
        response.addCookie(newCookie);
    }
    /**
     * 读取 cookie 值
```

```
     *
     * @param request
     * @param key
     * @return
     */
    public static String readCookie(HttpServletRequest request, String key) {
        String value= "";
        Cookie[] ck=request.getCookies();
        if(ck==null)
            return "";
        for(Cookie c : ck) {
            if(c.getName().equals(key)) {
                value=c.getValue();
                break;
            }
        }
        return value;
    }
}
```

9.4.2 数据访问层功能实现

1. Article.java 实现

Article.java 位于本工程的 com.pch.dal 目录下。Article.java 实现代码如下：

```
package com.pch.dal;
import java.sql.SQLException;
import java.util.ArrayList;
import java.util.List;
import com.pch.common.DBManager;
import com.pch.common.DataValidator;
import com.pch.model.ArticleInfo;
public class Article {
    /**
     * 获取文章列表
     *
     * @param keyword   标题
     * @param beginDate 开始时间
     * @param endDate   结束时间
     * @param cid       分类编号
     * @param startNum  分页开始查询行
     * @param pageSize  分页每页查询行
     * @return
     * @throws SQLException
     */
    public List<ArticleInfo> getList(String keyword, String beginDate,
    String endDate, int cid, int startNum, int pageSize) throws SQLException {
        String sql = "select a.*,c.name as ClassName from article a left join
        category c on a.classid=c.id where '1==1' ";
        List<Object> params=new ArrayList<Object>();
```

```
    if (!DataValidator.isNullOrEmpty(keyword)) {
        sql=sql+ " and a.title like CONCAT('%',?,'%')";
        params.add(keyword);
    }
    if (!DataValidator.isNullOrEmpty(beginDate)
    && !DataValidator.isNullOrEmpty(endDate)) {
        sql=sql+ " and a.createdTime between ? and ?  ";
        params.add(beginDate);
        params.add(endDate);
    }
    if (cid > 0) {
        sql=sql+ " and a.classid=? ";
        params.add(cid);
    }
    sql=sql + " order by id desc  limit ?,? ";
    params.add((startNum - 1) * pageSize);
    params.add(pageSize);
    //System.out.println(sql);
    try {
        List<ArticleInfo> list=DBManager.commonQuery(sql,
        ArticleInfo.class, params.toArray());
        return list;
    } catch (InstantiationException e) {
        e.printStackTrace();
    } catch (IllegalAccessException e) {
        e.printStackTrace();
    }
    return null;
}
public List<ArticleInfo> getListBycid(int cid, int num) throws
SQLException {
    String sql = "select a.*,c.name as ClassName from article a left join
    category c on a.classid=c.id where '1==1' ";
    List<Object> params=new ArrayList<Object>();
    if (cid>0) {
        sql=sql + " and a.classid=? ";
        params.add(cid);
    }
    sql=sql + " order by id desc  limit 0,? ";
    params.add(num);
    //System.out.println(sql);
    try {
        List<ArticleInfo> list=DBManager.commonQuery(sql,
        ArticleInfo.class, params.toArray());
        return list;
    } catch (InstantiationException e) {
        e.printStackTrace();
    } catch (IllegalAccessException e) {
        e.printStackTrace();
    }
```

```
        return null;
    }
    /**
     * 插入文章
     *
     * @param info 文章对象
     * @return
     */
    public int insert(ArticleInfo info) {
        String sql="insert into article (Title,Context,CreatedTime,ClassId,
        Picture) values (?,?,?,?,?)";
        List<Object> params=new ArrayList<Object>();
        params.add(info.getTitle());
        params.add(info.getContext());
        params.add(info.getCreatedtime());
        params.add(info.getClassid());
        params.add(info.getPicture());
        return DBManager.commonUpdate(sql, params.toArray());
    }
    /**
     * 编辑文章
     * @param info
     * @return
     */
    public int update(ArticleInfo info) {
        String sql="update article set  Title=?,Context=?,ClassId=?,
        Picture=? where id=?";
        List<Object> params = new ArrayList<Object>();
        params.add(info.getTitle());
        params.add(info.getContext());
        params.add(info.getClassid());
        params.add(info.getPicture());
        params.add(info.getId());
        return DBManager.commonUpdate(sql, params.toArray());
    }
    /**
     * 删除文章
     *
     * @param id 文章编号
     * @return
     */
    public int delete(String id) {
        String sql = "delete from article where id in (" + id + ")";
        return DBManager.commonUpdate(sql);
    }
    /**
     * 获取总记录数
     *
     * @return
     * @throws SQLException
```

```
     */
    public int getCount( int cid ) throws SQLException {
        String sql="select count(*)   from article ";
        if (cid>0) {
            sql=sql + " where classid= "+cid;
        }
        System.out.println(sql);
        return DBManager.commonCount(sql);
    }
    /**
     * 获取当条文章记录
     *
     * @param id 文章编号
     * @return 返回文章对象
     * @throws SQLException
     * @throws IllegalAccessException
     * @throws InstantiationException
     */
    public ArticleInfo getArticleInfo(int id) throws SQLException,
    IllegalAccessException, InstantiationException {
        ArticleInfo info=new ArticleInfo();
        String sql="select b.*,c.name as ClassName from article b left join
        category c on b.classid=c.id where b.id=?";
        List<Object> params=new ArrayList<Object>();
        params.add(id);
        List<ArticleInfo> list=DBManager.commonQuery(sql,
        ArticleInfo.class, params.toArray());
        if (list.size() > 0) {
            info.setId(list.get(0).getId());
            info.setCreatedtime(list.get(0).getCreatedtime());
            info.setContext(list.get(0).getContext());
            info.setClassid(list.get(0).getClassid());
            info.setTitle(list.get(0).getTitle());
            info.setClassid(list.get(0).getClassid());
            info.setClassName(list.get(0).getClassName());
            info.setPicture(list.get(0).getPicture());
        }
        return info;
    }
}
```

2. Category.java 实现

Category.java 位于本工程的 com.pch.dal 目录下。Category.java 实现代码如下：

```
package com.pch.dal;
import java.sql.SQLException;
import java.util.ArrayList;
import java.util.List;
import com.pch.common.DBManager;
import com.pch.common.DataValidator;
import com.pch.model.CategoryInfo;
```

```
public class Category {
    /**
     * 获取文章分类列表
     *
     * @param keyword  名称
     * @param startNum 分页开始查询行
     * @param pageSize 分页每页查询行
     * @return
     * @throws SQLException
     */
    public List<CategoryInfo> getList(String keyword, int startNum, int
    pageSize) throws SQLException {
        String sql="select * from  category where '1==1' ";
        List<Object> params=new ArrayList<Object>();
        if (!DataValidator.isNullOrEmpty(keyword)) {
           sql=sql + " and name like CONCAT('%',?,'%')";
           params.add(keyword);
        }
        sql=sql + " order by sort asc  limit ?,? ";
        params.add((startNum - 1) * pageSize);
        params.add(pageSize);
        //System.out.println(sql);
        try {
           List<CategoryInfo> list=DBManager.commonQuery(sql,
           CategoryInfo.class, params.toArray());
           return list;
        } catch (InstantiationException e) {
           e.printStackTrace();
        } catch (IllegalAccessException e) {
           e.printStackTrace();
        }
        return null;
    }
    /**
     *获取所有列表
     * @return
     * @throws SQLException
     * @throws IllegalAccessException
     * @throws InstantiationException
     */
    public List<CategoryInfo> getList() throws SQLException,
    IllegalAccessException, InstantiationException {
        String sql="select * from  category order by sort asc ";
        List<CategoryInfo> list = DBManager.commonQuery(sql,
        CategoryInfo.class);
        return list;
    }
    /**
     * 插入文章分类
     *
```

```
     * @param info 文章分类对象
     * @return
     */
    public int insert(CategoryInfo info) {
        String sql="insert into category (name,sort) values (?,?)";
        List<Object> params=new ArrayList<Object>();
        params.add(info.getName());
        params.add(info.getSort());
        return DBManager.commonUpdate(sql, params.toArray());
    }
    /**
     * 编辑文章分类
     *
     * @param info
     * @return
     */
    public int update(CategoryInfo info) {
        String sql="update category set  name=?,sort=?  where id=?";
        List<Object> params = new ArrayList<Object>();
        params.add(info.getName());
        params.add(info.getSort());
        params.add(info.getId());
        return DBManager.commonUpdate(sql, params.toArray());
    }
    /**
     * 删除文章分类
     *
     * @param id 文章分类编号
     * @return
     */
    public int delete(String id) {
        String sql="delete from category where id in (" + id + ")";
        return DBManager.commonUpdate(sql);
    }
    /**
     * 获取总记录数
     *
     * @return
     * @throws SQLException
     */
    public int getCount() throws SQLException {
        String sql="select count(*)  from category";
        return DBManager.commonCount(sql);
    }
    /**
     * 获取当条文章分类记录
     *
     * @param id 文章分类编号
     * @return 返回文章分类对象
     * @throws SQLException
```

```
     * @throws IllegalAccessException
     * @throws InstantiationException
     */
    public CategoryInfo getCategoryInfo(int id) throws SQLException,
    IllegalAccessException, InstantiationException {
       CategoryInfo info=new CategoryInfo();
       String sql= "select * from Category  where id=?";
       List<Object> params=new ArrayList<Object>();
       params.add(id);
       List<CategoryInfo> list=DBManager.commonQuery(sql,
       CategoryInfo.class, params.toArray());
       if (list.size() > 0) {
          info.setId(list.get(0).getId());
          info.setName(list.get(0).getName());
          info.setSort(list.get(0).getSort());
       }
       return info;
    }
}
```

3. User.java 实现

User.java 位于本工程的 com.pch.dal 目录下。User.java 实现代码如下：

```
package com.pch.dal;
import java.sql.SQLException;
import java.util.ArrayList;
import java.util.List;
import com.pch.common.DBManager;
import com.pch.common.DataValidator;
import com.pch.common.MD5;
import com.pch.model.UserInfo;
public class User {
    /**
     * 判断用户名密码是否正确
     * @param username
     * @param password
     * @return
     * @throws SQLException
     * @throws IllegalAccessException
     * @throws InstantiationException
     */
    public boolean isExist(String username, String password)
    throws SQLException, IllegalAccessException, InstantiationException {
       boolean result=false;
       UserInfo info=new UserInfo();
       String sql="select * from User where UserName=? and Password=? ";
       List<Object> params=new ArrayList<Object>();
       params.add(username);
       params.add(MD5.Encrypt(password));
       List<UserInfo> list = DBManager.commonQuery(sql, UserInfo.class,
       params.toArray());
```

```
    if (list.size()>0)
        return true;
    else
        return false;
}
/**
 * 时间管理员列表
 * @param keyword
 * @param startNum
 * @param pageSize
 * @return
 * @throws SQLException
 */
public List<UserInfo> getList(String keyword, int startNum, int
pageSize) throws SQLException {
    String sql= "select * from user where '1==1' ";
    List<Object> params=new ArrayList<Object>();
    if (!DataValidator.isNullOrEmpty(keyword)) {
        sql=sql + " and username like CONCAT('%',?,'%')";
        params.add(keyword);
    }
    sql=sql + " order by id desc limit ?,? ";
    params.add((startNum - 1) * pageSize);
    params.add(pageSize);
    //System.out.println(sql);
    try {
        List<UserInfo> list=DBManager.commonQuery(sql, UserInfo.class,
        params.toArray());
        return list;
    } catch (InstantiationException e) {
        e.printStackTrace();
    } catch (IllegalAccessException e) {
        e.printStackTrace();
    }
    return null;
}
/**
 * 添加管理员
 * @param info
 * @return
 */
public int insert(UserInfo info) {
    String sql= "insert into user (username,password,email) values
    (?,?,?)";
    List<Object> params=new ArrayList<Object>();
    params.add(info.getUsername());
    params.add(info.getPassword());
    params.add(info.getEmail());
    return DBManager.commonUpdate(sql, params.toArray());
}
```

```
/**
 * 修改管理员
 * @param info
 * @return
 */
public int update(UserInfo info) {
    String sql= "update user set  password=?,email=? ,username=? where
    id=?";
    List<Object> params=new ArrayList<Object>();
    params.add(info.getPassword());
    params.add(info.getEmail());
    params.add(info.getUsername());
    params.add(info.getId());
    return DBManager.commonUpdate(sql, params.toArray());
}
/**
 * 删除 管理员
 * @param id
 * @return
 */
public int delete(String id) {
    String sql= "delete from user where id in (" + id + ")";
    return DBManager.commonUpdate(sql);
}
/**
 * 获取总记录数
 *
 * @return
 * @throws SQLException
 */
public int getCount() throws SQLException {
    String sql= "select count(*)   from user";
    return DBManager.commonCount(sql);
}
/**
 * 根据 ID 获取用户信息
 * @param id
 * @return
 * @throws SQLException
 * @throws IllegalAccessException
 * @throws InstantiationException
 */
public UserInfo getUserInfo(int id) throws SQLException,
IllegalAccessException, InstantiationException {
    UserInfo info=new UserInfo();
    String sql= "select * from user  where id=?";
    List<Object> params=new ArrayList<Object>();
    params.add(id);
    List<UserInfo> list=DBManager.commonQuery(sql, UserInfo.class,
    params.toArray());
```

```
        if (list.size()>0) {
            info.setId(list.get(0).getId());
            info.setUsername(list.get(0).getUsername());
            info.setPassword(list.get(0).getPassword());
            info.setEmail(list.get(0).getEmail());
        }
        return info;
    }
}
```

9.4.3　后台表示层功能实现

1. 验证后台管理员是否登录本系统 islogin.jsp

islogin.jsp 位于 web\manage\lib 目录，核心代码如下：

```
<%@ page contentType="text/html;charset=UTF-8" language="java" %>
<%
    String url=request.getScheme()+"://" +request.getServerName()+":"+request.
    getServerPort()+"/"+request.getContextPath()+"/manage/error.jsp";
    String username=(String) session.getAttribute("admin");
    if(username==null){
        response.sendRedirect(url);
    }
%>
```

2. 后台登录页面 login.jsp（见图 9-12）

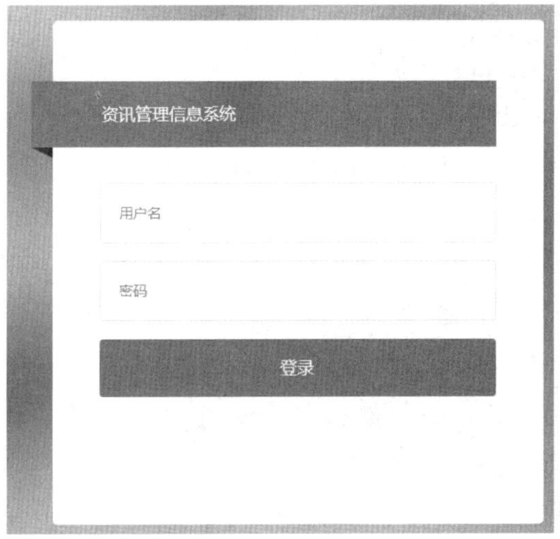

图 9-12　后台登录页面

login.jsp 位于 web\manage\lib 目录下，核心代码如下：

```
<%@ page contentType="text/html;charset=UTF-8" language="java" %>
<%@taglib prefix="c" uri="http://java.sun.com/jsp/jstl/core" %>
<c:set var="path" value="${pageContext.request.contextPath}"
scope="application"></c:set>
<!doctype html>
<html class="x-admin-sm">
```

```
<head>
    <meta charset="UTF-8">
    <title>资讯管理信息系统</title>
    <meta name="renderer" content="webkit|ie-comp|ie-stand">
    <meta http-equiv="X-UA-Compatible" content="IE=edge,chrome=1">
    <meta name="viewport" content="width=device-width,user-scalable=yes,
    minimum-scale=0.4, initial-scale=0.8,target-densitydpi=low-dpi"/>
    <meta http-equiv="Cache-Control" content="no-siteapp"/>
    <link rel="stylesheet" href="${path}/manage/css/font.css">
    <link rel="stylesheet" href="${path}/manage/css/login.css">
    <link rel="stylesheet" href="${path}/manage/css/xadmin.css">

    <script src="${path}/manage/lib/layui/layui.js" charset="utf-8">
    </script>
    <script type="text/javascript" src="${path}/manage/js/xadmin.js">
    </script>
    <!--[if lt IE 9]>
    <script src="https://cdn.staticfile.org/html5shiv/r29/html5.min.js">
    </script>
    <script src="https://cdn.staticfile.org/respond.js/1.4.2/respond.min.js">
    </script>
    <![endif]-->
</head>
<body class="login-bg">
<div class="login layui-anim layui-anim-up">
    <div class="message">资讯管理信息系统</div>
    <div id="darkbannerwrap"></div>
    <form method="post" class="layui-form">
        <input name="txtUsername" placeholder="用户名" type="text"
        lay-verify="required" class="layui-input">
        <hr class="hr15">
        <input name="txtPassword" lay-verify="required" placeholder="密码"
        type="password" class="layui-input">
        <hr class="hr15">
        <input value="登录" lay-submit lay-filter="login" style="width:100%;"
        type="submit">
        <hr class="hr20">
    </form>
</div>
<script>
    layui.use('form', function () {
        var form=layui.form;
        //监听提交
        form.on('submit(login)', function (data) {
            var obj=new Object();
            obj.txtUsername=data.field.txtUsername;
            obj.txtPassword=data.field.txtPassword;
            obj.action="login";
            $.post("${path}/loginServlet", obj, function (data) {
                var obj_data=eval('(' + data + ')'); //由JSON字符串转换为JSON对象
                if (obj_data.code==0) {
                    layer.msg("用户名密码不正确！");
                } else if (obj_data.code==1) {
                    location.href='${path}/manage/index.jsp'
```

```
            }
        });
        return false;
    });
});
</script>
</body>
</html>
```

3. 后台登录数据处理 servlet 类

loginServlet.java 位于 com.pch.servlet 包下，核心代码如下：

```
package com.pch.servlet;
import javax.servlet.ServletException;
import javax.servlet.annotation.WebServlet;
import javax.servlet.http.HttpServlet;
import javax.servlet.http.HttpServletRequest;
import javax.servlet.http.HttpServletResponse;
import javax.servlet.http.HttpSession;
import java.io.IOException;
import java.io.PrintWriter;
import java.sql.SQLException;
import com.pch.dal.User;
@WebServlet(name="LoginServlet", urlPatterns="/loginServlet")
public class LoginServlet extends HttpServlet {
    protected void doPost(HttpServletRequest request, HttpServletResponse
    response) throws ServletException, IOException {
        request.setCharacterEncoding("utf-8");
        String action=request.getParameter("action");
        if ("login".equals(action)) {
            //第一步：设置编码
            request.setCharacterEncoding("utf-8");
            //第二步：获取表单数据
            String username=request.getParameter("txtUsername");
            String password=request.getParameter("txtPassword");
            //第三步：
            PrintWriter out=response.getWriter();//取得输出流
            User user=new User();
            try {
                if (!user.isExist(username, password)) {
                    response.getWriter().write("{\"code\":0,\"msg\":\"用户
                    名密码不正确\"}");
                    // response.sendRedirect(request.getContextPath() +
                    "/manage/login.jsp");
                } else {
                    // Utility.writeCookie(response, "admin", username);
                    HttpSession session = request.getSession();
                    session.setAttribute("admin", username);
                    response.getWriter().write("{\"code\":1,\"msg\":\"成功\"}");
                   // response.sendRedirect(request.getContextPath() +
                   "/manage/index.jsp");
                }
            } catch (SQLException e) {
                e.printStackTrace();
            } catch (IllegalAccessException e) {
```

```
            e.printStackTrace();
        } catch (InstantiationException e) {
            e.printStackTrace();
        }
    }
    else if ("logout".equals(action)) {
        HttpSession session=request.getSession();
        //session.setAttribute("admin", null);
        session.invalidate();
        response.sendRedirect(request.getContextPath() +
        "/manage/login.jsp");
    }
}
protected void doGet(HttpServletRequest request, HttpServletResponse
response) throws ServletException, IOException {
    doPost(request, response);
}
}
```

4. 后台框架页面 index.jsp（见图 9-13）

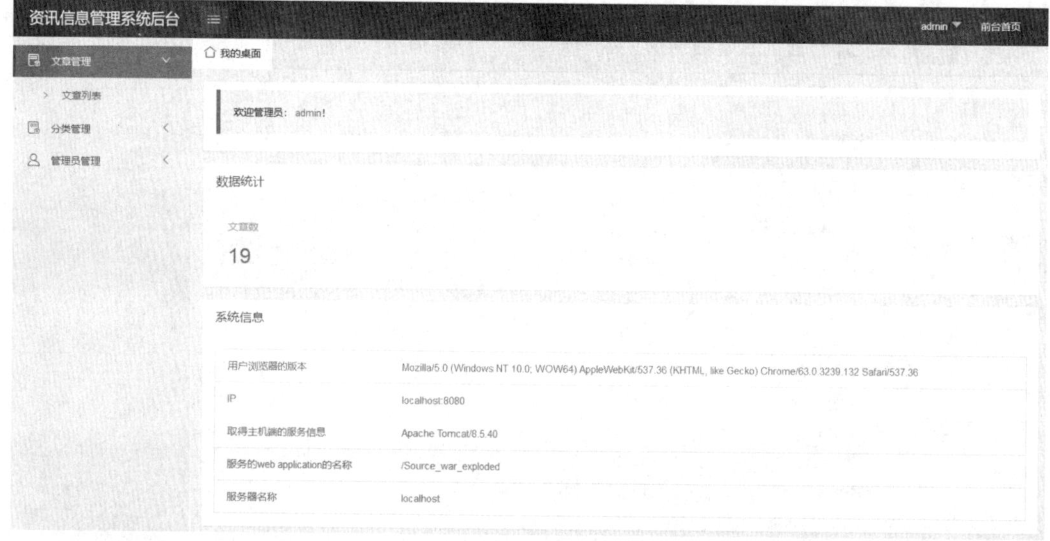

图 9-13　后台框架页面

index.jsp 位于 web\manage\lib 目录下，核心代码如下：

```
<%@ page contentType="text/html;charset=UTF-8" language="java" %>
<%@include file="./islogin.jsp"%>
<%@taglib prefix="c" uri="http://java.sun.com/jsp/jstl/core" %>

<c:set var="path" value="${pageContext.request.contextPath}"
scope="application"></c:set>
<c:set var="admin" value="${sessionScope.admin}"></c:set>
<%@page import="com.pch.common.Utility"%>
<!doctype html>
<html class="x-admin-sm">
<head>
```

```
    <meta charset="UTF-8">
    <title>资讯信息管理系统后台</title>
    <meta name="renderer" content="webkit|ie-comp|ie-stand">
    <meta http-equiv="X-UA-Compatible" content="IE=edge,chrome=1">
    <meta name="viewport" content="width=device-width,user-scalable=yes,
    minimum-scale=0.4, initial-scale=0.8,target-densitydpi=low-dpi" />
    <meta http-equiv="Cache-Control" content="no-siteapp" />
    <link rel="stylesheet" href="${path}/manage/css/font.css">
    <link rel="stylesheet" href="${path}/manage/css/xadmin.css">
    <!-- <link rel="stylesheet" href="./css/theme5.css"> -->
    <script src="${path}/manage/lib/layui/layui.js" charset="utf-8">
    </script>
    <script type="text/javascript" src="${path}/manage/js/xadmin.js">
    </script>
    <!-- 让 IE8/9 支持媒体查询，从而兼容栅格 -->
    <!--[if lt IE 9]>
    <script src="https://cdn.staticfile.org/html5shiv/r29/html5.min.js">
    </script>
    <script src="https://cdn.staticfile.org/respond.js/1.4.2/respond.min.js">
    </script>
    <![endif]-->
    <script>
        // 是否开启刷新记忆 tab 功能
        // var is_remember = false;
    </script>
</head>
<body class="index">
<!-- 顶部开始 -->
<div class="container">
    <div class="logo">
        <a href="./index.html">资讯信息管理系统后台</a></div>
    <div class="left_open">
        <a><i title="展开左侧栏" class="iconfont">&#xe699;</i></a>
    </div>
     <ul class="layui-nav right" lay-filter="">
        <li class="layui-nav-item">
            <a href="javascript:;"><c:out value="${admin}"></c:out></a>
            <dl class="layui-nav-child">
                <!-- 二级菜单 -->

                <dd>
                    <a href="${path}/loginServlet?action=logout">退出</a></dd>
            </dl>
        </li>
        <li class="layui-nav-item to-index">
            <a href="${path}" target="_blank">前台首页</a></li>
    </ul>
</div>
<!-- 顶部结束 -->
<!-- 中部开始 -->
```

```
<!-- 左侧菜单开始 -->
<div class="left-nav">
    <div id="side-nav">
        <ul id="nav">
            <li>
                <a href="javascript:;">
                    <i class="iconfont left-nav-li" lay-tips="文章管理">&#xe723;
                        </i>
                    <cite>文章管理</cite>
                    <i class="iconfont nav_right">&#xe697;</i></a>
                <ul class="sub-menu">
                    <li>
                        <a onclick="xadmin.add_tab('文章列表','${path}/
                        articleServlet?backPage=./manage/article-list.
                        jsp&action=getList')">
                            <i class="iconfont">&#xe6a7;</i>
                            <cite>文章列表</cite></a>
                    </li>

                </ul>
            </li>
            <li>
                <a href="javascript:;">
                    <i class="iconfont left-nav-li" lay-tips="分类管理">&#xe723;
                      </i>
                    <cite>分类管理</cite>
                    <i class="iconfont nav_right">&#xe697;</i>
                </a>
                <ul class="sub-menu">
                    <li>
                        <a onclick="xadmin.add_tab('分类列表','${path}/
                        categoryServlet?action=getList')">
                            <i class="iconfont">&#xe6a7;</i>
                            <cite>分类列表</cite>
                        </a>
                    </li>
                </ul>
            </li>
            <li>
                <a href="javascript:;">
                    <i class="iconfont left-nav-li" lay-tips="管理员管理"
                        >&#xe6b8;
                        </i>
                    <cite>管理员管理</cite>
                    <i class="iconfont nav_right">&#xe697;</i></a>
                <ul class="sub-menu">

                    <li>
                        <a onclick="xadmin.add_tab('管理员管理','${path}/
                        userServlet?action=getList')">
```

```
                        <i class="iconfont">&#xe6a7;</i>
                        <cite>管理员列表</cite>
                    </a>
                </li>
            </ul>
        </li>
    </ul>
</div>
</div>
<!-- <div class="x-slide_left"></div> -->
<!-- 左侧菜单结束 -->
<!-- 右侧主体开始 -->
<div class="page-content">
    <div class="layui-tab tab" lay-filter="xbs_tab" lay-allowclose=
    "false">
        <ul class="layui-tab-title">
            <li class="home">
                <i class="layui-icon">&#xe68e;</i>我的桌面</li></ul>
        <div class="layui-unselect layui-form-select layui-form-selected"
        id="tab_right">
            <dl>
                <dd data-type="this">关闭当前</dd>
                <dd data-type="other">关闭其它</dd>
                <dd data-type="all">关闭全部</dd></dl>
        </div>
        <div class="layui-tab-content">
            <div class="layui-tab-item layui-show">
                <iframe src='./welcome.jsp' frameborder="0" scrolling="yes"
                class="x-iframe"></iframe>
            </div>
        </div>
        <div id="tab_show"></div>
    </div>
</div>
<div class="page-content-bg"></div>
<style id="theme_style"></style>
<!-- 右侧主体结束 -->
<!-- 中部结束 -->
</body>
</html>
```

5. 管理员管理页 user-list.jsp

管理员管理部分对应的 servlet 类为 UserServlet.java，代码如下：

```
package com.pch.servlet;
import com.pch.common.DataConverter;
import com.pch.common.MD5;
import com.pch.dal.User;
import com.pch.model.PageBean;
import com.pch.model.UserInfo;
import javax.servlet.ServletException;
```

```
import javax.servlet.annotation.WebServlet;
import javax.servlet.http.HttpServlet;
import javax.servlet.http.HttpServletRequest;
import javax.servlet.http.HttpServletResponse;
import javax.servlet.http.HttpSession;
import java.io.IOException;
import java.sql.SQLException;
@WebServlet(name = "UserServlet", urlPatterns = "/userServlet")
public class UserServlet extends HttpServlet {
    protected void doPost(HttpServletRequest request, HttpServletResponse
    response) throws ServletException, IOException {
        request.setCharacterEncoding("utf-8");
        //验证是否登录成功
        HttpSession session = request.getSession();
        String username = (String) session.getAttribute("admin");
        if(username==null)
            return;
        //----结束验证
        String action = request.getParameter("action");
        UserInfo userInfo = new UserInfo();
        User user = new User();
        //获取列表
        if ("getList".equals(action)) {
            //获取参数
            String txtKeyword=request.getParameter("txtKeyword");
            //分页设置
            PageBean page=new PageBean();
            int currentPage=DataConverter.toInt(request.getParameter
            ("currentPage"));//当前页码
            int rows=10;  //每页显示条数
            if (currentPage<=0) currentPage=1;
            page.setCurrentPage(currentPage);
            page.setPageSize(rows);
            int totalCount=0; //总条数
            try {
                totalCount=user.getCount();
            } catch (SQLException e) {
                e.printStackTrace();
            }
            page.setTotalCount(totalCount);
            //传数据到页面
            try {
                request.setAttribute("userSet", user.getList(txtKeyword,
                currentPage, rows));
            } catch (SQLException e) {
                e.printStackTrace();
            }
            request.setAttribute("page", page);
            //服务端页面跳转
            request.getRequestDispatcher("/manage/user-list.jsp").forward
```

```
        (request, response);
    }
    if ("saveUser".equals(action)) {
        //接收参数
        String txtUsername=request.getParameter("txtUsername");
        String txtPassword=MD5.Encrypt(request.getParameter
        ("txtPassword"));
        String txtEmail=request.getParameter("txtEmail");
        userInfo.setUsername(txtUsername);
        userInfo.setPassword(txtPassword);
        userInfo.setEmail(txtEmail);
        int result=user.insert(userInfo);
        response.getWriter().write("{\"result\":"+result+"}");
    }
    if ("delUser".equals(action) || "delAllUser".equals(action)) {
        int result=user.delete(request.getParameter("ids"));
        response.getWriter().write("{\"result\":"+result+"}");
    }
    if ("getUser".equals(action)) {
        try {
            userInfo=user.getUserInfo(DataConverter.toInt(request.
            getParameter("id")));
        } catch (SQLException e) {
            e.printStackTrace();
        } catch (IllegalAccessException e) {
            e.printStackTrace();
        } catch (InstantiationException e) {
            e.printStackTrace();
        }
        request.setAttribute("user", userInfo);
        request.getRequestDispatcher("/manage/user-edit.jsp").forward
        (request, response);
    }
    if ("editSaveUser".equals(action)) {
        //接收参数
        String txtUsername=request.getParameter("txtUsername");
        String txtPassword=MD5.Encrypt(request.getParameter
        ("txtPassword"));
        String txtEmail=request.getParameter("txtEmail");
        int id=DataConverter.toInt(request.getParameter("hidId"));
        userInfo.setUsername(txtUsername);
        userInfo.setPassword(txtPassword);
        userInfo.setEmail(txtEmail);
        userInfo.setId(id);
        int result=user.update(userInfo);
        response.getWriter().write("{\"result\":"+result+"}");
    }
}
protected void doGet(HttpServletRequest request, HttpServletResponse
response) throws ServletException, IOException {
```

```
        doPost(request, response);
    }
}
```

user-list.jsp（见图 9-14）位于 web\manage\lib 目录下，核心代码如下：

图 9-14　管理员列表页

```
<%@ page contentType="text/html;charset=UTF-8" language="java" %>
<%@include file="./islogin.jsp"%>
<%@ taglib prefix="c" uri="http://java.sun.com/jsp/jstl/core" %>
<jsp:useBean id="p" scope="page" class="com.pch.model.PageBean">
</jsp:useBean>
<c:set var="path" value="${pageContext.request.contextPath}" scope=
"application"></c:set>
<!DOCTYPE html>
<html class="x-admin-sm">
<head>
    <meta charset="UTF-8">
    <title>管理员列表</title>
    <meta name="renderer" content="webkit">
    <meta http-equiv="X-UA-Compatible" content="IE=edge,chrome=1">
    <meta name="viewport"
         content="width=device-width,user-scalable=yes, minimum-scale=0.4,
         initial-scale=0.8,target-densitydpi=low-dpi"/>
    <link rel="stylesheet" href="${path}/manage/css/font.css">
    <link rel="stylesheet" href="${path}/manage/css/xadmin.css">
    <script src="${path}/manage/lib/layui/layui.js" charset="utf-8"></script>
    <script type="text/javascript" src="${path}/manage/js/xadmin.js">
    </script>
    <!--[if lt IE 9]>
    <script src="https://cdn.staticfile.org/html5shiv/r29/html5.min.js">
    </script>
    <script src="https://cdn.staticfile.org/respond.js/1.4.2/respond. min.js">
    </script>
    <![endif]-->
```

```
</head>
<body>
<div class="x-nav">
        <span class="layui-breadcrumb">
          <a href="">首页</a>
          <a href="">管理员管理</a>
          <a>
            <cite>列表</cite></a>
        </span>
    <a class="layui-btn layui-btn-small" style="line-height:1.6em;margin-
    top:3px;float:right"
    onclick="location.reload()" title="刷新">
        <i class="layui-icon layui-icon-refresh"
        style="line-height:30px"></i></a>
</div>
<div class="layui-fluid">
    <div class="layui-row layui-col-space15">
        <div class="layui-col-md12">
            <div class="layui-card">
                <div class="layui-card-body ">
                    <form class="layui-form layui-col-space5" method="post"
                    action="userServlet?action=getList">
                        <div class="layui-inline layui-show-xs-block">
                            <input type="text" name="txtKeyword" placeholder=
                            "请输入分类名称" autocomplete="off"
                                class="layui-input">
                        </div>
                        <div class="layui-inline layui-show-xs-block">
                            <button class="layui-btn" lay-submit=""
                            lay-filter="sreach"><i
                            class="layui-icon">&#xe615;</i></button>
                        </div>
                    </form>
                </div>
                <div class="layui-card-header">
                    <button class="layui-btn layui-btn-danger" onclick="delAll()">
                    <i class="layui-icon">幑</i>批量删除
                    </button>
                    <button class="layui-btn" onclick="xadmin.open('添加管理
                    员','${path}/manage/user-add.jsp',500,400)">
                    <i class="layui-icon">鍦</i>添加
                    </button>
                </div>
                <div class="layui-card-body ">
                    <table class="layui-table layui-form">
                        <thead>
                        <tr>
                            <th>
                                <input type="checkbox" lay-filter="checkall"
                                lay-skin="primary">全选
                            </th>
                            <th>ID</th>
                            <th>用户名</th>
                            <th>邮箱</th>
```

```
                <th>操作</th>
            </thead>
            <tbody>
            <c:forEach items="${userSet}" var="user">
                <tr>
                    <td>
                        <input type="checkbox" name="ids"
                        value="${user.getId()}"
                        lay-skin="primary">
                    </td>
                    <td>
                        <c:out value="${user.getId()}"></c:out>
                    </td>
                    <td>
                        <c:out value="${user.getUsername()}"> </c:out>
                    </td>
                    <td>
                        <c:out value="${user.getEmail()}"> </c:out>
                    </td>
                    <td class="td-manage">
                        <button class="layui-btn layui-btn layui-
                        btn-xs" onclick="xadmin.open('编辑','${path}/
                        userServlet?id=${user. getId()}&action=
                        getUser',500,400)" ><i class="layui-icon">
                        &#xe642;</i>编辑
                        </button>
                        <button class="layui-btn-danger layui-btn
                        layui-btn-xs"  onclick="user_del(this,'$
                        {user.getId()}')" href="javascript:;" ><i
                        class="layui-icon">&#xe640;</i>删除
                        </button>
                    </td>
                </tr>
            </c:forEach>
            </tbody>
        </table>
    </div>
    <div class="layui-card-body ">
        <div class="page">
            <div>
                <a>当前第 ${page.currentPage} 页</a>
                <a class="prev" href="${path}/userServlet?
                action=getList&currentPage=1">首页</a>
                <c:choose>
                    <c:when test="${page.currentPage==1}">
                        <a class="num" href="${path}/userServlet?
                        action=getList&currentPage=1">上一页</a>
                    </c:when>
                    <c:otherwise>
                        <a class="num"
                           href="${path}/userServlet?action=
                           getList&currentPage=${page.current
                           Page-1}">上一页</a>
                    </c:otherwise>
```

```
                        </c:choose>
                        <c:choose>
                            <c:when test="${page.currentPage==page.totaPage}">
                                <a class="num"
                                  href="${path}/userServlet?action=
                                  getList&currentPage=${page.totaPage}">
                                  下一页</a>
                            </c:when>
                            <c:otherwise>
                                <a class="num"
                                  href="${path}/userServlet?action=
                                  getList&currentPage=${page.current
                                  Page+1}">下一页</a>
                            </c:otherwise>
                        </c:choose>
                        <a class="next" href="${path}/userServlet?
                        action=getList&currentPage=${page.totaPage}">
                        尾页</a>
                        <a class="num">共 ${page.totalCount} 条，每页显示
                        ${page.pageSize} 条，共 ${page.totaPage} 页</a>
                    </div>
                </div>
            </div>
        </div>
    </div>
  </div>
</div>
</body>
<script>
    layui.use(['laydate', 'form'], function () {
        var laydate = layui.laydate;
        var form = layui.form;
        //执行一个 laydate 实例
        laydate.render({
            elem: '#start' //指定元素
        });
        //执行一个 laydate 实例
        laydate.render({
            elem: '#end' //指定元素
        });
        // 监听全选
        form.on('checkbox(checkall)', function (data) {
            if (data.elem.checked) {
                $('tbody input').prop('checked', true);
            } else {
                $('tbody input').prop('checked', false);
            }
            form.render('checkbox');
        });
    });
    /*删除*/
```

```
    function user_del(objs, id) {
        layer.confirm('确认要删除吗？ ', function (index) {
            //发异步删除数据
            //创建一个对象,用来传递要发送到服务端的数据
            var obj=new Object();
            //将 id,给 object 赋值
            obj.ids=id;
            obj.action="delUser";
            $.post("${path}/userServlet", obj, function(data) {
                var obj_data = eval('(' + data + ')');
                //由 JSON 字符串转换为 JSON 对象
                if(obj_data.result==0){
                    layer.msg('删除失败!', {icon: 1, time: 1000});
                }else{
                    $(objs).parents("tr").remove();
                    layer.msg('删除成功!', {icon: 1, time: 1000});
                }
            });
            // $(obj).parents("tr").remove();
        });
    }
    function delAll(argument) {
        var ids = [];
        // 获取选中的 id
        $('tbody input').each(function(index, el) {
            if($(this).prop('checked')){
                ids.push($(this).val())
            }
        });
        layer.confirm('确认要删除吗？ ', function (index) {
            //捉到所有被选中的，发异步进行删除
            var obj=new Object();
            //将 ids,给 object 赋值
            obj.ids=ids.toString();
            obj.action="delAllUser";
            $.post("${path}/userServlet", obj, function(data) {
                var obj_data = eval('(' + data + ')');
                //由 JSON 字符串转换为 JSON 对象
                if(obj_data.result==0){
                    layer.msg('删除失败!', {icon: 5, time: 1000});
                }else{
                    layer.msg('删除成功!', {icon: 1, time: 1000});
                    $(".layui-form-checked").not('.header').parents('tr').
                    remove();
                }
            });
        });
    }
</script>
</html>
```

6. 后台管理员添加页面 user-add.jsp（见图 9-15）

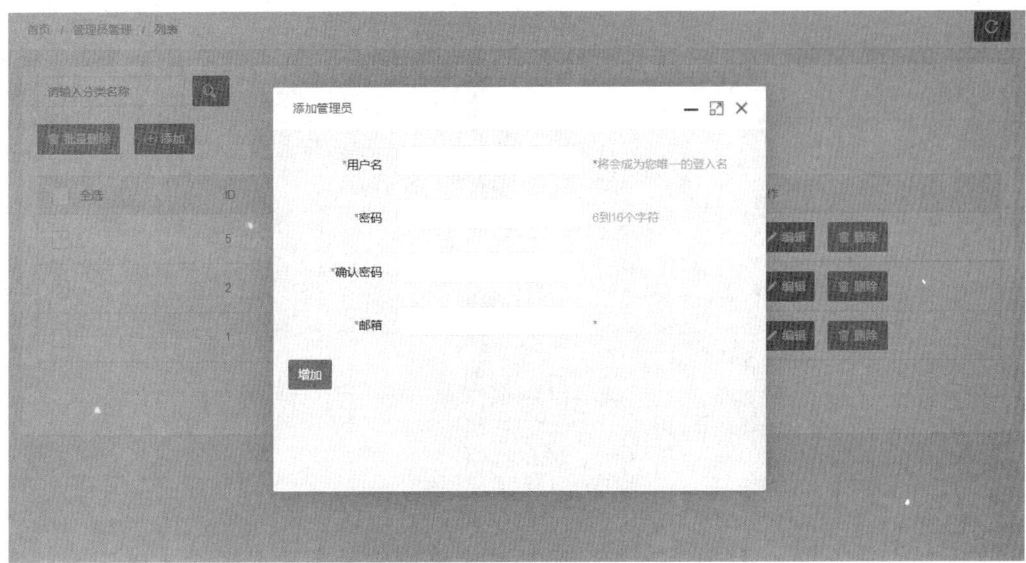

图 9-15　添加管理员页面

user-add.jsp 位于 web\manage\lib 目录下，核心代码如下：

```
<%@ page contentType="text/html;charset=UTF-8" language="java" %>
<%@include file="./islogin.jsp"%>
<%@ taglib prefix="c" uri="http://java.sun.com/jsp/jstl/core" %>
<c:set var="path" value="${pageContext.request.contextPath}"
scope="application"></c:set>
<!DOCTYPE html>
<html class="x-admin-sm">
<head>
    <meta charset="UTF-8">
    <title>添加管理员</title>
    <meta name="renderer" content="webkit">
    <meta http-equiv="X-UA-Compatible" content="IE=edge,chrome=1">
    <meta name="viewport" content="width=device-width,user-scalable=yes,
    minimum-scale=0.4, initial-scale=0.8,target-densitydpi=low-dpi"/>
    <link rel="stylesheet" href="${path}/manage/css/font.css">
    <link rel="stylesheet" href="${path}/manage/css/xadmin.css">
    <script type="text/javascript" src="${path}/manage/lib/layui/layui.js"
    charset="utf-8"></script>
    <script type="text/javascript" src="${path}/manage/js/xadmin.js"></script>
    <!-- 让 IE8/9 支持媒体查询，从而兼容栅格 -->
    <!--[if lt IE 9]>
    <script src="https://cdn.staticfile.org/html5shiv/r29/html5.min.js">
    </script>
    <script src="https://cdn.staticfile.org/respond.js/1.4.2/respond.min.
    js"></script>
    <![endif]-->
</head>
```

```
<body>
<div class="layui-fluid">
    <div class="layui-row">
        <form class="layui-form" method="post" id="addForm">
            <div class="layui-form-item">
                <label for="txtUsername" class="layui-form-label">
                    <span class="x-red">*</span>用户名
                </label>
                <div class="layui-input-inline">
                    <input type="text" id="txtUsername" name="txtUsername"
                    required="" lay-verify="required"
                    autocomplete="off" class="layui-input">
                </div>
                <div class="layui-form-mid layui-word-aux">
                    <span class="x-red">*</span>将会成为您唯一的登入名
                </div>
            </div>
            <div class="layui-form-item">
                <label for="txtPassword" class="layui-form-label">
                    <span class="x-red">*</span>密码
                </label>
                <div class="layui-input-inline">
                    <input type="password" id="txtPassword" name="txtPassword"
                    required="" lay-verify="pass"
                    autocomplete="off" class="layui-input">
                </div>
                <div class="layui-form-mid layui-word-aux">
                    6到16个字符
                </div>
            </div>
            <div class="layui-form-item">
                <label for="txtPassword2" class="layui-form-label">
                    <span class="x-red">*</span>确认密码
                </label>
                <div class="layui-input-inline">
                    <input type="password" id="txtPassword2" name="txtPassword2"
                    required="" lay-verify="repass"
                         autocomplete="off" class="layui-input">
                </div>
            </div>
            <div class="layui-form-item">
                <label for="txtEmail" class="layui-form-label">
                    <span class="x-red">*</span>邮箱
                </label>
                <div class="layui-input-inline">
                    <input type="text" id="txtEmail" name="txtEmail"
                    required="" lay-verify="email"
                    autocomplete="off" class="layui-input">
                </div>
                <div class="layui-form-mid layui-word-aux">
```

```
                <span class="x-red">*</span>
            </div>
        </div>
        <div class="layui-form-item">
            <%-- <input type="submit" value="增加" class="layui-btn">--%>
            <button class="layui-btn" lay-filter="add" lay-submit="">
                增加
            </button>
        </div>
    </form>
</div>
</div>
</body>
<script>
    layui.use('layedit', function () {
        $ = layui.jquery;
        var form = layui.form,
            layer = layui.layer;
        //自定义验证规则
        form.verify({
            txtUserame: function (value) {
                if (value.length < 6) {
                    return '名称至少得 6 个字符啊';
                }
            },
            pass: [/(.+){6,12}$/, '密码必须 6 到 12 位'],
            repass: function (value) {
                if ($('#txtPassword').val() != $('#txtPassword2').val()) {
                    return '两次密码不一致';
                }
            }
        });
        //监听提交
        form.on('submit(add)', function (data) {
            var obj = new Object();
            obj.txtUsername = data.field.txtUsername;
            obj.txtPassword = data.field.txtPassword;
            obj.txtEmail = data.field.txtEmail;
            obj.action = "saveUser";
            $.post("${path}/userServlet", obj, function (data) {
                var obj_data = eval('(' + data + ')'); //由 JSON 字符串转换为 JSON 对象
                if (obj_data.result == 0) {
                    layer.alert("增加失败", {
                            icon: 5
                        },
                        function () {
                            //关闭当前 frame
                            xadmin.close();
                            // 可以对父窗口进行刷新
                            xadmin.father_reload();
```

```
                });
            } else {
                layer.alert("增加成功", {
                    icon: 6
                },
                function () {
                    //关闭当前 frame
                    xadmin.close();
                    // 可以对父窗口进行刷新
                    xadmin.father_reload();
                });
            }
        });
        return false;
    });
});
</script>
</html>
```

7. 后台管理员编辑页面 user-edit.jsp（见图 9-16）

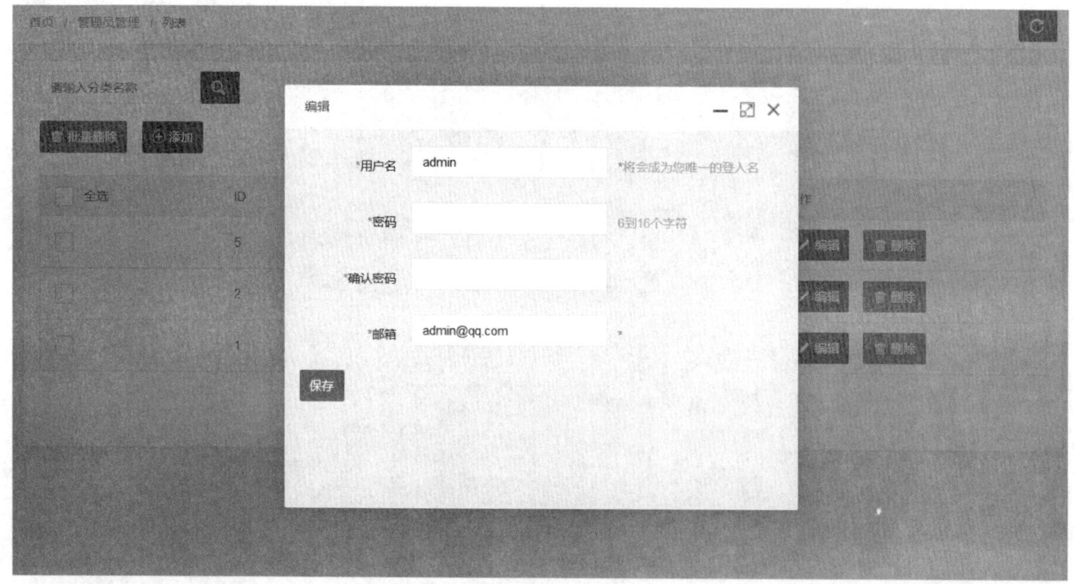

图 9-16　编辑管理员面

user-edit.jsp 位于 web\manage\lib 目录下，核心代码如下：

```
<%@ page contentType="text/html;charset=UTF-8" language="java" %>
<%@include file="./islogin.jsp"%>
<%@ taglib prefix="c" uri="http://java.sun.com/jsp/jstl/core" %>
<c:set var="path" value="${pageContext.request.contextPath}"
scope="application"></c:set>
<!DOCTYPE html>
<html class="x-admin-sm">
<head>
```

```
    <meta charset="UTF-8">
    <title>编辑分类</title>
    <meta name="renderer" content="webkit">
    <meta http-equiv="X-UA-Compatible" content="IE=edge,chrome=1">
    <meta name="viewport" content="width=device-width,user-scalable=yes,
    minimum-scale=0.4, initial-scale=0.8,target-densitydpi=low-dpi"/>
    <link rel="stylesheet" href="${path}/manage/css/font.css">
    <link rel="stylesheet" href="${path}/manage/css/xadmin.css">
    <script type="text/javascript" src="${path}/manage/lib/layui/layui.
    js" charset="utf-8"></script>
    <script type="text/javascript" src="${path}/manage/js/xadmin.js">
    </script>
    <!-- 让 IE8/9 支持媒体查询，从而兼容栅格 -->
    <!--[if lt IE 9]>
    <script src="https://cdn.staticfile.org/html5shiv/r29/html5.min.js">
    </script>
    <script src="https://cdn.staticfile.org/respond.js/1.4.2/respond.min.js">
    </script>
    <![endif]-->
</head>
<body>
<div class="layui-fluid">
    <div class="layui-row">
        <form class="layui-form" method="post" id="addForm">
            <div class="layui-form-item">
                <label for="txtUsername" class="layui-form-label">
                    <span class="x-red">*</span>用户名
                </label>
                <div class="layui-input-inline">
                    <input type="text" id="txtUsername" name="txtUsername"
                    required="" lay-verify="required"
                    autocomplete="off" class="layui-input" value="${user.
                    getUsername()}">
                </div>
                <div class="layui-form-mid layui-word-aux">
                    <span class="x-red">*</span>将会成为您唯一的登录名
                </div>
            </div>
            <div class="layui-form-item">
                <label for="txtPassword" class="layui-form-label">
                    <span class="x-red">*</span>密码
                </label>
                <div class="layui-input-inline">
                    <input type="password" id="txtPassword" name="txtPassword"
                    required="" lay-verify="pass"
                    autocomplete="off" class="layui-input">
                </div>
                <div class="layui-form-mid layui-word-aux">
                    6 到 16 个字符
                </div>
```

```
            </div>
            <div class="layui-form-item">
                <label for="txtPassword2" class="layui-form-label">
                    <span class="x-red">*</span>确认密码
                </label>
                <div class="layui-input-inline">
                    <input type="password" id="txtPassword2" name="txtPassword2"
                    required="" lay-verify="repass"
                    autocomplete="off" class="layui-input">
                </div>
            </div>
            <div class="layui-form-item">
                <label for="txtEmail" class="layui-form-label">
                    <span class="x-red">*</span>邮箱
                </label>
                <div class="layui-input-inline">
                    <input type="text" id="txtEmail" name="txtEmail"
                    required="" lay-verify="email"
                    autocomplete="off" class="layui-input" value="${user.
                    getEmail()}">
                    <input type="hidden" id="hidId" name="hidId"
                    value="${user.getId()}">
                </div>
                <div class="layui-form-mid layui-word-aux">
                    <span class="x-red">*</span>
                </div>
            </div>
            <div class="layui-form-item">
                <%-- <input type="submit" value="增加" class="layui-btn">--%>
                <button class="layui-btn" lay-filter="edit" lay-submit="">
                    保存
                </button>
            </div>
        </form>
    </div>
</div>
</body>
<script>
    layui.use('layedit', function () {
        $ = layui.jquery;
        var form = layui.form,
            layer = layui.layer;
        //自定义验证规则
        form.verify({
            txtUserame: function (value) {
                if (value.length < 6) {
                    return '名称至少得 6 个字符啊';
                }
            },
            pass: [/(.+){6,12}$/, '密码必须 6 到 12 位'],
```

```
            repass: function (value) {
                if ($('#txtPassword').val() != $('#txtPassword2').val()) {
                    return '两次密码不一致';
                }
            }
        });
        //监听提交
        form.on('submit(edit)', function (data) {
            var obj = new Object();
            obj.txtUsername = data.field.txtUsername;
            obj.txtPassword = data.field.txtPassword;
            obj.txtEmail = data.field.txtEmail;
            obj.hidId = data.field.hidId;
            obj.action = "editSaveUser";
            $.post("${path}/userServlet", obj, function (data) {
                var obj_data = eval('(' + data + ')'); //由JSON字符串转换为JSON对象
                if (obj_data.result == 0) {
                    layer.alert("编辑失败", {
                            icon: 5
                        },
                        function () {
                            //关闭当前frame
                            xadmin.close();
                            // 可以对父窗口进行刷新
                            xadmin.father_reload();
                        });
                } else {
                    layer.alert("编辑成功", {
                            icon: 6
                        },
                        function () {
                            //关闭当前frame
                            xadmin.close();
                            // 可以对父窗口进行刷新
                            xadmin.father_reload();
                        });
                }
            });
            return false;
        });
    });
</script>
</html>
```

8. 后台文章分类管理页面 category-list.jsp

文章分类管理部分（见图 9-17）对应的 servlet 类为 CategoryServlet.java，代码如下：

```
package com.pch.servlet;
import com.pch.common.DataConverter;
import com.pch.dal.Category;
import com.pch.model.CategoryInfo;
```

```
import com.pch.model.PageBean;
import javax.servlet.ServletException;
import javax.servlet.annotation.WebServlet;
import javax.servlet.http.HttpServlet;
import javax.servlet.http.HttpServletRequest;
import javax.servlet.http.HttpServletResponse;
import javax.servlet.http.HttpSession;
import java.io.IOException;
import java.sql.SQLException;
@WebServlet(name= "CategoryServlet", urlPatterns= "/categoryServlet")
public class CategoryServlet extends HttpServlet {
    protected void doPost(HttpServletRequest request, HttpServletResponse
    response) throws ServletException, IOException {
        request.setCharacterEncoding("utf-8");
        //验证是否登录成功
        HttpSession session=request.getSession();
        String username=(String) session.getAttribute("admin");
        if(username==null)
            return;
        //----结束验证
        String action=request.getParameter("action");
        Category category=new Category();
        CategoryInfo categoryInfo=new CategoryInfo();
        //列表
        if ("getList".equals(action)) {
            //获取参数
            String txtKeyword=request.getParameter("txtKeyword");
            //分页设置
            PageBean page=new PageBean();
            int currentPage=DataConverter.toInt(request.getParameter
            ("currentPage"));//当前页码
            int rows=10;  //每页显示条数
            if (currentPage<=0) currentPage = 1;
            page.setCurrentPage(currentPage);
            page.setPageSize(rows);
            int totalCount=0; //总条数
            try {
                totalCount=category.getCount();
            } catch (SQLException e) {
                e.printStackTrace();
            }
            page.setTotalCount(totalCount);
            //传数据到页面
            try {
                request.setAttribute("categorySet", category.getList(txtKeyword,
                currentPage, rows));
            } catch (SQLException e) {
                e.printStackTrace();
            }
            request.setAttribute("page", page);
```

```
            //服务端页面跳转
            request.getRequestDispatcher("/manage/category-list.jsp").
            forward(request, response);
        }
        if ("saveCategory".equals(action)) {
            //接收参数
            String txtName = request.getParameter("txtName");
            int sort = DataConverter.toInt(request.getParameter("txtSort"));
            categoryInfo.setName(txtName);
            categoryInfo.setSort(sort);
            int result = category.insert(categoryInfo);
            response.getWriter().write("{\"result\":"+result+"}");
        }
        if ("getCategory".equals(action)) {
            try {
                categoryInfo = category.getCategoryInfo(DataConverter.
                toInt(request.getParameter("id")));
            } catch (SQLException e) {
                e.printStackTrace();
            } catch (IllegalAccessException e) {
                e.printStackTrace();
            } catch (InstantiationException e) {
                e.printStackTrace();
            }
            request.setAttribute("category", categoryInfo);
            request.getRequestDispatcher("/manage/category-edit.jsp").
            forward(request, response);
        }
        if ("editSaveCategory".equals(action)) {
            //接收参数
            String txtName = request.getParameter("txtName");
            int sort = DataConverter.toInt(request.getParameter("txtSort"));
            int id = DataConverter.toInt(request.getParameter("hidId"));
            categoryInfo.setName(txtName);
            categoryInfo.setSort(sort);
            categoryInfo.setId(id);
            int result = category.update(categoryInfo);
            response.getWriter().write("{\"result\":"+result+"}");
        }
        if ("delCategory".equals(action) || "delAllCategory".equals(action)){
            int result = category.delete(request.getParameter("ids"));
            response.getWriter().write("{\"result\":"+result+"}");
        }
    }
    protected void doGet(HttpServletRequest request, HttpServletResponse
    response) throws ServletException, IOException {
        doPost(request, response);
    }
}
```

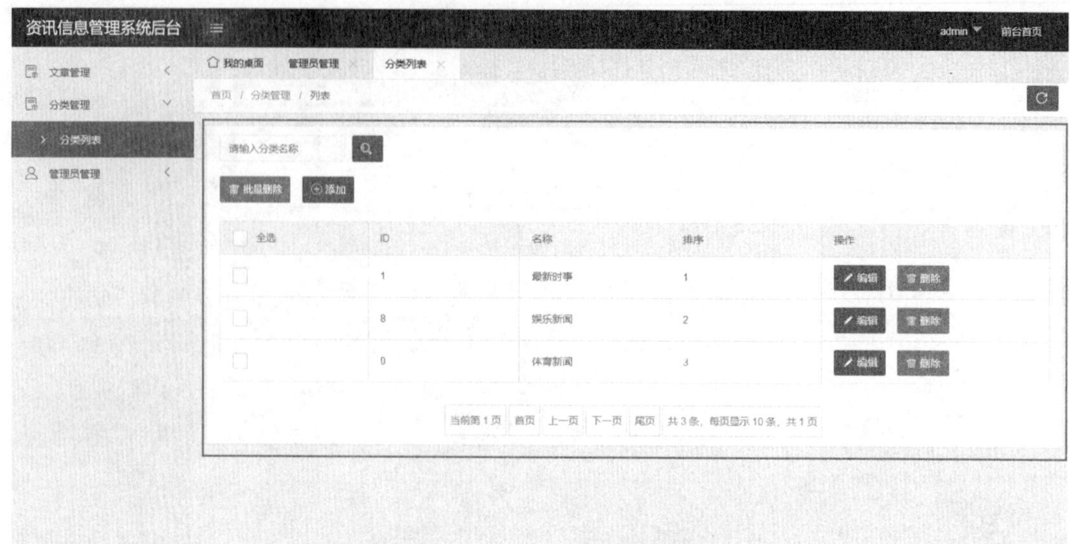

图 9-17　分类列表页面

category-list.jsp 位于 web\manage\lib 目录下，核心代码如下：

```
<%@ page contentType="text/html;charset=UTF-8" language="java" %>
<%@include file="./islogin.jsp"%>
<%@ taglib prefix="c" uri="http://java.sun.com/jsp/jstl/core" %>
<jsp:useBean id="p" scope="page" class="com.pch.model.PageBean">
</jsp:useBean>
<c:set var="path" value="${pageContext.request.contextPath}"
scope="application"></c:set>
<!DOCTYPE html>
<html class="x-admin-sm">
<head>
    <meta charset="UTF-8">
    <title>分类列表</title>
    <meta name="renderer" content="webkit">
    <meta http-equiv="X-UA-Compatible" content="IE=edge,chrome=1">
    <meta name="viewport" content="width=device-width,
    user-scalable=yes, minimum-scale=0.4, initial-scale=0.8,target-
    densitydpi=low-dpi"/>
    <link rel="stylesheet" href="${path}/manage/css/font.css">
    <link rel="stylesheet" href="${path}/manage/css/xadmin.css">
    <script src="${path}/manage/lib/layui/layui.js" charset="utf-8">
    </script>
    <script type="text/javascript" src="${path}/manage/js/xadmin.js">
    </script>
    <!--[if lt IE 9]>
    <script src="https://cdn.staticfile.org/html5shiv/r29/html5.min.js">
    </script>
    <script src="https://cdn.staticfile.org/respond.js/1.4.2/respond.min.
    js"></script>
    <![endif]-->
```

```
</head>
<body>
<div class="x-nav">
        <span class="layui-breadcrumb">
          <a href="">首页</a>
          <a href="">分类管理</a>
          <a>
            <cite>列表</cite></a>
        </span>
    <a class="layui-btn layui-btn-small" style="line-height:1.6em;margin-
    top:3px;float:right"
    onclick="location.reload()" title="刷新">
        <i class="layui-icon layui-icon-refresh" style="line-height:
        30px"></i></a>
</div>
<div class="layui-fluid">
    <div class="layui-row layui-col-space15">
        <div class="layui-col-md12">
            <div class="layui-card">
                <div class="layui-card-body ">
                    <form class="layui-form layui-col-space5" method="post"
                    action="categoryServlet?action=getList">
                        <div class="layui-inline layui-show-xs-block">
                            <input type="text" name="txtKeyword" placeholder=
                            "请输入分类名称" autocomplete="off"
                            class="layui-input">
                        </div>
                        <div class="layui-inline layui-show-xs-block">
                            <button class="layui-btn" lay-submit=""
                            lay-filter="sreach"><i class="layui-icon">
                            &#xe615;</i></button>
                        </div>
                    </form>
                </div>
                <div class="layui-card-header">
                    <button class="layui-btn layui-btn-danger"
                    onclick="delAll()"><i class="layui-icon">巗</i>批量删除
                    </button>
                    <button class="layui-btn" onclick="xadmin.open('添加分类
                    ','${path}/manage/category-add.jsp',450,300)">
                        <i class="layui-icon">鍦</i>添加
                    </button>
                </div>
                <div class="layui-card-body ">
                    <table class="layui-table layui-form">
                        <thead>
                        <tr>
                            <th>
                                <input type="checkbox" lay-filter="checkall"
                                lay-skin="primary">全选
```

```
                </th>
                <th>ID</th>
                <th>名称</th>
                <th>排序</th>
                <th>操作</th>
            </thead>
            <tbody>
            <c:forEach items="${categorySet}" var="category">
                <tr>
                    <td>
                        <input type="checkbox" name="ids"
                        value="${category.getId()}"
                        lay-skin="primary">
                    </td>
                    <td><c:out value="${category.getId()}">
                        </c:out></td>
                    <td><c:out value="${category.getName()}">
                        </c:out></td>
                    <td><c:out value="${category.getSort()}">
                        </c:out></td>
                    <td class="td-manage">
                        <button class="layui-btn layui-btn
                        layui-btn-xs"  onclick="xadmin.open('编辑
                        ','${path}/categoryServlet?id=$ {category.
                        getId()}&action=getCategory',450,300)"
                        ><i class="layui-icon"> &#xe642;</i>编辑
                        </button>
                        <button class="layui-btn-danger layui-btn
                        layui-btn-xs"  onclick="category_del(this,
                        '${category.getId()}')" href="javascript:;"
                        ><i class="layui-icon">&#xe640;</i>删除
                        </button>
                    </td>
                </tr>
            </c:forEach>
            </tbody>
        </table>
    </div>
    <div class="layui-card-body ">
        <div class="page">
            <div>
                <a>当前第 ${page.currentPage} 页</a>
                <a class="prev" href="${path}/categoryServlet?
                action=getList&currentPage=1">首页</a>
                <c:choose>
                    <c:when test="${page.currentPage==1}">
                        <a class="num" href="${path}/categoryServlet?
                        action=getList&currentPage=1">上一页</a>
                    </c:when>
                    <c:otherwise>
```

```
                    <a class="num"
                    href="${path}/categoryServlet?action=
                    getList&currentPage=${page.current
                    Page-1}">上一页</a>
                </c:otherwise>
            </c:choose>
            <c:choose>
                <c:when test="${page.currentPage==page.
                totaPage}">
                    <a class="num"
                    href="${path}/categoryServlet?action=
                    getList&currentPage=${page.totaPage}">
                    下一页</a>
                </c:when>
                <c:otherwise>
                    <a class="num"
                    href="${path}/categoryServlet?action=
                    getList&currentPage=${page.currentPage+1}">
                    下一页</a>
                </c:otherwise>
            </c:choose>
            <a class="next" href="${path}/categoryServlet?
            action=getList&currentPage=${page.totaPage}">
            尾页</a>
            <a class="num">共 ${page.totalCount} 条，每页显示
            ${page.pageSize} 条，共 ${page.totaPage} 页</a>
          </div>
        </div>
      </div>
    </div>
  </div>
 </div>
</div>
</body>
<script>
 layui.use(['laydate', 'form'], function () {
   var laydate=layui.laydate;
   var form=layui.form;
   //执行一个 laydate 实例
   laydate.render({
     elem: '#start' //指定元素
   });
   //执行一个 laydate 实例
   laydate.render({
     elem: '#end' //指定元素
   });
   // 监听全选
   form.on('checkbox(checkall)', function (data) {
     if (data.elem.checked) {
       $('tbody input').prop('checked', true);
     } else {
```

```
            $('tbody input').prop('checked', false);
        }
        form.render('checkbox');
    });
});
/*删除*/
function category_del(objs, id) {
    layer.confirm('确认要删除吗? ', function (index) {
        //发异步删除数据
        //创建一个对象,用来传递要发送到服务端的数据
        var obj=new Object();
        //将 id,给 object 赋值
        obj.ids=id;
        obj.action="delCategory";
        $.post("${path}/categoryServlet", obj, function(data) {
            var obj_data=eval('(' + data + ')');
            //由 JSON 字符串转换为 JSON 对象
            if(obj_data.result==0){
                layer.msg('删除失败!', {icon: 1, time: 1000});
            }else{
                $(objs).parents("tr").remove();
                layer.msg('删除成功!', {icon: 1, time: 1000});
            }
        });
        // $(obj).parents("tr").remove();
    });
}
function delAll(argument) {
    var ids = [];
    // 获取选中的 id
    $('tbody input').each(function(index, el) {
        if($(this).prop('checked')){
            ids.push($(this).val())
        }
    });
    layer.confirm('确认要删除吗? ', function (index) {
        //捉到所有被选中的,发异步进行删除
        var obj=new Object();
        //将 ids,给 object 赋值
        obj.ids=ids.toString();
        obj.action="delAllCategory";
        $.post("${path}/categoryServlet", obj, function(data) {
            var obj_data = eval('(' + data + ')');
            //由 JSON 字符串转换为 JSON 对象
            if(obj_data.result==0){
                layer.msg('删除失败!', {icon: 5, time: 1000});
            }else{
                layer.msg('删除成功!', {icon: 1, time: 1000});
                $(".layui-form-checked").not('.header').parents('tr').
                remove();
            }
        });
    });
}
```

```
</script>
</html>
```

9. 后台文章分类添加页面 category-add.jsp（见图 9-18）

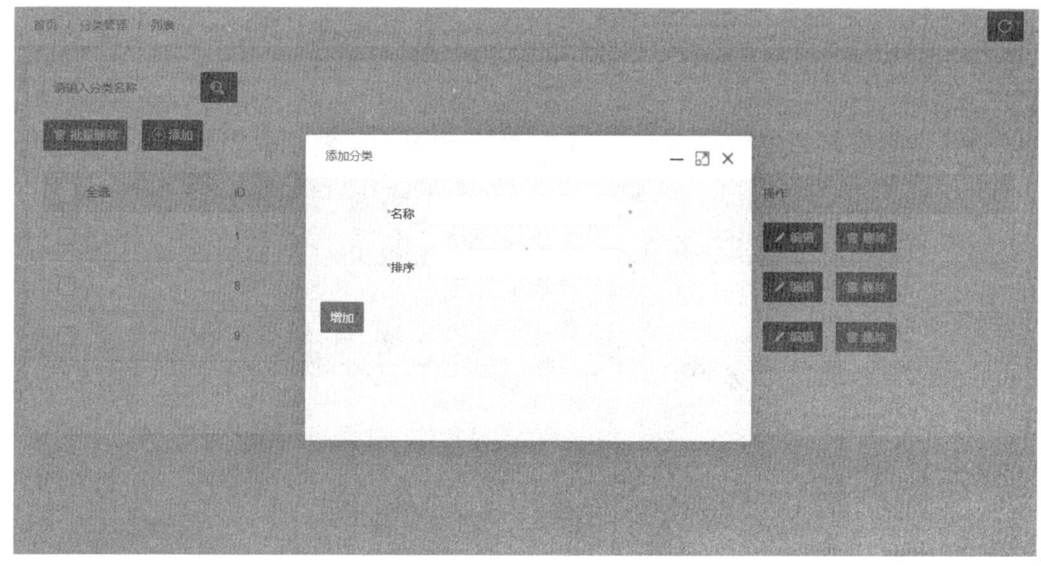

图 9-18　添加分类

category-add.jsp 位于 web\manage\lib 目录下，核心代码如下：

```
<%@ page contentType="text/html;charset=UTF-8" language="java" %>
<%@include file="./islogin.jsp"%>
<%@ taglib prefix="c" uri="http://java.sun.com/jsp/jstl/core" %>
<c:set var="path" value="${pageContext.request.contextPath}"
scope="application"></c:set>
<!DOCTYPE html>
<html class="x-admin-sm">
<head>
    <meta charset="UTF-8">
    <title>添加分类</title>
    <meta name="renderer" content="webkit">
    <meta http-equiv="X-UA-Compatible" content="IE=edge,chrome=1">
    <meta name="viewport" content="width=device-width,user-scalable=yes,
    minimum-scale=0.4, initial-scale=0.8,target-densitydpi=low-dpi"/>
    <link rel="stylesheet" href="${path}/manage/css/font.css">
    <link rel="stylesheet" href="${path}/manage/css/xadmin.css">
    <script type="text/javascript" src="${path}/manage/lib/layui/
    layui.js" charset="utf-8"></script>
    <script type="text/javascript" src="${path}/manage/js/xadmin.js">
    </script>
    <!-- 让 IE8/9 支持媒体查询，从而兼容栅格 -->
    <!--[if lt IE 9]>
    <script src="https://cdn.staticfile.org/html5shiv/r29/html5.min.js">
    </script>
```

```
    <script src="https://cdn.staticfile.org/respond.js/1.4.2/respond.min.
    js"></script>
    <![endif]-->
</head>
<body>
<div class="layui-fluid">
    <div class="layui-row">
        <form class="layui-form" method="post" id="addForm">
            <div class="layui-form-item">
                <label for="txtName" class="layui-form-label">
                    <span class="x-red">*</span>名称
                </label>
                <div class="layui-input-inline">
                    <input type="text" id="txtName" name="txtName"
                    required="" lay-verify="required"
                    autocomplete="off" class="layui-input">
                </div>
                <div class="layui-form-mid layui-word-aux">
                    <span class="x-red">*</span>
                </div>
            </div>
            <div class="layui-form-item">
                <label for="txtSort" class="layui-form-label">
                    <span class="x-red">*</span>排序
                </label>
                <div class="layui-input-inline">
                    <input type="text" id="txtSort" name="txtSort"
                    required="" lay-verify="required"
                    autocomplete="off" class="layui-input">
                </div>
                <div class="layui-form-mid layui-word-aux">
                    <span class="x-red">*</span>
                </div>
            </div>
            <div class="layui-form-item">
                <%-- <input type="submit" value="增加"
                class="layui-btn">--%>
                <button class="layui-btn" lay-filter="add" lay-submit="">
                    增加
                </button>
            </div>
        </form>
    </div>
</div>
</body>
<script>
    layui.use('layedit', function(){
        $=layui.jquery;
```

```
        var form=layui.form,
        layer=layui.layer;
        //自定义验证规则
        form.verify({
            txtName: function (value) {
                if (value.length < 2) {
                    return '名称至少得 2 个字符啊';
                }
            }
        });
        //监听提交
        form.on('submit(add)', function (data) {
            var obj=new Object();
            obj.txtName=data.field.txtName;
            obj.txtSort=data.field.txtSort;
            obj.action="saveCategory";
            $.post("${path}/categoryServlet", obj, function (data) {
                var obj_data=eval('(' + data + ')');
                //由 JSON 字符串转换为 JSON 对象
                if (obj_data.result==0) {
                    layer.alert("增加失败", {
                            icon: 5
                        },
                        function () {
                            //关闭当前 frame
                            xadmin.close();
                            // 可以对父窗口进行刷新
                            xadmin.father_reload();
                        });
                } else {
                    layer.alert("增加成功", {
                            icon: 6
                        },
                        function () {
                            //关闭当前 frame
                            xadmin.close();
                            // 可以对父窗口进行刷新
                            xadmin.father_reload();
                        });
                }
            });
            return false;
        });
    });
</script>
</html>
```

10．后台文章分类编辑页面 category-edit.jsp（见图 9-19）

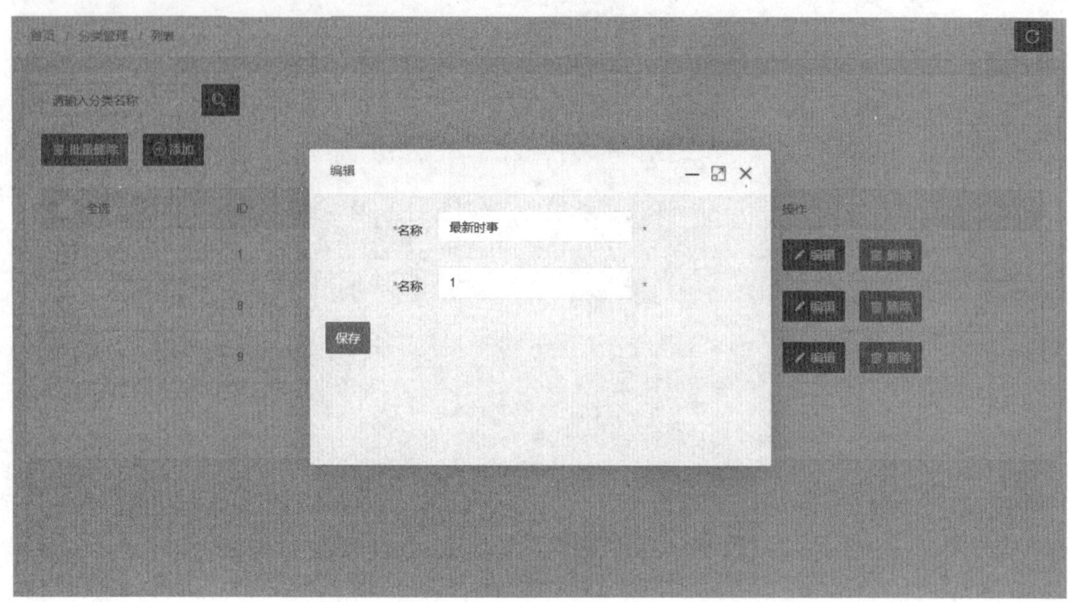

图 9-19 编辑分类页面

category-edit.jsp 位于 web\manage\lib 目录下，核心代码如下：

```
<%@ page contentType="text/html;charset=UTF-8" language="java" %>
<%@include file="./islogin.jsp"%>
<%@ taglib prefix="c" uri="http://java.sun.com/jsp/jstl/core" %>
<c:set var="path" value="${pageContext.request.contextPath}"
scope="application"></c:set>
<!DOCTYPE html>
<html class="x-admin-sm">
<head>
    <meta charset="UTF-8">
    <title>编辑分类</title>
    <meta name="renderer" content="webkit">
    <meta http-equiv="X-UA-Compatible" content="IE=edge,chrome=1">
    <meta name="viewport" content="width=device-width,user-scalable=yes,
    minimum-scale=0.4, initial-scale=0.8,target-densitydpi=low-dpi"/>
    <link rel="stylesheet" href="${path}/manage/css/font.css">
    <link rel="stylesheet" href="${path}/manage/css/xadmin.css">
    <script type="text/javascript" src="${path}/manage/lib/layui/layui.
    js" charset="utf-8"></script>
    <script type="text/javascript" src="${path}/manage/js/xadmin.js">
    </script>
    <!-- 让 IE8/9 支持媒体查询，从而兼容栅格 -->
    <!--[if lt IE 9]>
    <script src="https://cdn.staticfile.org/html5shiv/r29/html5.min.js">
    </script>
    <script src="https://cdn.staticfile.org/respond.js/1.4.2/respond.min.js">
    </script>
```

```
    <![endif]-->
</head>
<body>
<div class="layui-fluid">
    <div class="layui-row">
        <form class="layui-form" method="post" id="addForm">
            <div class="layui-form-item">
                <label for="txtName" class="layui-form-label">
                    <span class="x-red">*</span>名称
                </label>
                <div class="layui-input-inline">
                    <input type="text" id="txtName" name="txtName"
                    required="" lay-verify="required"
                    autocomplete="off" class="layui-input"
                    value="${category.getName()}">
                </div>
                <div class="layui-form-mid layui-word-aux">
                    <span class="x-red">*</span>
                </div>
            </div>
            <div class="layui-form-item">
                <label for="txtSort" class="layui-form-label">
                    <span class="x-red">*</span>名称
                </label>
                <div class="layui-input-inline">
                    <input type="text" id="txtSort" name="txtSort"
                    required="" lay-verify="required"
                    autocomplete="off" class="layui-input"
                    value="${category.getSort()}">
                </div>
                <div class="layui-form-mid layui-word-aux">
                    <span class="x-red">*</span>
                </div>
            </div>
            <div class="layui-form-item">
                <div class="layui-input-inline">
                    <input type="hidden" id="hidId" name="hidId"
                    value="${category.getId()}">
                </div>
            </div>
            <div class="layui-form-item">
                <%-- <input type="submit" value="增加"
                class="layui-btn">--%>
                <button class="layui-btn" lay-filter="edit" lay-submit="">
                    保存
                </button>
            </div>
        </form>
    </div>
</div>
```

```
</body>
<script>
    layui.use('layedit', function(){
        $ = layui.jquery;
        var form = layui.form,
            layer = layui.layer;
        //自定义验证规则
        form.verify({
            txtName: function (value) {
                if (value.length < 2) {
                    return '名称至少得 2 个字符啊';
                }
            }
        });
        //监听提交
        form.on('submit(edit)', function (data) {
            var obj = new Object();
            obj.txtName=data.field.txtName;
            obj.txtSort=data.field.txtSort;;
            obj.hidId=data.field.hidId;
            obj.action="editSaveCategory";
            $.post("${path}/categoryServlet", obj, function (data) {
                var obj_data = eval('(' + data + ')');
                //由 JSON 字符串转换为 JSON 对象
                if (obj_data.result == 0) {
                    layer.alert("编辑失败", {
                            icon: 5
                        },
                        function () {
                            //关闭当前 frame
                            xadmin.close();
                            // 可以对父窗口进行刷新
                            xadmin.father_reload();
                        });
                } else {
                    layer.alert("编辑成功", {
                            icon: 6
                        },
                        function () {
                            //关闭当前 frame
                            xadmin.close();
                            // 可以对父窗口进行刷新
                            xadmin.father_reload();
                        });
                }
            });
            return false;
        });
    });
</script>
</html>
```

11．后台文章节管理页 article-list.jsp

文章管理部分对应的 servlet 类为 ArticleServlet.java，代码如下：

```
package com.pch.servlet;
import com.pch.common.DataConverter;
import com.pch.common.Utility;
import com.pch.dal.Article;
import com.pch.dal.Category;
import com.pch.model.ArticleInfo;
import com.pch.model.PageBean;
import net.sf.json.JSONArray;
import org.apache.commons.lang.StringEscapeUtils;
import javax.servlet.ServletException;
import javax.servlet.annotation.WebServlet;
import javax.servlet.http.HttpServlet;
import javax.servlet.http.HttpServletRequest;
import javax.servlet.http.HttpServletResponse;
import javax.servlet.http.HttpSession;
import java.io.IOException;
import java.sql.SQLException;
import java.util.Date;
import java.util.List;
@WebServlet(name = "ArticleServlet", urlPatterns = "/articleServlet")
public class ArticleServlet extends HttpServlet {
    protected void doPost(HttpServletRequest request, HttpServletResponse
    response) throws ServletException, IOException {
        request.setCharacterEncoding("utf-8");
        response.setHeader("Content-type", "text/html;charset=UTF-8");
        Article article = new Article();
        ArticleInfo articleInfo = new ArticleInfo();
        Category category = new Category();
        String action = request.getParameter("action");
        String backPage=request.getParameter("backPage");
        //获取分类下拉菜单数据
        if ("getCategoryList".equals(action)) {
            try {
                request.setAttribute("categorySet", category.getList());
            } catch (SQLException e) {
                e.printStackTrace();
            } catch (IllegalAccessException e) {
                e.printStackTrace();
            } catch (InstantiationException e) {
                e.printStackTrace();
            }
            //当前时间
            request.setAttribute("nowtime", Utility.getNowDateTime().
            toString());
            request.getRequestDispatcher("/manage/article-add.jsp").
            forward(request, response);
        }
```

```
//删除文章
if ("delArticle".equals(action) || "delAllArticle".equals(action)) {
    idLogin(request); //验证只有登录后台才可以获取数据
    int result=article.delete(request.getParameter("ids"));
    response.getWriter().write("{\"result\":" + result + "}");
}
//文章总数
if ("countArticle".equals(action)) {
    int result=0;
    try {
        result=article.getCount(0);
    } catch (SQLException e) {
        e.printStackTrace();
    }
    response.getWriter().write("{\"result\":" + result + "}");
    //response.getWriter().write(result);
}
//根据 id 查询文章
if ("view".equals(action)) {
    try {
        ArticleInfo info=article.getArticleInfo(DataConverter.
        toInt(request.getParameter("id")));
        request.setAttribute("article", info);
        request.setAttribute("categorySet", category.getList());
    } catch (SQLException e) {
        e.printStackTrace();
    } catch (IllegalAccessException e) {
        e.printStackTrace();
    } catch (InstantiationException e) {
        e.printStackTrace();
    }
    request.getRequestDispatcher(backPage).forward(request,response);
}
//编辑保存文章
if ("editSaveArticle".equals(action)) {
    idLogin(request); //验证只有登录后台才可以获取数据
    //接收参数
    String txtTitle=request.getParameter("txtTitle");
    int selectCategoryId=DataConverter.toInt(request.get
    Parameter("selectCategoryId"));
    String txtContext=request.getParameter("txtContext");
    int id=DataConverter.toInt(request.getParameter("hidId"));
    String hidImg=request.getParameter("hidImg");
    articleInfo.setTitle(txtTitle);
    articleInfo.setClassid(selectCategoryId);
    articleInfo.setContext(txtContext);
    articleInfo.setId(id);
    articleInfo.setPicture(hidImg);
    int result=article.update(articleInfo);
    response.getWriter().write("{\"result\":" + result + "}");
```

```
        }
        //添加文章
        if ("saveArticle".equals(action)) {
            idLogin(request); //验证只有登录后台才可以获取数据
            //接收参数
            String txtTitle=request.getParameter("txtTitle");
            int selectCategoryId=DataConverter.toInt(request.get
            Parameter("selectCategoryId"));
            String txtContext=request.getParameter("txtContext");
            Date txtCreatedTime=DataConverter.toDate(request.get
            Parameter("txtCreatedTime"));
            String hidImg=request.getParameter("hidImg");
            articleInfo.setTitle(txtTitle);
            articleInfo.setClassid(selectCategoryId);
            articleInfo.setContext(txtContext);
            articleInfo.setCreatedtime(txtCreatedTime);
            articleInfo.setPicture(hidImg);
            int result=article.insert(articleInfo);
            response.getWriter().write("{\"result\":" + result + "}");
        }
        //获取列表
        if ("getList".equals(action)) {
            //获取参数
            String txtKeyword=request.getParameter("txtKeyword");
            String txtBeginDate=request.getParameter("txtBeginDate");
            String txtEndDate=request.getParameter("txtEndDate");
            int selectCategoryId=DataConverter.toInt(request.getParameter
            ("selectCategoryId"));
            //分页设置
            PageBean page=new PageBean();
            int currentPage=DataConverter.toInt(request.getParameter
            ("currentPage"));//当前页码
            int rows=10; //每页显示条数
            if (currentPage<=0) currentPage=1;
            page.setCurrentPage(currentPage);
            page.setPageSize(rows);
            int totalCount=0; //总条数
            try {
                totalCount=article.getCount(selectCategoryId);
            } catch (SQLException e) {
                e.printStackTrace();
            }
            page.setTotalCount(totalCount);
            //传数据到页面
            try {
                request.setAttribute("currentCategoryId",selectCategoryId);
                request.setAttribute("articleSet", article.getList(txtKeyword,
                txtBeginDate, txtEndDate, selectCategoryId, currentPage,
                rows));
                request.setAttribute("categorySet", category.getList());
```

```
        } catch (SQLException e) {
            e.printStackTrace();
        } catch (IllegalAccessException e) {
            e.printStackTrace();
        } catch (InstantiationException e) {
            e.printStackTrace();
        }
        request.setAttribute("page", page);
        //服务端页面跳转
        request.getRequestDispatcher(backPage).forward(request, response);
    }
    if ("getListBycid".equals(action)) {
        String str=getData(DataConverter.toInt(request.getParameter
        ("cid")), DataConverter.toInt(request.getParameter("num")));
        response.getWriter().write(str);
    }
}
protected void doGet(HttpServletRequest request, HttpServletResponse
response) throws ServletException, IOException {
    doPost(request, response);
}
private String getData(int cid, int num) {
    Article article=new Article();
    try {
        //JSONArray json=JSONArray.fromObject(article.getListBycid
        (cid,num));
        //String json_str=json.toString();
        StringBuffer str=new StringBuffer("");
        StringBuffer strAll=new StringBuffer("");
        for (ArticleInfo item : article.getListBycid(cid, num)) {
            str.append("{");
            str.append("\"id\":").append(item.getId()).append(",");
            str.append("\"title\":").append("\"").append(item.
            getTitle()).append("\",");
            // str.append("\"context\":").append("\"").append( Utility.
            Html2Text(item.getContext())).append("\",");
            str.append("\"createdtime\":").append("\"").append(item.
            getCreatedtime()).append("\"");
            str.append("}");
            str.append(",");
        }
        //去掉最后一个逗号
        String newstr=Utility.Substring(str.toString(),
        str.toString().length() - 1);
        strAll.append("[").append(newstr).append("]");
        return strAll.toString();
    } catch (SQLException e) {
        e.printStackTrace();
    }
    return null;
```

```
    }
    private void idLogin(HttpServletRequest request) {
        //验证是否登录成功
        HttpSession session=request.getSession();
        String username=(String) session.getAttribute("admin");
        if (username==null)
            return;
        //----结束验证
    }
}
```

文章列表页面如图 9-20 所示。

图 9-20　文章列表页面

article-list.jsp 位于 web\manage\lib 目录下，核心代码如下：

```
<%@ page contentType="text/html;charset=UTF-8" language="java" %>
<%@include file="./islogin.jsp"%>
<%@ taglib prefix="c" uri="http://java.sun.com/jsp/jstl/core" %>
<jsp:useBean id="p" scope="page" class="com.pch.model.PageBean"></jsp:
useBean>
<c:set var="path" value="${pageContext.request.contextPath}"
scope="application"></c:set>
<!DOCTYPE html>
<html class="x-admin-sm">
<head>
    <meta charset="UTF-8">
    <title>文章列表</title>
    <meta name="renderer" content="webkit">
    <meta http-equiv="X-UA-Compatible" content="IE=edge,chrome=1">
```

```
    <meta name="viewport"
    content="width=device-width,user-scalable=yes, minimum-scale=0.4,
    initial-scale=0.8,target-densitydpi=low-dpi"/>
    <link rel="stylesheet" href="${path}/manage/css/font.css">
    <link rel="stylesheet" href="${path}/manage/css/xadmin.css">
    <script src="${path}/manage/lib/layui/layui.js" charset="utf-8">
    </script>
    <script type="text/javascript" src="${path}/manage/js/xadmin.js">
    </script>
    <!--[if lt IE 9]>
    <script src="https://cdn.staticfile.org/html5shiv/r29/html5.min.js">
    </script>
    <script src="https://cdn.staticfile.org/respond.js/1.4.2/respond.min.
    js"></script>
    <![endif]-->
</head>
<body>
<div class="x-nav">
        <span class="layui-breadcrumb">
          <a href="">首页</a>
          <a href="">文章</a>
          <a>
            <cite>列表</cite></a>
        </span>
    <a class="layui-btn layui-btn-small" style="line-height:1.6em;margin-
    top:3px;float:right"
    onclick="location.reload()" title="刷新">
        <i class="layui-icon layui-icon-refresh" style="line-height:
        30px"></i></a>
</div>
<div class="layui-fluid">
    <div class="layui-row layui-col-space15">
        <div class="layui-col-md12">
            <div class="layui-card">
                <div class="layui-card-body ">
                    <form class="layui-form layui-col-space5" method="post"
                    action="articleServlet?action=getList&backPage=./manage/
                    article-list.jsp">
                        <div class="layui-inline layui-show-xs-block">
                            <input class="layui-input" autocomplete="off"
                            placeholder="开始日" name="txtBeginDate"
                            id="start">
                        </div>
                        <div class="layui-inline layui-show-xs-block">
                            <input class="layui-input" autocomplete="off"
                            placeholder="截止日" name="txtEndDate" id="end">
                        </div>
                        <div class="layui-input-inline layui-show-xs-block">
                            <select name="selectCategoryId">
                                <option value="0">==请选择所属分类==</option>
```

```
                <c:forEach items="${categorySet}" var="category">
                    <option value="${category.getId()}">$
                    {category.getName()}</option>
                </c:forEach>
            </select>
        </div>
        <div class="layui-inline layui-show-xs-block">
            <input type="text" name="txtKeyword"placeholder=
            "请输入标题" autocomplete="off"
             class="layui-input">
        </div>
        <div class="layui-inline layui-show-xs-block">
            <button class="layui-btn" lay-submit=""
            lay-filter="sreach"><i
            class="layui-icon">&#xe615;</i></button>
        </div>
    </form>
</div>
<div class="layui-card-header">
    <button class="layui-btn layui-btn-danger"onclick=
    "delAll()"><i class="layui-icon">㘷</i>批量删除
    </button>
    <button class="layui-btn" onclick="xadmin.open('添加文章
    ','${path}/articleServlet?action=getCategoryList')">
    <i class="layui-icon">䖔</i>添加
    </button>
</div>
<div class="layui-card-body ">
    <table class="layui-table layui-form">
        <thead>
        <tr>
            <th>
                <input type="checkbox" lay-filter="checkall"
                lay-skin="primary">全选
            </th>
            <th>ID</th>
            <th>标题</th>
            <th>发布时间</th>
            <th>所属分类</th>
            <th>操作</th>
        </thead>
        <tbody>
        <c:forEach items="${articleSet}" var="article">
            <tr>
                <td>
                    <input type="checkbox" name="ids"value="$
                    {article.getId()}" lay-skin="primary">
                </td>
                <td><c:out value="${article.getId()}">
                    </c:out></td>
```

```
                <td><c:out value="${article.getTitle()}">
                    </c:out></td>
                <td><c:out value="${article.getCreatedtime()}">
                    </c:out></td>
                <td class="td-status">
                    <span class="layui-badge layui-bg-blue">
                        <c:out value="${article.getClass
                        Name()}"></c:out></span></td>
                <td class="td-manage">
                    <button class="layui-btn layui-btn layui-
                    btn-xs" onclick="xadmin.open('编辑','${path}/
                    articleServlet?id=${article.getId()}&action=
                    view&backPage=/manage/article-edit.jsp')"
                    ><i class="layui- icon">&#xe642;</i>编辑
                    </button>
                    <button class="layui-btn-danger layui-btn
                    layui-btn-xs" onclick="article_del(this,
                    '${article.getId()}')" href="javascript:;"
                    ><i class="layui-icon">&#xe640;</i>删除
                    </button>
                </td>
            </tr>
        </c:forEach>
        </tbody>
    </table>
</div>
<div class="layui-card-body ">
    <div class="page">
        <div>
            <a>当前第 ${page.currentPage} 页</a>
            <a class="prev" href="${path}/articleServlet?
            action=getList&backPage=./manage/article-list.
            jsp&currentPage=1">首页</a>
            <c:choose>
                <c:when test="${page.currentPage==1}">
                    <a class="num" href="${path}/articleServlet?
                    action=getList&backPage=./manage/article
                    -list.jsp&currentPage=1">上一页</a>
                </c:when>
                <c:otherwise>
                    <a class="num"
                    href="${path}/articleServlet?action=
                    getList&backPage=./manage/article-list.
                    jsp&currentPage=${page.currentPage-1}">
                    上一页</a>
                </c:otherwise>
            </c:choose>
            <c:choose>
                <c:when test="${page.currentPage==page.totaPage}">
```

```
                                <a class="num"
                                href="${path}/articleServlet?action=
                                getList&backPage=./manage/article-list.
                                jsp&currentPage=${page.totaPage}">下一页
                                </a>
                            </c:when>
                            <c:otherwise>
                                <a class="num"
                                href="${path}/articleServlet?action=
                                getList&backPage=./manage/article-list.
                                jsp&currentPage=${page.currentPage+1}">
                                下一页</a>
                            </c:otherwise>
                        </c:choose>
                        <a class="next" href="${path}/articleServlet?
                        action=getList&backPage=./manage/article-list.
                        jsp&currentPage=${page.totaPage}">尾页</a>
                        <a class="num">共 ${page.totalCount} 条，每页显示
                        ${page.pageSize} 条，共 ${page.totaPage} 页</a>
                    </div>
                </div>
            </div>
        </div>
    </div>
    </div>
</div>
</body>
<script>
    layui.use(['laydate', 'form'], function () {
        var laydate = layui.laydate;
        var form = layui.form;
        //执行一个 laydate 实例
        laydate.render({
            elem: '#start' //指定元素
        });
        //执行一个 laydate 实例
        laydate.render({
            elem: '#end' //指定元素
        });
        // 监听全选
        form.on('checkbox(checkall)', function (data) {
            if (data.elem.checked) {
                $('tbody input').prop('checked', true);
            } else {
                $('tbody input').prop('checked', false);
            }
            form.render('checkbox');
        });
    });
    /*删除*/
```

```
    function article_del(objs, id) {
        layer.confirm('确认要删除吗？', function (index) {
            //发异步删除数据
            //创建一个对象,用来传递要发送到服务端的数据
            var obj=new Object();
            //将 id,给 object 赋值
            obj.ids=id;
            obj.action="delArticle";
            $.post("${path}/articleServlet", obj, function(data) {
                var obj_data=eval('(' + data + ')');
                //由 JSON 字符串转换为 JSON 对象
                if(obj_data.result==0){
                    layer.msg('删除失败!', {icon: 5, time: 1000});
                }else{
                    $(objs).parents("tr").remove();
                    layer.msg('删除成功!', {icon: 1, time: 1000});
                }
            });
           // $(obj).parents("tr").remove();
        });
    }
    function delAll(argument) {
        var ids=[];
        // 获取选中的 id
        $('tbody input').each(function(index, el) {
            if($(this).prop('checked')){
                ids.push($(this).val())
            }
        });
        layer.confirm('确认要删除吗？', function (index) {
            //捉到所有被选中的，发异步进行删除
            var obj=new Object();
            //将 ids,给 object 赋值
            obj.ids=ids.toString();
            obj.action="delAllArticle";
            $.post("${path}/articleServlet", obj, function(data) {
                var obj_data=eval('(' + data + ')');
                //由 JSON 字符串转换为 JSON 对象
                if(obj_data.result==0){
                    layer.msg('删除失败!', {icon: 1, time: 1000});
                }else{
                    layer.msg('删除成功!', {icon: 1, time: 1000});
                    $(".layui-form-checked").not('.header').parents('tr').
                    remove();
                }
            });
        });
    }
</script>
</html>
```

12. 后台文章添加页面 article-add.jsp（见图 9-21）

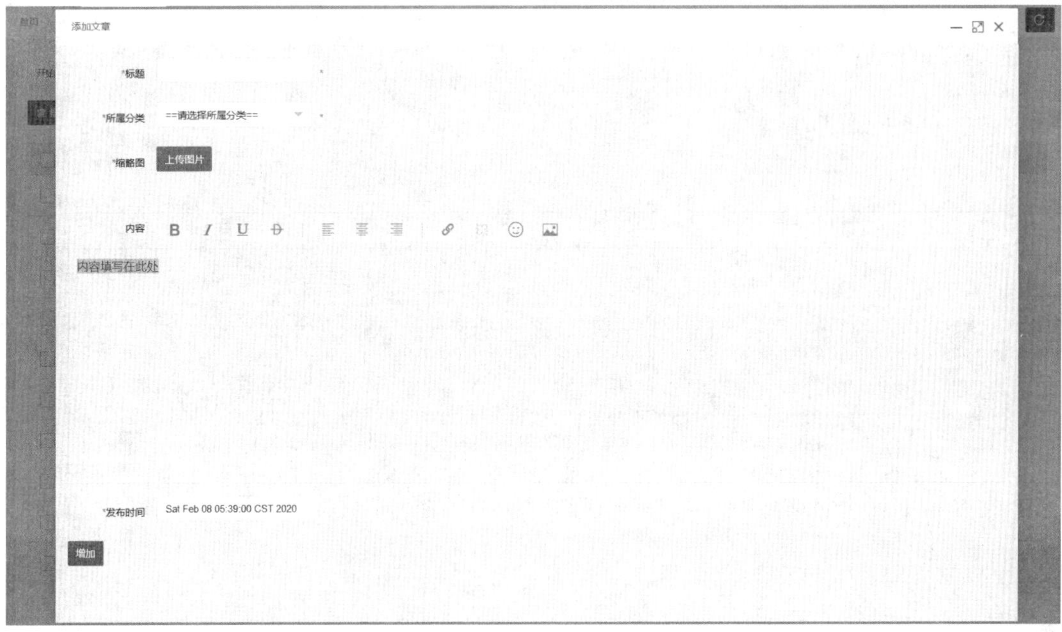

图 9-21　添加文章页面

article-add.jsp 位于 web\manage\lib 目录下，核心代码如下：

```
<%@ page contentType="text/html;charset=UTF-8" language="java" %>
<%@include file="./islogin.jsp"%>
<%@ taglib prefix="c" uri="http://java.sun.com/jsp/jstl/core" %>
<c:set var="path" value="${pageContext.request.contextPath}"
scope="application"></c:set>
<!DOCTYPE html>
<html class="x-admin-sm">
<head>
    <meta charset="UTF-8">
    <title>欢迎页面-X-admin2.2</title>
    <meta name="renderer" content="webkit">
    <meta http-equiv="X-UA-Compatible" content="IE=edge,chrome=1">
    <meta name="viewport" content="width=device-width,user-scalable=yes,
    minimum-scale=0.4, initial-scale=0.8,target-densitydpi=low-dpi"/>
    <link rel="stylesheet" href="${path}/manage/css/font.css">
    <link rel="stylesheet" href="${path}/manage/css/xadmin.css">
    <script type="text/javascript" src="${path}/manage/lib/layui/layui.js"
    charset="utf-8"></script>
    <script type="text/javascript" src="${path}/manage/js/xadmin.js">
    </script>
    <!-- 让 IE8/9 支持媒体查询，从而兼容栅格 -->
    <!--[if lt IE 9]>
    <script src="https://cdn.staticfile.org/html5shiv/r29/html5.min.js">
    </script>
```

```
    <script src="https://cdn.staticfile.org/respond.js/1.4.2/respond.min.
    js"></script>
    <![endif]-->
</head>
<body>
<div class="layui-fluid">
    <div class="layui-row">
        <form class="layui-form" method="post" id="addForm">
            <div class="layui-form-item">
                <label for="txtTitle" class="layui-form-label">
                    <span class="x-red">*</span>标题
                </label>
                <div class="layui-input-inline">
                    <input type="text" id="txtTitle" name="txtTitle"
                    required="" lay-verify="required"
                    autocomplete="off" class="layui-input">
                </div>
                <div class="layui-form-mid layui-word-aux">
                    <span class="x-red">*</span>
                </div>
            </div>
            <div class="layui-form-item">
                <label for="selectCategoryId" class="layui-form-label">
                    <span class="x-red">*</span>所属分类
                </label>
                <div class="layui-input-inline">
                    <select name="selectCategoryId" id="selectCategoryId">
                        <option value="0">==请选择所属分类==</option>
                        <c:forEach items="${categorySet}" var="category">
                            <option value="${category.getId()}">${category.
                            getName()}</option>
                        </c:forEach>
                    </select>
                </div>
                <div class="layui-form-mid layui-word-aux">
                    <span class="x-red">*</span>
                </div>
            </div>
            <div class="layui-form-item">
                <label for="hidImg" class="layui-form-label">
                    <span class="x-red">*</span>缩略图
                </label>
                <div class="layui-input-inline">
                    <div class="layui-upload">
                        <input type="hidden" id="hidImg" name="hidImg">
                        <button type="button" class="layui-btn" id="test1">
                            上传图片
                        </button>
                        <div class="layui-upload-list">
                            <img class="layui-upload-img" id="demo1">
```

```
                        <p id="demoText"></p>
                    </div>
                </div>
            </div>
        </div>
        <div class="layui-form-item">
            <label class="layui-form-label">
                <span class="x-red"></span>内容
            </label>
            <div>
             <textarea class="layui-textarea" id="txtContext"name=
             "txtContext" style="display: none">内容填写在此处</textarea>
            </div>
        </div>
        <div class="layui-form-item">
            <label for="txtCreatedTime" class="layui-form-label">
                <span class="x-red">*</span>发布时间
            </label>
            <div class="layui-input-inline">
                <input type="text" id="txtCreatedTime" name="txtCreatedTime"
                required="" lay-verify="required"
                autocomplete="off" class="layui-input" value="${nowtime}">
            </div>
        </div>
        <div class="layui-form-item">
            <%-- <input type="submit" value="增加" class="layui-btn">--%>
            <button class="layui-btn" lay-filter="add" lay-submit="">
                增加
            </button>
        </div>
    </form>
  </div>
</div>
</body>
<script>
    layui.use(['layedit','upload'], function(){
        var layedit = layui.layedit;
        var upload=layui.upload;
        //上传图片,必须放在创建一个编辑器前面
        layedit.set({
            uploadImage: {
                url: '${path}/uploadServlet',//接口 url
                type: 'post', //默认 post
                done: function(res){
                    alert(res.msg)
                },
                error: function(){
                    //请求异常回调
                    alert("异常");
                }
```

```
    }
});
var edi = layedit.build('txtContext'); //建立编辑器
//普通图片上传
var uploadInst = upload.render({
    elem: '#test1'
    ,url: '${path}/uploadServlet' //改成自己的上传接口
    ,before: function(obj){
        //预读本地文件示例，不支持 IE8
        obj.preview(function(index, file, result){
            $('#demo1').attr('src', result); //图片链接（base64）
        });
    }
    ,done: function(res){
        //如果上传失败
        if(res.code > 0){
            return layer.msg('上传失败');
        }
        //上传成功
        $('#hidImg').attr('value', res.data.src);
        //alert(res.data.src);
    }
    ,error: function(){
        //演示失败状态，并实现重传
        var demoText=$('#demoText');
        demoText.html('<span style="color: #FF5722;">上传失败</span>
        <a class="layui-btn layui-btn-xs demo-reload">重试</a>');
        demoText.find('.demo-reload').on('click', function(){
            uploadInst.upload();
        });
    }
});
$ = layui.jquery;
var form=layui.form,
    layer=layui.layer;
//自定义验证规则
form.verify({
    txtTitle: function (value) {
        if (value.length < 5) {
            return '标题至少得 5 个字符啊';
        }
    }
});
//监听提交
form.on('submit(add)', function (data) {
     var obj=new Object();
    obj.txtContext=layedit.getContent(edi);
    obj.txtTitle=data.field.txtTitle;
    obj.selectCategoryId=data.field.selectCategoryId;;
    obj.txtCreatedTime=data.field.txtCreatedTime;
```

```
            obj.hidImg=data.field.hidImg;
            obj.action="saveArticle";
            $.post("${path}/articleServlet", obj, function (data) {
                var obj_data=eval('(' + data + ')');
                //由 JSON 字符串转换为 JSON 对象
                if (obj_data.result==0) {
                    layer.alert("增加失败", {
                            icon: 5
                        },
                        function () {
                            //关闭当前 frame
                            xadmin.close();
                            // 可以对父窗口进行刷新
                            xadmin.father_reload();
                        });
                } else {
                    layer.alert("增加成功", {
                            icon: 6
                        },
                        function () {
                            //关闭当前 frame
                            xadmin.close();
                            // 可以对父窗口进行刷新
                            xadmin.father_reload();
                        });
                }
            });
            return false;
        });
    });
</script>
</html>
```

图片上传 UploadServlet.java 代码如下：

```
package com.pch.servlet;
import java.io.File;
import java.io.IOException;
import java.io.PrintWriter;
import java.util.List;
import javax.servlet.ServletException;
import javax.servlet.annotation.WebServlet;
import javax.servlet.http.HttpServlet;
import javax.servlet.http.HttpServletRequest;
import javax.servlet.http.HttpServletResponse;
import javax.servlet.http.HttpSession;
import com.pch.common.Utility;
import org.apache.commons.fileupload.FileItem;
import org.apache.commons.fileupload.disk.DiskFileItemFactory;
import org.apache.commons.fileupload.servlet.ServletFileUpload;
@WebServlet(name= "UploadServlet",urlPatterns= "/uploadServlet")
```

```
public class UploadServlet extends HttpServlet {
    private static final long serialVersionUID=1L;
    // 上传文件存储目录
    private static final String UPLOAD_DIRECTORY= "uploadfile";
    // 上传配置
    private static final int MEMORY_THRESHOLD=1024 * 1024 * 3;  // 3MB
    private static final int MAX_FILE_SIZE=1024 * 1024 * 40; // 40MB
    private static final int MAX_REQUEST_SIZE=1024 * 1024 * 50; // 50MB
    /**
     * 上传数据及保存文件
     */
    protected void doPost(HttpServletRequest request, HttpServletResponse
    response) throws ServletException, IOException {
        //验证是否登录成功
        HttpSession session=request.getSession();
        String username=(String) session.getAttribute("admin");
        if(username==null)
            return;
        //----结束验证
        // 检测是否为多媒体上传
        if (!ServletFileUpload.isMultipartContent(request)) {
            // 如果不是则停止
            PrintWriter writer=response.getWriter();
            writer.println("Error: 表单必须包含
            enctype=multipart/form-data");
            writer.flush();
            return;
        }
        // 配置上传参数
        DiskFileItemFactory factory = new DiskFileItemFactory();
        // 设置内存临界值 - 超过后将产生临时文件并存储于临时目录中
        factory.setSizeThreshold(MEMORY_THRESHOLD);
        // 设置临时存储目录
        factory.setRepository(new File(System.getProperty("java.io.tmpdir")));
        ServletFileUpload upload=new ServletFileUpload(factory);
        // 设置最大文件上传值
        upload.setFileSizeMax(MAX_FILE_SIZE);
        // 设置最大请求值 (包含文件和表单数据)
        upload.setSizeMax(MAX_REQUEST_SIZE);
        // 中文处理
        upload.setHeaderEncoding("UTF-8");
        // 构造临时路径来存储上传的文件
        // 这个路径相对当前应用的目录
        String uploadPath=getServletContext().getRealPath("/") +
        File.separator + UPLOAD_DIRECTORY;
        // 如果目录不存在则创建
        File uploadDir=new File(uploadPath);
        if (!uploadDir.exists()) {
            uploadDir.mkdir();
        }
```

```
        try {
            // 解析请求的内容提取文件数据
            @SuppressWarnings("unchecked")
            List<FileItem> formItems=upload.parseRequest(request);
            if (formItems !=null && formItems.size() > 0) {
                // 迭代表单数据
                for (FileItem item : formItems) {
                    // 处理不在表单中的字段
                    if (!item.isFormField()) {
                        String fileName=new File(item.getName()).getName();
                        //获取后缀名
                        String sname=fileName.substring(fileName.last
                        IndexOf("."));
                        fileName=Utility.getRandomString()+sname;
                        String filePath=uploadPath + File.separator + fileName;
                        File storeFile=new File(filePath);
                        // 在控制台输出文件的上传路径
                        System.out.println(filePath);
                        // 保存文件到硬盘
                        item.write(storeFile);
                        String url=request.getScheme()+"://" +request.
                        getServerName()+":"+request.getServerPort()+
                        request.getContextPath()+"/"+UPLOAD_DIRECTORY+"/"+
                        fileName;
                        String result="{\"code\": 0,\"msg\": \"文件上传成功
                        \",\"data\": {\"src\": \""+url+"\",\"title\":
                        \""+fileName+"\"}}";
                        response.getWriter().write(result);
                       // request.setAttribute("message","文件上传成功!");
                    }
                }
            }
        } catch (Exception ex) {
           // request.setAttribute("message","错误信息: " + ex.getMessage());
            response.getWriter().write("{\"code\": 1,\"msg\": \"文件失败\",
            \"data\": {\"src\": \"filePath\",\"\": \"\"}}");
        }
        // 跳转到 message.jsp
       // request.getRequestDispatcher("/manage/article-add.jsp").
       forward(request, response);
    }
    protected void doGet(HttpServletRequest request, HttpServletResponse
    response) throws ServletException, IOException {
        doPost(request, response);
    }
}
```

13. 后台文章编辑页面 article-edit.jsp

article-edit.jsp 位于 web\manage\lib 目录下，核心代码如下：

```
<%@ page contentType="text/html;charset=UTF-8" language="java" %>
```

```
<%@include file="./islogin.jsp"%>
<%@ taglib prefix="c" uri="http://java.sun.com/jsp/jstl/core" %>
<c:set var="path" value="${pageContext.request.contextPath}"
scope="application"></c:set>
<!DOCTYPE html>
<html class="x-admin-sm">
<head>
    <meta charset="UTF-8">
    <title>欢迎页面-X-admin2.2</title>
    <meta name="renderer" content="webkit">
    <meta http-equiv="X-UA-Compatible" content="IE=edge,chrome=1">
    <meta name="viewport" content="width=device-width,user-scalable=yes,
    minimum-scale=0.4, initial-scale=0.8,target-densitydpi=low-dpi"/>
    <link rel="stylesheet" href="${path}/manage/css/font.css">
    <link rel="stylesheet" href="${path}/manage/css/xadmin.css">
    <script type="text/javascript" src="${path}/manage/lib/layui/layui.
    js" charset="utf-8"></script>
    <script type="text/javascript" src="${path}/manage/js/xadmin.js">
    </script>
    <!-- 让 IE8/9 支持媒体查询，从而兼容栅格 -->
    <!--[if lt IE 9]>
    <script src="https://cdn.staticfile.org/html5shiv/r29/html5.min.js">
    </script>
    <script src="https://cdn.staticfile.org/respond.js/1.4.2/respond.min.
    js"></script>
    <![endif]-->
</head>
<body>
<div class="layui-fluid">
    <div class="layui-row">
        <form class="layui-form" method="post" id="addForm">
            <div class="layui-form-item">
                <label for="txtTitle" class="layui-form-label">
                    <span class="x-red">*</span>标题
                </label>
                <div class="layui-input-inline">
                    <input type="text" id="txtTitle" name="txtTitle"
                    required="" lay-verify="required"
                    autocomplete="off" class="layui-input"
                    value="${article.getTitle()}">
                </div>
                <div class="layui-form-mid layui-word-aux">
                    <span class="x-red">*</span>
                </div>
            </div>
            <div class="layui-form-item">
                <label for="selectCategoryId" class="layui-form-label">
                    <span class="x-red">*</span>所属分类
                </label>
                <div class="layui-input-inline">
```

```
            <select name="selectCategoryId" id="selectCategoryId">
                <option value="0">==请选择所属分类==</option>
                <c:forEach items="${categorySet}" var="category">
                    <option value="${category.getId()}"  <c:if
                    test="${category.getId()==article.getClassid()}">
                    SELECTED="selected" </c:if>>${category.getName()}
                    </option>
                </c:forEach>
            </select>
        </div>
        <div class="layui-form-mid layui-word-aux">
            <span class="x-red">*</span>
        </div>
    </div>
    <div class="layui-form-item">
        <label for="hidImg" class="layui-form-label">
            <span class="x-red">*</span>缩略图
        </label>
        <div class="layui-input-inline">
            <div class="layui-upload">
                <input type="hidden" id="hidImg" name="hidImg"
                value="${article.getPicture()}">
                <button type="button" class="layui-btn" id="test1">
                上传图片</button>
                <div class="layui-upload-list">
                    <img class="layui-upload-img" id="demo1"
                    src="${article.getPicture()}">
                    <p id="demoText"></p>
                </div>
            </div>
        </div>
    </div>
    <div class="layui-form-item">
        <label class="layui-form-label">
            <span class="x-red"></span>内容
        </label>
        <div>
            <textarea class="layui-textarea" id="txtContext"
            name="txtContext" style="display: none">${article.
            getContext()}</textarea>
        </div>
    </div>
    <div class="layui-form-item">
        <div class="layui-input-inline">
            <input type="hidden" id="hidId" name="hidId"
            value="${article.getId()}">
        </div>
    </div>
    <div class="layui-form-item">
        <%-- <input type="submit" value="增加" class="layui-btn">--%>
```

```
            <button class="layui-btn" lay-filter="edit" lay-submit="">
                保存
            </button>
        </div>
    </form>
  </div>
</div>
</body>
<script>
    layui.use(['layedit','upload'], function(){
        var layedit = layui.layedit;
        var upload = layui.upload;
        //上传图片,必须放在创建一个编辑器前面
        layedit.set({
            uploadImage: {
                url: '${path}/uploadServlet',//接口 url
                type: 'post', //默认 post
                done: function(res){
                    alert(res.msg)
                },
                error: function(){
                    //请求异常回调
                    alert("异常");
                }
            }
        });
        var edi=layedit.build('txtContext'); //建立编辑器
        //普通图片上传
        var uploadInst=upload.render({
            elem: '#test1'
            ,url: '${path}/uploadServlet' //改成您自己的上传接口
            ,before: function(obj){
                //预读本地文件示例，不支持 ie8
                obj.preview(function(index, file, result){
                    $('#demo1').attr('src', result); //图片链接（base64）
                });
            }
            ,done: function(res){
                //如果上传失败
                if(res.code > 0){
                    return layer.msg('上传失败');
                }
                //上传成功
                $('#hidImg').attr('value', res.data.src);
                //alert(res.data.src);
            }
            ,error: function(){
                //演示失败状态，并实现重传
                var demoText = $('#demoText');
                demoText.html('<span style="color: #FF5722;">上传失败</span>
```

```
        <a class="layui-btn layui-btn-xs demo-reload">重试</a>');
        demoText.find('.demo-reload').on('click', function(){
            uploadInst.upload();
        });
    }
});
$=layui.jquery;
var form=layui.form,
    layer=layui.layer;
//自定义验证规则
form.verify({
    txtTitle: function (value) {
        if (value.length < 5) {
            return '标题至少得 5 个字符啊';
        }
    }
});
//监听提交
form.on('submit(edit)', function (data) {
    var obj=new Object();
    obj.txtContext=layedit.getContent(edi);
    obj.txtTitle=data.field.txtTitle;
    obj.selectCategoryId=data.field.selectCategoryId;;
    obj.hidId=data.field.hidId;
    obj.hidImg=data.field.hidImg;
    obj.action="editSaveArticle";
    $.post("${path}/articleServlet", obj, function (data) {
        var obj_data=eval('(' + data + ')');
        //由 JSON 字符串转换为 JSON 对象
        if (obj_data.result==0) {
            layer.alert("编辑失败", {
                    icon: 5
                },
                function () {
                    //关闭当前 frame
                    xadmin.close();
                    // 可以对父窗口进行刷新
                    xadmin.father_reload();
                });
        } else {
            layer.alert("编辑成功", {
                    icon: 6
                },
                function () {
                    //关闭当前 frame
                    xadmin.close();
                    // 可以对父窗口进行刷新
                    xadmin.father_reload();
                });
        }
```

```
            });
            return false;
        });
    });
</script>
</html>
```

9.4.4 前台功能实现

1. 首页 index.jsp

其核心代码如下：

```
<%@ page contentType="text/html;charset=UTF-8" language="java" %>
<%@taglib prefix="c" uri="http://java.sun.com/jsp/jstl/core" %>
<c:set var="path" value="${pageContext.request.contextPath}"
scope="application"></c:set>
<!doctype html>
<html>
<head>
    <meta charset="utf-8">
    <title>麒麟资讯信息网</title>
    <meta name="keywords" content="关键词,关键词,关键词,关键词,5 个关键词"/>
    <meta name="description" content="网站简介，不超过 80 个字"/>
    <meta name="viewport" content="width=device-width,initial-scale=1.0">
    <link href="./css/index.css" rel="stylesheet">
    <script src="./js/jquery.min.js"></script>
    <script src="./js/comm.js"></script>
    <!--[if lt IE 9]>
    <script src="./js/modernizr.js"></script>
    <![endif]-->
</head>
<body>
<!--包含头文件-->
<jsp:include page="head.jsp"></jsp:include>
<!--包含左侧文件-->
<jsp:include page="left.jsp"></jsp:include>
<main>
    <div class="main-content">
        <div class="welcome"> 您好，欢迎您访问我们的官方网站！ </div>
        <div class="picbox">
            <h2 class="pictitle"><a href="/">图片新闻</a></h2>
            <!--box begin-->
            <div class="Box_con"><span class="btnl btn" id="btnl"></span>
            <span class="btnr btn" id="btnr"></span>
                <div class="conbox" id="BoxUl">
                    <ul>
                        <li class="cur"><a href="/"><img src="./images/5.jpg"
                        alt=""/>
                            <p>麒麟资讯信息网</p>
                        </a></li>
```

```
                <li class="cur"><a href="/"><img
                src="./images/6.jpg" alt=""/>
                    <p>麒麟资讯信息网</p>
                </a></li>
                <li class="cur"><a href="/"><img
                src="./images/7.jpg" alt=""/>
                    <p>麒麟资讯信息网</p>
                </a></li>
                <li class="cur"><a href="/"><img
                src="./images/8.jpg" alt=""/>
                    <p>麒麟资讯信息网</p>
                </a></li>
                <li class="cur"><a href="/"><img
                src="./images/9.jpg" alt=""/>
                    <p>麒麟资讯信息网</p>
                </a></li>
                <li class="cur"><a href="/"><img
                src="./images/5.jpg" alt=""/>
                    <p>麒麟资讯信息网</p>
                </a></li>
                <li class="cur"><a href="/"><img
                src="./images/6.jpg" alt=""/>
                    <p>麒麟资讯信息网</p>
                </a></li>
                <li class="cur"><a href="/"><img
                src="./images/7.jpg" alt=""/>
                    <p>麒麟资讯信息网</p>
                </a></li>
            </ul>
        </div>
    </div>
    <!--box end-->
</div>
<div class="newsbox">
    <section>
        <div class="news">
            <h2 class="newstitle"><span><a href="/">更多</a></span>
            <b>最新时事</b></h2>
            <ul id="cate1">
            </ul>
        </div>
    </section>
    <section>
        <div class="news">
            <h2 class="newstitle"><span><a href="/">更多</a></span>
            <b>娱乐新闻</b></h2>
            <ul id="cate2">
            </ul>
        </div>
    </section>
```

```
            <section>
                <div class="news">
                    <h2 class="newstitle"><span><a href="/">更多
</a></span><b>体育新闻</b></h2>
                    <ul id="cate3">
                    </ul>
                </div>
            </section>
        </div>
        <div class="blank"></div>
        <div class="links">
            <h2 class="linktitle">合作伙伴</h2>
            <ul class="link-pic">
                <li><a href="/"><img src="images/yqlj.png"></a></li>
                <li><a href="/"><img src="images/yqlj.png"></a></li>
                <li><a href="/"><img src="images/yqlj.png"></a></li>
                <li><a href="/"><img src="images/yqlj.png"></a></li>
                <li><a href="/"><img src="images/yqlj.png"></a></li>
            </ul>
        </div>
       <!--底部-->
        <jsp:include page="foot.jsp"></jsp:include>
    </div>
</main>
<a href="#" class="cd-top cd-is-visible">Top</a>
</body>
<script src="${path}/manage/lib/layui/layui.js" charset="utf-8"></script>
<script type="text/javascript">
    layui.use(["jquery", "layer", "form"], function () {
        //获取分类编号是 1 的数据
        var obj=new Object();
        obj.cid=1;//分类号
        obj.num=8;//显示条数
        obj.action="getListBycid";
        $.post("${path}/articleServlet", obj, function (data) {
             $(data).each(function (o) {
                 //显示在对应的标签中
                 $("#cate1").append("<li><a href=\"${path}/articleServlet?
                 id="+this.id+"&action=view&backPage=info.jsp\"><span>"+
                 this.createdtime+"</span>"+this.title+"</a></li>");
             })
        }, "json");
        //获取分类编号是 8 的数据
        var obj=new Object();
        obj.cid=8;
        obj.num=8;
        obj.action="getListBycid";
        $.post("${path}/articleServlet", obj, function (data) {
            $(data).each(function (o) {
                $("#cate2").append("<li><a href=\"${path}/articleServlet?
```

```
                    id="+this.id+"&action=view&backPage=info.jsp\"><span>"+
                    this.createdtime+"</span>"+this.title+"</a></li>");
                })
            }, "json");
            //获取分类编号是 9 的数据
            var obj = new Object();
            obj.cid = 9;
            obj.num = 8;
            obj.action = "getListBycid";
            $.post("${path}/articleServlet", obj, function (data) {
                $(data).each(function (o) {
                    $("#cate3").append("<li><a href=\"${path}/articleServlet?
                    id="+this.id+"&action=view&backPage=info.jsp\"><span>"+
                    this.createdtime+"</span>"+this.title+"</a></li>");
                })
            }, "json");
        });
</script>
</html>
```

2. 详细页 info.jsp

其核心代码如下：

```
<%@ page contentType="text/html;charset=UTF-8" language="java" %>
<%@taglib prefix="c" uri="http://java.sun.com/jsp/jstl/core" %>
<c:set var="path" value="${pageContext.request.contextPath}"
 scope="application"></c:set>
<!doctype html>
<html>
<head>
    <meta charset="utf-8">
    <title>详情页</title>
    <meta name="keywords" content="关键词,关键词,关键词,关键词,5 个关键词" />
    <meta name="description" content="网站简介，不超过 80 个字" />
    <meta name="viewport" content="width=device-width, initial-scale=1.0">
    <link href="css/index.css" rel="stylesheet">
    <script src="js/jquery.min.js" ></script>
    <script src="js/comm.js" ></script>
    <!--[if lt IE 9]>
    <script src="js/modernizr.js"></script>
    <![endif]-->
</head>
<body><!--包含头文件-->
<jsp:include page="head.jsp"></jsp:include>
<!--包含左侧文件-->
<jsp:include page="left.jsp"></jsp:include>
<main>
    <div class="main-content">
        <div class="welcome">您现在的位置是: 首页>详情页</div>
        <div class="blogbox">
            <div class="contentbox">
```

```
                <h2 class="contitle">${article.getTitle()}</h2>
                <p class="bloginfo">
                <span>${article.getCreatedtime()} </span>
                <span><a href="/">${article.getClassName()}</a></span>
                </p>
                <div class="entry">
                  ${article.getContext()}
                </div>
            </div>
        </div>
        <div class="rside">
            <div class="news">
                <h2 class="newstitle"><b>最新时事</b></h2>
                <ul id="cate1">
                </ul>
            </div>
            <div class="news">
                <h2 class="newstitle"><b>娱乐新闻</b></h2>
                <ul id="cate2">
                </ul>
            </div>
            <div class="news">
                <h2 class="newstitle"><b>体育新闻</b></h2>
                <ul id="cate3">
                </ul>
            </div>
        </div>
        <!--底部-->
        <jsp:include page="foot.jsp"></jsp:include>
    </div>
</main>
<a href="#" class="cd-top cd-is-visible">Top</a>
</body>
<script src="${path}/manage/lib/layui/layui.js" charset="utf-8"></script>
<script type="text/javascript">
    layui.use(["jquery", "layer", "form"], function () {
        //获取当前分类列表数据
        //获取分类编号是 1 的数据
        var obj = new Object();
        obj.cid = 1;//分类号
        obj.num = 8;//显示条数
        obj.action = "getListBycid";
        $.post("${path}/articleServlet", obj, function (data) {
            $(data).each(function (o) {
                //显示在对应的标签中
                $("#cate1").append("<li><a href=\"${path}/articleServlet?
                id="+this.id+"&action=view&backPage=info.jsp\"><span>" +
                this.createdtime + "</span>" + this.title + "</a></li>");
            })
        }, "json");
        //获取分类编号是 8 的数据
        var obj = new Object();
        obj.cid = 8;
        obj.num = 8;
```

```
        obj.action = "getListBycid";
        $.post("${path}/articleServlet", obj, function (data) {
            $(data).each(function (o) {
                $("#cate2").append("<li><a href=\"${path}/articleServlet?
                id="+this.id+"&action=view&backPage=info.jsp\"><span>" +
                this.createdtime + "</span>" + this.title + "</a></li>");
            })
        }, "json");
        //获取分类编号是 9 的数据
        var obj = new Object();
        obj.cid = 9;
        obj.num = 8;
        obj.action = "getListBycid";
        $.post("${path}/articleServlet", obj, function (data) {
            $(data).each(function (o) {
                $("#cate3").append("<li><a href=\"${path}/articleServlet?
                id="+this.id+"&action=view&backPage=info.jsp\"><span>" +
                this.createdtime + "</span>" + this.title + "</a></li>");
            })
        }, "json");
    });
</script>
</html>
```

3. 列表页 list.jsp

其核心代码如下：

```
<%@ page contentType="text/html;charset=UTF-8" language="java" %>
<%@taglib prefix="c" uri="http://java.sun.com/jsp/jstl/core" %>
<%@page import="com.pch.common.Utility" %>
<c:set var="path" value="${pageContext.request.contextPath}"
scope="application"></c:set>
<!doctype html>
<html>
<head>
    <meta charset="utf-8">
    <title>列表页</title>
    <meta name="keywords" content="关键词,关键词,关键词,关键词,5 个关键词"/>
    <meta name="description" content="网站简介，不超过 80 个字"/>
    <meta name="viewport" content="width=device-width, initial-scale=1.0">
    <link href="css/index.css" rel="stylesheet">
    <script src="js/jquery.min.js"></script>
    <script src="js/comm.js"></script>
    <!--[if lt IE 9]>
    <script src="js/modernizr.js"></script>
    <![endif]-->
</head>
<body>
<!--包含头文件-->
<jsp:include page="head.jsp"></jsp:include>
<!--包含左侧文件-->
<jsp:include page="left.jsp"></jsp:include>
<main>
    <div class="main-content">
```

```
        <div class="welcome">您现在的位置是：首页>列表页</div>
        <div class="blogbox">
            <div class="bloglist">
                <ul id="currentCate">
                    <c:forEach items="${articleSet}" var="article">
                        <li>
                            <h2><a href="/">${article.getTitle()}</a></h2>
                            <i><a href="/">
                                <img src="${article.getPicture()}">
                                </a>
                            </i>
                            <p class="blogtext">
                            ${Utility.Html2Text (article.getContext())}
                            </p>
                            <p class="bloginfo">
                            <span>${article.get Createdtime()}</span>
                            <span><a href="/">${article.getClassName()}</a></span>
                            </p>
                        </li>
                    </c:forEach>
                </ul>
            </div>
            <div class="pagelist">
                <div>
                    <a>当前第 ${page.currentPage} 页</a>
                    <a class="prev" href="${path}/articleServlet?action=
                    getList&backPage=list.jsp&selectCategoryId=${current
                    CategoryId}&currentPage=1">首页</a>
                    <c:choose>
                        <c:when test="${page.currentPage==1}">
                            <a class="num" href="${path}/articleServlet?
                            action=getList&backPage=list.jsp&selectCategoryId=
                            ${currentCategoryId}&currentPage=1">上一页</a>
                        </c:when>
                        <c:otherwise>
                            <a class="num"
                               href="${path}/articleServlet?action=getList&
                               backPage=list.jsp&selectCategoryId=${current
                               CategoryId}&currentPage=${page.currentPage-1}">
                               上一页</a>
                        </c:otherwise>
                    </c:choose>
                    <c:choose>
                        <c:when test="${page.currentPage==page.totaPage}">
                            <a class="num"
                               href="${path}/articleServlet?action=getList&
                               backPage=list.jsp&selectCategoryId=${current
                               CategoryId}&currentPage=${page.totaPage}">
                               下一页</a>
                        </c:when>
                        <c:otherwise>
                            <a class="num"
                               href="${path}/articleServlet?action=getList&
                               backPage=list.jsp&selectCategoryId=${current
```

```
                    CategoryId}&currentPage=${page.currentPage+1}">
                    下一页</a>
                </c:otherwise>
            </c:choose>
            <a class="next" href="${path}/articleServlet?action=
            getList&backPage=list.jsp&selectCategoryId=${current
            CategoryId}&currentPage=${page.totaPage}">尾页</a>
            <a class="num">共 ${page.totalCount} 条，每页显示
            ${page.pageSize} 条，共 ${page.totaPage} 页</a>
        </div>
    </div>
</div>
<div class="rside">
    <div class="news">
        <h2 class="newstitle"><b>最新时事</b></h2>
        <ul id="cate1">
        </ul>
    </div>
    <div class="news">
        <h2 class="newstitle"><b>娱乐新闻</b></h2>
        <ul id="cate2">
        </ul>
    </div>
    <div class="news">
        <h2 class="newstitle"><b>体育新闻</b></h2>
        <ul id="cate3">
        </ul>
    </div>
</div>
<!--底部-->
<jsp:include page="foot.jsp"></jsp:include>
    </div>
</main>
<a href="#" class="cd-top cd-is-visible">Top</a>
</body>
<script src="${path}/manage/lib/layui/layui.js" charset="utf-8">
</script>
<script type="text/javascript">
    layui.use(["jquery", "layer", "form"], function () {
        //获取当前分类列表数据
        //获取分类编号是 1 的数据
        var obj = new Object();
        obj.cid = 1;//分类号
        obj.num = 8;//显示条数
        obj.action = "getListBycid";
        $.post("${path}/articleServlet", obj, function (data) {
            $(data).each(function (o) {
                //显示在对应的标签中
                $("#cate1").append("<li><a href=\"${path}/articleServlet?
                id="+this.id+"&action=view&backPage=info.jsp\"><span>" +
                this.createdtime + "</span>" + this.title + "</a></li>");
            })
```

```
        }, "json");
        //获取分类编号是 8 的数据
        var obj = new Object();
        obj.cid = 8;
        obj.num = 8;
        obj.action = "getListBycid";
        $.post("${path}/articleServlet", obj, function (data) {
            $(data).each(function (o) {
                $("#cate2").append("<li><a href=\"${path}/articleServlet?
                id="+this.id+"&action=view&backPage=info.jsp\"><span>" +
                this.createdtime + "</span>" + this.title + "</a></li>");
            })
        }, "json");
        //获取分类编号是 9 的数据
        var obj = new Object();
        obj.cid = 9;
        obj.num = 8;
        obj.action = "getListBycid";
        $.post("${path}/articleServlet", obj, function (data) {
            $(data).each(function (o) {
                $("#cate3").append("<li><a href=\"${path}/articleServlet?
                id="+this.id+"&action=view&backPage=info.jsp\"><span>" +
                this.createdtime + "</span>" + this.title + "</a></li>");
            })
        }, "json");
    });
</script>
</html>
```

4. 公共包含页面

head.jsp 的核心代码如下：

```
<%@ page contentType="text/html;charset=UTF-8" language="java" %>
<header>
    <div class="logo">麒麟资讯信息网</div>
    <div class="top-nav">
        <h2 id="mnavh"><span class="navicon"></span></h2>
        <ul id="nav">
            <li><a href="index.jsp">首页</a></li>
            <li><a href="${path}/articleServlet?action=getList&backPage=
            list.jsp&selectCategoryId=1">最新时事</a></li>
            <li><a href="${path}/articleServlet?action=getList&backPage=
            list.jsp&selectCategoryId=8">娱乐新闻</a></li>
            <li><a href="${path}/articleServlet?action=getList&backPage
            =list.jsp&selectCategoryId=9">体育新闻</a></li>
        </ul>
    </div>
    <div class="search">
        <form action="" method="post" name="searchform" id="searchform">
            <input name="keyboard" id="keyboard" class="input_text" value="
            搜索你喜欢的" style="color: rgb(153, 153, 153);" onfocus="if
            (value=='搜索你喜欢的'){this.style.color='#000';value=''}"
            onblur="if(value==''){this.style.color='#999';value='搜索你喜
```

```
            欢的'}" type="text">
            <input name="Submit" class="input_submit" value=""
            type="submit">
        </form>
    </div>
</header>
```

left.jsp 的核心代码如下：

```
<%@ page contentType="text/html;charset=UTF-8" language="java" %>
<aside class="side">
    <div class="about"><i><a href="/"><img src="images/ico.png"></a></i>
        <p>麒麟资讯信息网，分享一些前沿科技动态，以及建站等心得。</p>
    </div>
    <div class="weixin"><img src="./images/code.png">
        <p>关注我 么么哒！</p>
    </div>
</aside>
```

foot.jsp 的核心代码如下：

```
<%@ page contentType="text/html;charset=UTF-8" language="java" %>
<div class="copyright">
    <p>Copyright 2020 Inc. AllRights Reserved. Design by <a href="/">
    麒麟工作室</a></p>
</div>
```

9.5　系统运行界面

9.5.1　前台界面

前台界面如图 9-22～图 9-24 所示。

图 9-22　首页

图 9-23　列表页

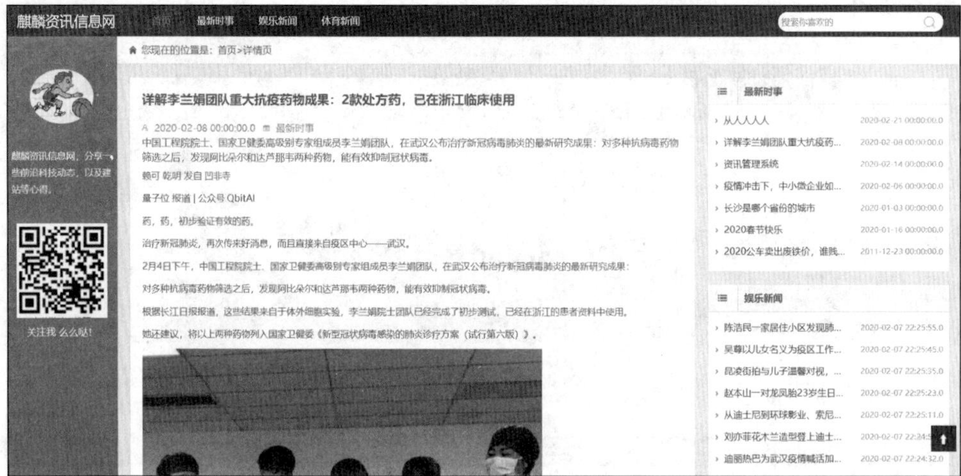

图 9-24　详细页

9.5.2　后台界面

后台界面如图 9-25～图 9-33 所示。

图 9-25　后台登录界面

图 9-26　文章列表页面

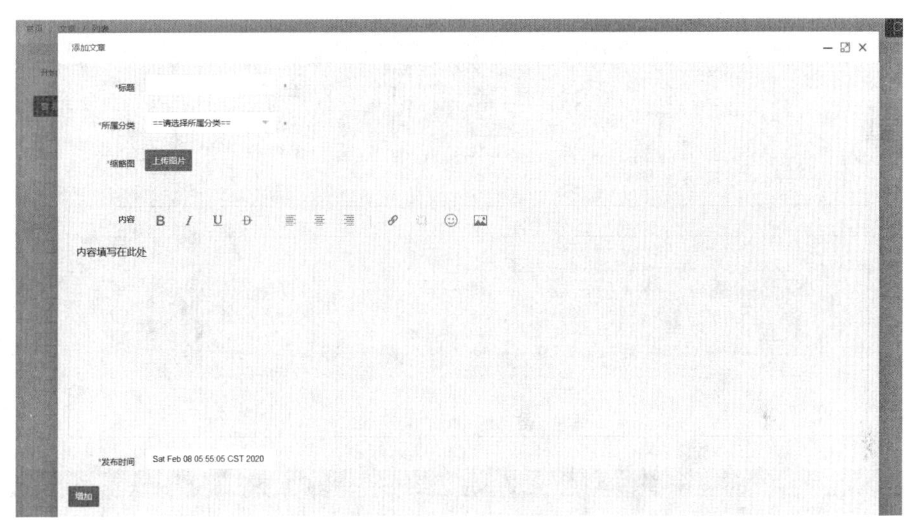

图 9-27　发布文章页面

图 9-28　编辑文章页面

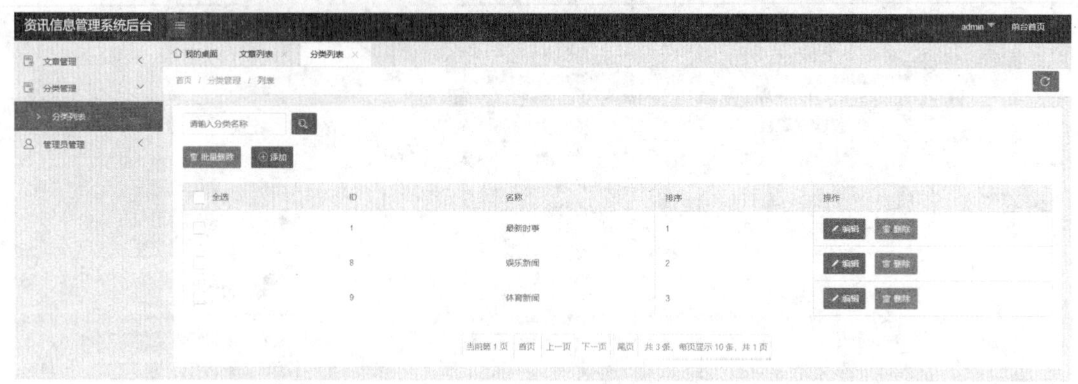

图 9-29　分类管理页面

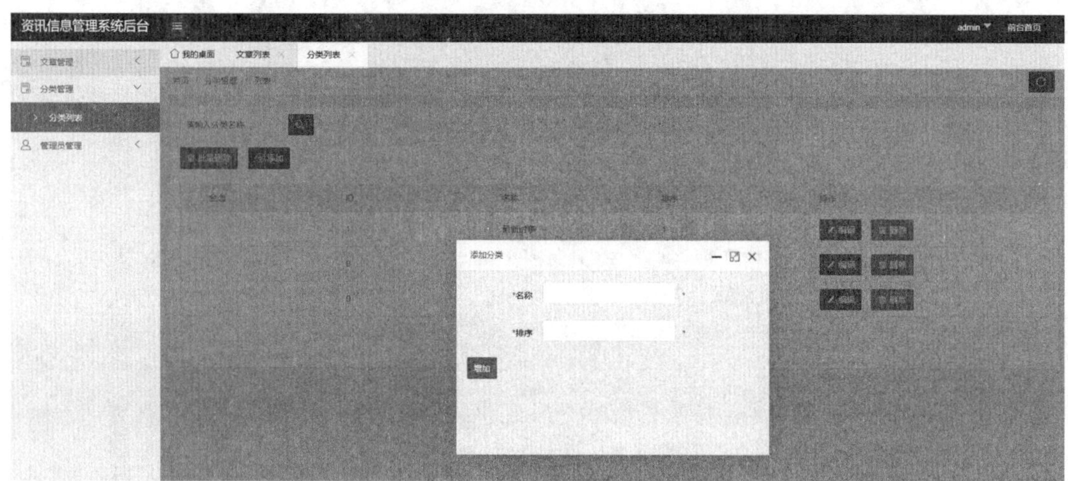

图 9-30　添加分类页面

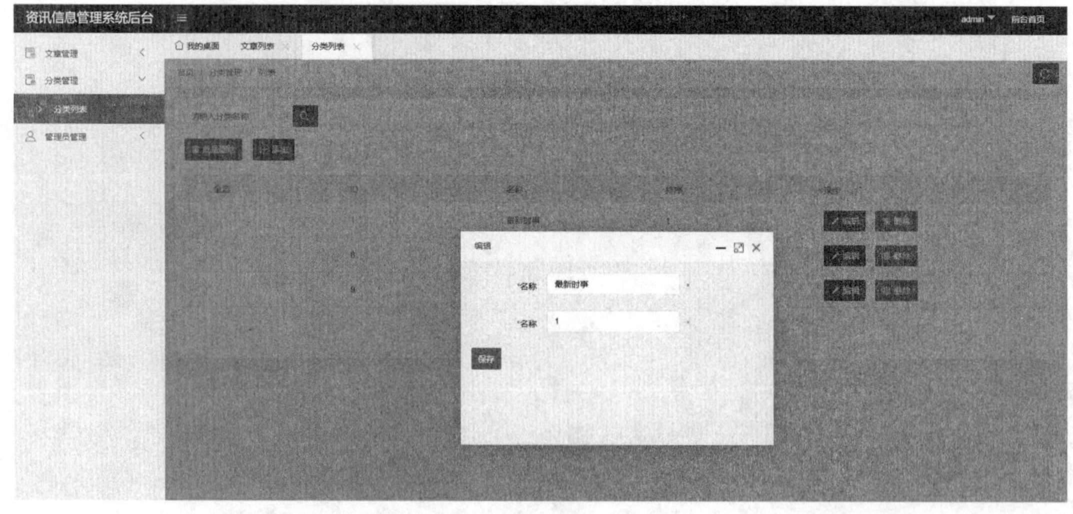

图 9-31　编辑分类页面

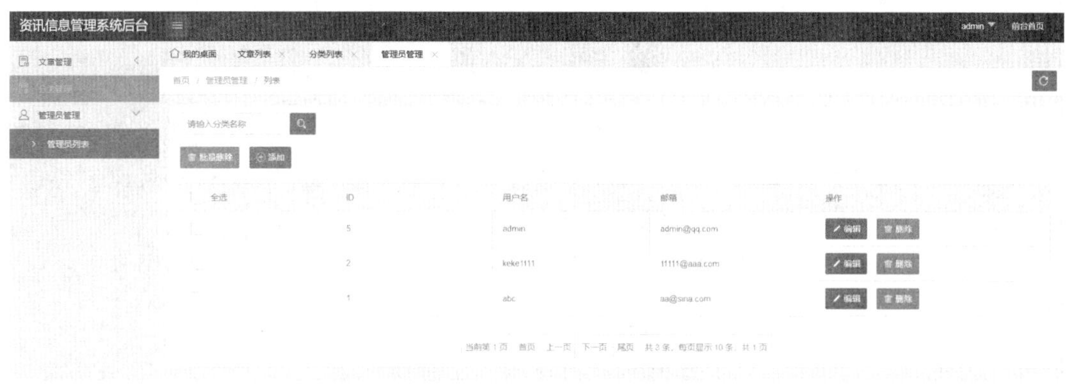

图 9-32　管理员页面

图 9-33　添加管理员页面

小　　结

本章提供了一个基于 JSP+Servlet+JSTL+LayUI+MySQL 开发的一个资讯信息管理系统。

在本系统中，使用 LayUI 进行界面布局设计，很好地兼容了不同终端，表现层全部使用 JSTL 进行数据绑定输出，部分功能使用 JSON 数据返回方式进行数据加载显示。

通过本章学习，读者将熟悉此模式的 Web 开发方法。

习　　题

新建一个工程 Ex9，参照本章资讯信息系统的开发模式，设计并开发一个简易的在线考试系统。

参 考 文 献

[1] 刘晓华，张健，周慧贞. JSP 应用开发详解[M]. 3 版. 北京：电子工业出版社，2007.

[2] 刘中兵. 开发者突击：Java Web 主流框架整合开发（J2EE+Struts+Hibernate+Spring）[M]. 3 版. 北京：电子工业出版社，2011.

[3] 罗玉玲. J2EE 应用开发详解[M]. 北京：电子工业出版社，2009.

[4] 杨少波. J2EE Web 核心技术：Web 组件与框架开发技术[M]. 3 版. 北京：清华大学出版社，2011.